Creo 2.0 项目化教程

主　编　邓先智　刘幼萍

副主编　戴　星　张　明

参　编　王　忠　李顺武　薛　鹏　吕君琅

北京理工大学出版社

BEIJING INSTITUTE OF TECHNOLOGY PRESS

内 容 简 介

本书根据培养高素质应用型人才的需要，结合多年 CAD/CAM 教学经验及工程实践，以 PTC 公司推出的最新版本 Creo 2.0 为平台，以项目引领、任务驱动模式编写。在内容安排上，本书突破传统教材编写模式，紧密结合实际工作任务对 Creo 2.0 软件应用进行讲解，具有突出的职业岗位针对性，注重对分析问题与解决问题能力的培养和训练。每个工作任务反映一个相对独立的工作过程，工作任务的选择经典实用。

本书共 8 个项目、18 个工作任务，内容涵盖 Creo 2.0 功能模块和特性概述、二维草图的创建、零件设计、曲面设计、装配设计、模具设计、数控铣削加工及数控车削加工等内容。本书紧贴 Creo 2.0 软件的实际操作界面，对软件中真实的操作面板、对话框和按钮等进行讲解，使初学者能够直观、准确地操作软件进行学习，从而尽快上手。本书在每个工作任务后均安排了课后练习，便于读者进一步巩固所学知识。本书内容全面，条理清晰，实例丰富，讲解详细。本书既可作为高等学校机械类及相关专业师生的教学用书，也可作为工程技术人员学习 Creo 2.0 的自学教程及参考书籍。

图书在版编目（CIP）数据

Creo 2.0 项目化教程／邓先智，刘幼萍主编. —北京：北京理工大学出版社，2014.7
ISBN 978-7-5640-9008-1

Ⅰ. ①C…　Ⅱ. ①邓…②刘…　Ⅲ. ①计算机辅助设计-应用软件-教材　Ⅳ. ①TP391.72

中国版本图书馆 CIP 数据核字（2014）第 054218 号

出版发行／北京理工大学出版社有限责任公司
社　　址／北京市海淀区中关村南大街 5 号
邮　　编／100081
电　　话／（010）68914775（总编室）
　　　　　82562903（教材售后服务热线）
　　　　　68948351（其他图书服务热线）
网　　址／http：//www.bitpress.com.cn
经　　销／全国各地新华书店
印　　刷／三河市天利华印刷装订有限公司
开　　本／787 毫米×1092 毫米　1/16
印　　张／24.5
字　　数／565 千字
版　　次／2014 年 7 月第 1 版　2014 年 7 月第 1 次印刷
定　　价／68.00 元

责任编辑／封　雪
文案编辑／封　雪
责任校对／周瑞红
责任印制／马振武

前 言

Qianyan

Creo 2.0 软件是 PTC 公司推出的三维专业软件，广泛应用于航天、汽车、模具、工业设计、玩具等行业，是目前主流的大型 CAD/CAM/CAE 软件之一。《Creo 2.0 项目化教程》根据计算机辅助设计与制造岗位职业能力要求，基于"项目引领、任务驱动"的项目化教学方式编写而成。每个项目案例均来自企业工程实践，具有典型性、实用性和可操作性，让学生在做中学、在学中做，体现了以学生为主体、以教师为主导的项目导向和任务驱动的项目教学法。项目任务循序渐进，通过任务实施使学生能完成机械产品从工程图到产品建模、模具设计及数控加工的全过程。

依据计算机辅助设计与制造特点，全书分为 8 个项目、18 个工作任务，具体内容包括：CAD/CAM 简介、Creo 2.0 软件常用功能模块简介、Creo 2.0 软件基本操作、对称截面二维草图绘制、挂轮架二维草图绘制、座体三维建模、杯子三维建模、三通三维建模、托架三维建模、顶盖三维建模、杯盖三维建模、篮球三维建模、连杆轴组件装配、千斤顶产品装配、塑料水杯模具设计、香皂盒中盖模具设计、凹槽零件数控加工、锥形座零件数控加工、梅花盘零件数控加工、支撑钉零件数控车削加工、笔筒产品模具设计及数控加工。本书主要作为高等院校机械制造及其自动化、数控技术、模具设计与制造、机械工程类等专业的 CAD/CAM 教材，也适合应用 Creo 软件进行产品开发和研究的工程技术人员及相关培训机构使用。

本书附带 DVD 光盘一张，包括书中任务源文件及多媒体视频演示，以期提高读者的学习效率。

参加本教材编写工作的有具有多年 CAD/CAM 教学经验的高校教师邓先智、刘幼萍、戴星、张明、王忠以及来自企业生产一线的技术专家李顺武、薛鹏、吕君琅。

由于编者水平有限，编写时间仓促，书中错误及不当之处在所难免，恳切希望广大读者给予批评指正。

Contents

目　录

目 录

Contents   目 录

目 录

Contents 目 录

目 录

Contents

目　录

目 录

Contents   目　录

开　篇

随着计算机辅助设计与制造——CAD/CAM 技术的飞速发展和普及，越来越多的工程设计人员开始利用计算机进行产品的设计和开发。Creo 作为一种当前最流行的高端三维 CAD/CAM 软件，越来越受到工程技术人员的青睐。Creo 内容涵盖了产品从概念设计、工业造型设计、三维模型设计、分析计算、动态模拟与仿真、工程图输出，到生产加工的全过程，其中还包括了大量的电缆与管道布局、模具设计与分析等实用模块，应用范围涉及航空航天、汽车、机械、数控（NC）加工以及电子等诸多领域。

0.1　CAD/CAM 简介

0.1.1　CAD/CAM 产品设计的一般过程

应用 CAD/CAM 软件进行计算机辅助设计与制造产品的过程如图 0-1 所示。

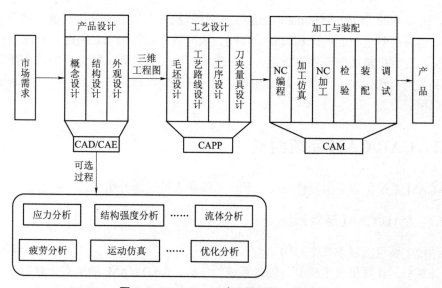

图 0-1　CAD/CAM 产品设计的一般过程

传统机械产品设计过程，每一个环节都是依靠设计者手工完成的，方案的拟定取决于设计者的个人经验，很难获得最优解，设计者大部分时间和精力都耗在了设计技术、装配图和零件图的绘制中。而且在分析计算中，由于受人工计算限制，往往只能采用静态的或者近似的方法，难以按动态的或者精确的方法计算，实际上只能部分地反映零部件的工作状态。整个过程效率低、周期长。

0.1.1.1　CAD 概念

CAD（Computer Aided Design）——计算机辅助设计，是一种利用计算机帮助人们进行机械设计与制造的现代技术。工程技术人员在人和计算机组成的系统中以计算机为辅助工具，完成产品的设计、分析、绘图等工作，并达到提高产品设计质量（Q——quality）、缩短产品上市时间（T——time to market）、降低产品成本（C——cost）的目的。在 CAD 系统中，在得到最终的二维工程前，根据产品的特点和要求，往往还要做大量的分析工作，以满足产品结构强度、运动、生产制造及其装配工艺等方面的需求。例如，应力分析、结构强度分析、流体分析、运动仿真分析、优化设计等。

0.1.1.2　CAPP 概念

CAPP（Computer Aided Process Planning）——计算机辅助工艺过程设计，是指借助于计算机软硬件技术和支撑环境，利用计算机进行数值计算、逻辑判断和推理等的功能来制定零件机械加工工艺过程。它是通过向计算机输入被加工零件的几何信息（形状、尺寸等）和工艺信息（材料、热处理、批量等），由计算机自动输出零件的工艺路线和工序内容等工艺文件的过程。借助于 CAPP 系统，可以解决手工工艺设计效率低、一致性差、质量不稳定、不易达到优化等问题。

0.1.1.3　CAM 概念

CAM（Computer Aided Manufacturing）——计算机辅助制造，是指在机械制造业中，利用计算机通过各种数值控制机床和设备，自动完成离散产品的加工、装配、检测和包装等制造过程。采用计算机辅助制造零件、部件，可改善对产品设计和品种多变的适应能力，提高加工速度和生产自动化水平，缩短加工准备时间，降低生产成本，提高产品质量和批量生产的劳动生产率。

0.1.2　CAD/CAM 系统组成

CAD/CAM 系统主要是由硬件系统、软件系统和人员三部分组成。

0.1.2.1　CAD/CAM 硬件系统

硬件系统主要包括以下几个方面。

（1）计算机。计算机（主机）是硬件系统的核心，CAD/CAM 的所有计算、分析和控制都是由主机完成的。

（2）存储器。存储器用于存储程序和数据，可分为内存储器和外存储器。

（3）输入设备。输入设备是将外部数据转换成计算机能识别的编码的装置。

（4）输出设备。输出设备是将设计数据、文件、图形、程序、指令等显示、输出给执行

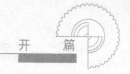

设备的装置。

（5）生产设备。生产设备是与生产有关的各种加工、运输、检测等装置。

（6）通信网络。通信网络即计算机网络，它是利用通信线路和通信设备将分散在不同地点的计算机连接起来，按照网络协议进行数据的通信，实现资源共享和协同工作。

0.1.2.2　CAD/CAM 软件系统

（1）系统软件。系统软件是管理、控制计算机运行程序的集合，是用户与计算机硬件的连接纽带。

（2）支撑软件。支撑软件是 CAD/CAM 软件系统的重要组成部分，它不针对具体的应用对象，而是为某一应用领域提供工具或开发环境。

（3）应用软件。应用软件是用户为解决某领域内实际问题而开发的程序系统。

0.1.3　常用 CAD/CAM 集成软件介绍

目前 CAD/CAM 软件种类繁多，基本上都能够很好地承担交互式图形编程的任务。下面简要介绍几种应用较广泛的软件。

（1）Creo：Creo 是美国 PTC 公司于 2010 年推出的 CAD/CAM 软件包，它整合了 PTC 公司的 Pro/Engineer 的参数化设计、CoCreat 的直接建模技术和 Product View 的三维可视化技术等软件包，该软件具有基于特征、全参数、全相关和单一数据库的特点，可用于设计和加工复杂零件。另外，它还具有零件装配、机构仿真、有限元分析、逆向工程、并行工程等功能。

（2）Unigraphics（UG）：它属于 EDS 公司，不仅具有强大的造型能力和数控编程能力，同时还具有管理复杂产品装配，进行多种设计方案的对比分析和优化等功能。

（3）Mastercam：它是由美国 CNC Software 公司推出的基于 PC 平台上的 CAD/CAM 软件，它具有很强的加工功能，尤其在对复杂曲面自动生成加工代码方面，具有独到的优势。

（4）CATIA：它是法国达索飞机公司研究开发的 CAD/CAM 一体化软件，具有工程绘图、数控加工编辑、计算分析等功能，曲线造型功能尤为突出。

（5）CAXA 制造工程师：CAXA 制造工程师是由北京北航海尔软件有限公司研制开发的全中文、面向数控铣床和加工中心的三维 CAD/CAM 软件。其特点是易学易用、价格较低，已在国内众多企业和院校得到应用。

0.2　Creo 2.0 软件常用功能模块简介

0.2.1　草绘模块

草绘模块是用于绘制和编辑二维轮廓线的操作平台。在进行三维零件设计的过程中，一

般先设计二维草图或曲线轮廓，然后通过三维建模的成型特征功能创建三维零件。

0.2.2 零件模块

零件模块用于创建三维模型。由于创建三维模型是以使用 Creo 进行产品设计、模具设计或产品开发等为主要目的，因此零件模块也是参数化实体造型最基本和最重要的模块。

0.2.3 组件模块

组件模块就是装配模块，该模块用于将多个零件按实际生产流程组装成一个部件或完整的产品模型，并且还可以通过爆炸图的方式直观地显示所有零件相互之间的位置关系。

0.2.4 模具模块

模具模块提供了模具设计常用工具，能完成大部分模具设计工作，它和模块数据库一起使用，可完成从零件设计到模具设计、模具检测、模具组装图及二维工程图等所有的工程设计。

0.2.5 NC 组件模块

利用 Creo 的 NC 组件模块可将产品的三维模型与加工制造进行集成。利用加工制造过程中所使用的各项加工数据，如产品的三维零件模型、工件毛坯、夹具、切削刀具、工作机床及各种加工参数等数据，自动生成加工程序代码并能够在计算机中演示刀具加工过程。

0.3 Creo 2.0 软件基本操作

0.3.1 启动 Creo 2.0 软件

方法一：双击 Windows 桌面上 Creo 2.0 软件的快捷图标。
方法二：从 Windows 系统的【开始】菜单进入 Creo 2.0，操作方法如下：
（1）单击 Windows 桌面左下角的 开始 按钮。
（2）选择 ▶ 所有程序 → PTC Creo → 单击 Creo Parametric 2.0 命令，系统便进入了 Creo 2.0 软件启动界面，如图 0-2 所示。

开　篇

图 0-2　Creo 2.0 软件启动界面

0.3.2　Creo 2.0 软件的操作界面

使用 Creo 2.0 进行设计时，首先必须熟悉它的操作界面。

0.3.2.1　创建新文件夹

（1）在 E 盘根目录下创建新文件夹"Creo 2.0"，在"Creo 2.0"文件夹中创建新文件夹"开篇"。

（2）将随书光盘 "任务源文件"子目录中"开篇"文件夹下 shuibei.prt 文件复制到 E:/ Creo 2.0 /开篇文件夹中，如图 0-3 所示。

图 0-3　创建新文件夹

0.3.2.2　设置工作目录

（1）单击启动界面【主页】选项卡中【选择工作目录】按钮，弹出【选择工作目录】对话框。

（2）在对话框中的路径栏中，选中上面创建的新建文件夹，单击【选择工作目录】对话框中 确定 按钮，完成设置，如图 0-4 所示。

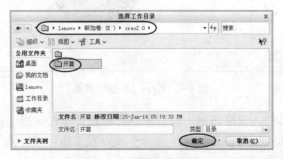

图 0-4　设置工作目录

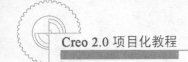

0.3.2.3 打开 shuibei.prt 文件

单击启动界面中🖙按钮，弹出【文件打开】对话框，如图 0–5 所示；选择 shuibei.prt 文件，单击右下角 **打开** 按钮，文件打开。

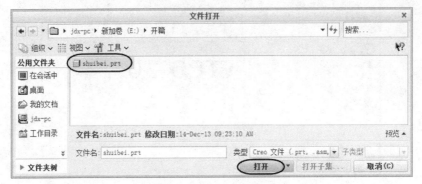

图 0–5 【文件打开】对话框

0.3.2.4 Creo 2.0 操作界面

Creo 2.0 操作界面如图 0–6 所示。

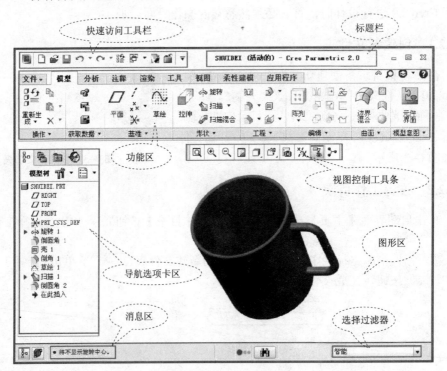

图 0–6 Creo 2.0 操作界面

（1）快速访问工具栏。快速访问工具栏中包含新建、保存、修改模型和设置 Creo 2.0 环境的一些命令。快速访问工具栏为快速进入命令及设置工作环境提供了极大的方便，用户可根据个人习惯定制快速访问工具栏。

（2）功能区。功能区包含了【文件】下拉菜单和命令选项卡。命令选项卡显示了 Creo 2.0 中的所有功能按钮，并以选项卡的形式进行分类。用户可以根据需要自己定义各功能选项卡中的按钮，也可以自己创建新的选项卡，将常用的命令按钮放在自定义的功能选项卡中。

提示：命令选项卡中呈现灰色的按钮表明当前命令不可用，处于没有发挥功能的环境，但当进入有关环境后，便会自动激活。

① 【文件】下拉菜单：主要进行文件管理。包含新建、打开、保存、关闭和退出等文件管理工具，以及系统设置工具，如图 0-7 所示。

② 【模型】选项卡：包含了 Creo 2.0 所有的零件建模工具。主要有实体建模工具、曲面工具、基准特征、工程特征、形状特征的编辑工具以及模型示意图工具等，如图 0-8 所示。

图 0-7 【文件】下拉菜单

图 0-8 【模型】选项卡

③ 【分析】选项卡：包含了 Creo 2.0 中所有的模型分析与检查工具，主要用于分析测量模型中的各种物理数据、检查各种几何元素以及尺寸公差分析等，如图 0-9 所示。

图 0-9 【分析】选项卡

④ 【注释】选项卡：用于创建和管理模型的 3D 注释。如在模型中添加尺寸注释、几何公差和基准等。这些注释也能直接导入 2D 工程图中，如图 0-10 所示。

图 0-10 【注释】选项卡

⑤ 【渲染】选项卡：用于对模型进行渲染。可以给模型进行真实的材质的渲染、添加场景，得到素质高的图片，如图 0-11 所示。

图 0-11 【渲染】选项卡

⑥【工具】选项卡：Creo 2.0 中的建模辅助工具。主要有模型播放器、参考查看器、搜索工具、族表工具、参数化工具、辅助应用程序等，如图 0–12 所示。

图 0–12 【工具】选项卡

⑦【视图】选项卡：主要用于设置管理模型的视图。可以调整模型的显示效果、设置显示样式、控制基准特征的显示与隐藏、文件窗口管理等，如图 0–13 所示。

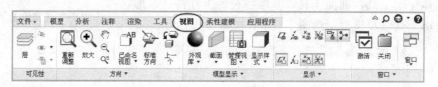

图 0–13 【视图】选项卡

⑧【柔性建模】选项卡：是 Creo 2.0 的新功能，主要用于直接编辑模型中的各种实体和特征，如图 0–14 所示。

图 0–14 【柔性建模】选项卡

⑨【应用程序】选项卡：主要用于切换到 Creo 2.0 的部分工程模块，如焊接设计、模具设计、分析模拟等，如图 0–15 所示。

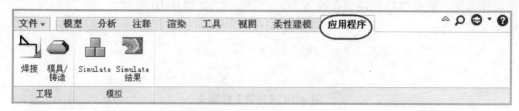

图 0–15 【应用程序】选项卡

（3）标题栏：显示活动的文件名称以及软件版本。

（4）视图控制工具条：将【视图】选项卡部分常用的命令按钮集成到一个工具条中，以便随时调用，如图 0–16 所示。

图 0–16 视图控制工具条

（5）导航选项卡区：包含了三个选项卡【模型树或层树】【文件夹导航卡】【收藏夹】。

①【模型树或层树】：在零件、装配、加工等模块中，都会出现模型树，模型树以图形

的形式帮助用户构建模型并获取系统信息，它可以记录建模、组装或者加工过程的每一步，并且还可以对模型进行设计变更或搜寻，如图 0–17（a）所示。

②【文件夹导航卡】：浏览本地计算机、局域网上存储的文件，新建文件夹和工作目录的快速指向，如图 0–17（b）所示。

③【收藏夹】：用于有效组织和管理个人资源，如图 0–17（c）所示。

（6）图形区：Creo 2.0 各种模型图像的显示区域。

（7）消息区：是系统与用户交互对话的一个窗口，它记录了绘图过程中系统所给的提示以及命令实行结构，帮助用户了解一些有关当前操作状态的信息。

（a）　　　　　　　（b）　　　　　　　（c）

图 0–17　导航选项卡区

（8）过滤器：它可以帮助用户设定选择范围，对于造型复杂、图元繁多的模型，使用它可以明显降低选择出错率，如图 0–18 所示。

① 特征：只允许选择构成零件的各种特征。

② 几何：只允许选择面、边及点等对象。

③ 基准：只允许选取构成零件的基准对象特征。

④ 面组：只允许选择构成零件的面组特征。

图 0–18　过滤器

⑤ 注释：只允许选择零件上的文件注释对象。

0.3.3　文件管理

0.3.3.1　新建文件

（1）单击【文件】下拉菜单→【新建】命令或单击快速访问工具栏中 □ 按钮，弹出【新建】对话框，如图 0–19（a）所示。

（2）指定文件【类型】及【子类型】。如果将【使用默认模板】复选框选中，则使用系统默认的样式，包括套用默认的单位、视图、基准面、图层等设置。例如，创建实体零件模型，【类型】选择项选取"零件"、【子类型】选择项选取"实体"，则直接进入系统默认的缺省模板界面，如图 0–19（b）所示。

（a）

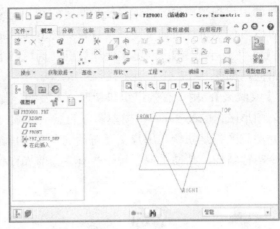
（b）

图 0-19 【新建】对话框一

提示： 如果单击每个文件类型，在"名称"框中会显示文件类型的缺省名称。缺省文件名表示文件类型。例如，零件 prt0001 存为文件后为 prt0001.prt，组件 asm0001 存为文件后为 asm0001.asm。Creo 2.0 主要文件类型如表 0-1 所示。

表 0-1 Creo 2.0 文件的主要类型说明

名称	扩展名	说　明
布局	.cem	独立的 2 维 CAD 应用程序，它允许用户在设计过程中 最有效地利用 2 维和 3 维各自的优点
草绘	.sec	二维截面文件
零件	.prt	三维零件造型、三维钣金件设计、曲面等实体文件
组件	.asm	三维装配体文件
制造	.asm	数控编程、模具设计等文件
绘图	.drw	二维工程图文件
格式	.frm	二维工程图格式文件
报告	.rep	报告文件
图表	.dgm	电路、管路流程图文件
记事本	.lay	产品装配规划文件
标记	.mrk	装配体标记文件

如果不选【使用默认模板】，单击 确定 按钮，系统将会弹出【新文件选项】对话框，则表示可以在开始工作前选择用户预先定义好的模板，如图 0-20 所示。

0.3.3.2 打开文件

单击【文件】下拉菜单→【打开】命令或单击快速访问工具栏中 按钮，弹出【文件打开】对话框，选择要打开的文件。

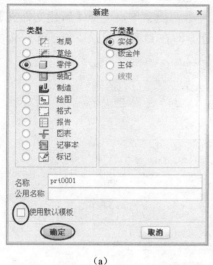 

（a） （b）

图 0-20 【新建】对话框二

0.3.3.3 选取工作目录

工作目录是指分配存储 Creo 2.0 文件的区域。如果文件管理混乱，会造成系统找不到正确的相关文件，从而严重影响 Creo 2.0 软件的安全相关性，同时也会使文件的保存、删除等操作产生混乱，所以用户建立合乎实际的文件夹并将其设置为工作目录是十分必要的。为当前的 Creo 2.0 进程选取不同的工作目录的方法如下。

（1）先新建文件夹，后启动 Creo 2.0 软件设置工作目录，参阅"0.3.2.2"的内容。

（2）从文件夹导航器设置工作目录。

① 单击导航选项卡中 🔲 按钮，【文件夹导航卡】出现。

② 单击"我的电脑"图标，在旁边的浏览器中出现电脑所有盘符，选择"D 盘"，如图 0-21 所示。

图 0-21 文件存储区域设置

③ 在 "D 盘" 的空白区域单击右键，出现一个快捷菜单，选择【新建文件夹】命令，输入适当的文件夹名，如 "开篇"，单击 确定 按钮，即在 D 盘根目录下新建了一个文件名为 "开篇" 的文件夹，并进入了这个文件夹，如图 0–22 所示。

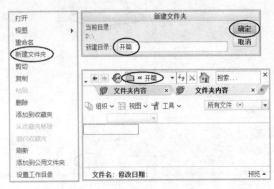

图 0–22 创建工作文件夹

④ 单击路径栏的 D:，浏览器显示界面回到 D 盘根目录，选中 "开篇" 文件夹，单击右键，在弹出的快捷菜单中选中【设置工作目录】命令，即将 "开篇" 文件夹设置为工作目录，如图 0–23 所示。

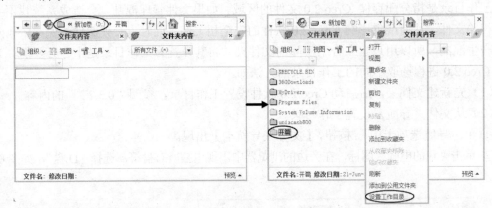

图 0–23 设置工作目录

0.3.3.4 保存文件、保存副本与备份

（1）保存文件。

单击【文件】下拉菜单→【保存】选项或单击快速访问工具栏中 按钮，在弹出的【保存对象】对话框中选择保存位置，在【保存到】文本框中输入文件名，单击 确定 按钮即可。当设置了工作目录，单击保存命令，在弹出的【保存对象】对话框默认存储路径为工作目录。

（2）保存副本。

单击【文件】下拉菜单→【另存为】选项，在右侧菜单中选择【保存副本】命令，在弹出的【保存副本】对话框中选择保存位置，在【新建名称】文本框中输入文件名，单击 确定 按钮即可。

（3）保存备份。

单击【文件】下拉菜单→【另存为】选项，在右侧菜单中选择【备份】命令，在弹出的

【备份】对话框中选择适当的目录，并在【备份到】文本框中输入适当的文件名，单击 确定 按钮即可。

提示：a. 保存与保存备份命令不能更改文件的名称。

b. 保存副本命令可随时更改文件的名称、文件的保存路径以及文件的输出格式。

0.3.3.5　重命名、拭除与删除

（1）重命名。

单击【文件】下拉菜单→【管理文件】选项，在右侧菜单中选择【重命名】命令，在弹出的【重命名】对话框中输入新名称即可。

（2）拭除。

单击【文件】下拉菜单→【管理会话】选项，在右侧菜单中选择【拭除当前】，则系统会出现如图 0-24（a）所示的【拭除确认】对话框；若在右侧菜单选择【拭除未显示的】，则系统会出现如图 0-24（b）所示的【拭除未显示的】对话框。

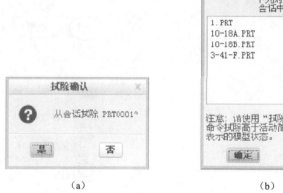
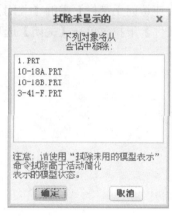

（a）　　　　　　　　　　（b）

图 0-24　拭除命令

提示：Creo 2.0 在工作时可以同时打开多个窗口以便模型的创建。这样做固然很方便，但是会占据内存空间，影响软件的执行效果；此外，在进行模型设计变更时，因某些错误想放弃本设计，于是在尚未保存文件前将窗口关闭，当再次打开硬盘文件时，会发现无法正确打开原始设计，其原因就是变更设计的模型还是存在于计算机的内存中。如果选取【文件】/【关闭窗口】，并不能将它从内存中移除，此时就必须选用【拭除】选项实现内存的擦除。

（3）删除。

单击【文件】下拉菜单→【管理文件】选项，在右侧菜单中选择【删除旧版本】，此时出现系统提示，如图 0-25 所示。输入要被删除对象的旧版本后单击✓按钮，该对象的所有旧版本即被删除。

图 0-25　系统提示

0.3.3.6 窗口的基本操作

（1）激活窗口。

使用 Creo 2.0 时可以同时打开多个不同的窗口。窗口标题栏中显示"活动的"字样的为执行窗口，切换执行窗口的方法有以下两种：

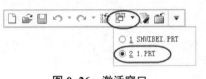

图 0-26 激活窗口

① 使用鼠标单击一个窗口，并且按下"Ctrl+A"组合键。

② 在快速访问工具条中，单击【快速访问工具栏】中命令，在弹出的下拉选项中，选中准备激活的文件即可，如图 0-26 所示。

（2）关闭窗口。

关闭窗口有以下操作方法：

① 单击窗口右上角的 ✕ 按钮关闭窗口。

② 单击【快速访问工具栏】中的【关闭】命令，如图 0-27（a）所示。

③ 单击【文件】下拉菜单→【关闭】选项，如图 0-27（b）所示。

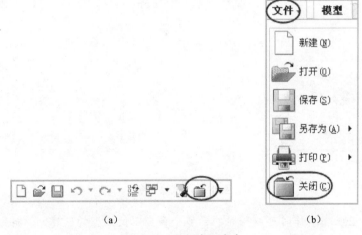

(a)   (b)

图 0-27 关闭窗口命令

提示：关闭窗口后，文件并没有从内存中退出，这意味着用户的操作即使没有保存，只要在未关闭 Creo 2.0 软件前重新打开，依然能够得到之前未保存的文件。但如果进行了拭除操作，则文件从内存里消失，未保存的操作也随之消失。

（3）默认尺寸比例。

单击视图控制工具条中的【重新调整】命令，窗口大小将恢复到 Creo 2.0 系统默认的尺寸比例。例如，当用户将图形缩到很小时，运用此命令，则可以把图形调整至系统默认尺寸比例，如图 0-28 所示。

0.3.4 视图控制与模型显示

在 Creo 2.0 进行设计时，为了让用户能够方便地在计算机屏幕上观看零件的几何形状，

控制零件的各个视图是不可或缺的基本功能。

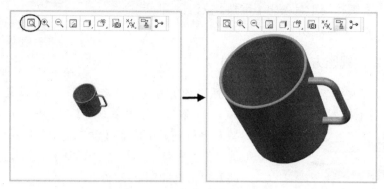

图 0-28 【重新调整】命令

0.3.4.1 鼠标的使用

（1）缩放：直接滚动鼠标中键可缩放视图，向前滚动为缩小视图，向后滚动为放大视图。或者同时按住鼠标中键和"Ctrl"键，并且垂直移动鼠标。

（2）平移：同时按住"Shift"键和鼠标中键，模型随鼠标的移动而平移。

（3）旋转：按住鼠标中键，模型随鼠标移动而三维旋转。

0.3.4.2 调整模型视图

（1）缩放：单击视图控制工具条中 按钮，在图形窗口中对角拖动鼠标，则视图放大；单击视图控制工具条中 按钮，同操作则视图自动缩小。

（2）显示默认方向：单击视图控制工具条中【已命名视图】按钮 ，在下拉列表框中选择【标准方向】，则视图回到标准方向，默认的标准方向是斜轴测图，如图 0-29 所示。

（3）转换到先前显示方向：单击【视图】选项卡【方向】区域中【上一个】按钮 ，即可将模型恢复到先前的显示方向，如图 0-30 所示。

图 0-29 标准方向显示视图

图 0-30 转换到先前显示方向

（4）重画窗口：重画视图功能重新刷新屏幕，但不再生模型；单击视图控制工具条中【重画】按钮 ▨ 即可重新刷新屏幕，如图 0-31 所示。

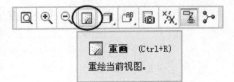

图 0-31　重画窗口

0.3.4.3　确定视图方向和保存视图

用户可自定义视图方向并保存，使以后看图更方便。单击视图控制工具条中【已命名视图】按钮 ，在下拉列表框中选择 重定向(0)... 命令，弹出【方向】对话框。该对话框的【类

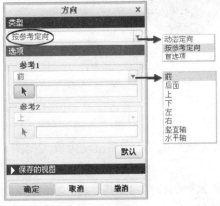

图 0-32　按参考定向【方向】对话框

型】下拉列表中，有【动态定向】【按参考定向】【首选项】三种选项。如选择其中【按参考定向】，则【方向】对话框如图 0-32 所示。

如在【类型】下拉列表中选择【动态定向】，则【方向】对话框如图 0-33 所示。在【选项】中，可通过调节【平移】【缩放】和【旋转】中的滑块找到模型显示的合适位置，单击该对话框中的【保存的视图】选项，在打开的选项中选中要替换的视图，单击 保存 按钮，弹出【确认】对话框，如图 0-34 所示。单击 是(T) 按钮则该视图被覆盖，单击 否(N) 按钮则取消操作。也可在【方向】对话框的【名称】栏中直接输入新建

视图名称，单击 保存 按钮即可保存该视图方向。

新设置的视图方向可在视图控制工具条中【已命名视图】按钮 下拉列表框中查看。

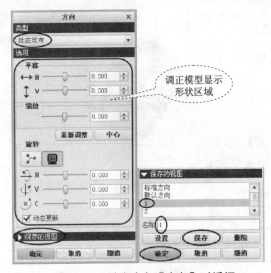

图 0-33　动态定向【方向】对话框

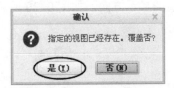

图 0-34　【确认】对话框

0.3.4.4　模型颜色和外观编辑

单击【视图】选项卡【模型显示】区域中的外观库按钮 ，如图 0-35 所示。打开【外观库】下拉列表，如图 0-36 所示。

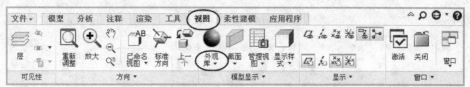

图 0-35 【视图】选项卡

在【外观库】下拉列表的材料选择区内，系统给出了多种设定好的材料，其中第 1 个名称为 ref_color1 的材料是系统的基本颜色，不能对此材料进行编辑。选择 ref_color1 材料，单击下拉列表中 更多外观... 按钮，弹出【外观编辑器】对话框，如图 0-37 所示。

系统参考 ref_color1 新建立一个名称为 copy of< ref_color1>的新材料，单击【属性】文本框中颜色块，弹出【颜色编辑器】对话框。可用【颜色轮盘】或【RGB/HSV 滑块】中的 R、G、B 数值来建立新的颜色。调整完成后单击【颜色编辑器】对话框中的 确定 按钮则在【外观库】保存此外观颜色，如图 0-38 所示。

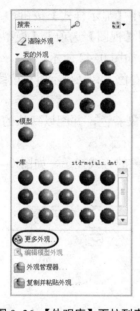

图 0-36 【外观库】下拉列表

图 0-37 【外观编辑器】对话框

图 0-38 【颜色编辑器】对话框

0.3.4.5 基准的显示

用 Creo 2.0 软件设计零件时，经常需要建立平面、轴、点、坐标系等，以辅助建立零件的三维几何模型，这些几何图元称为"基准特征"，由于这些特征仅为辅助的几何图元，因此有时需要显示在画面上，有时要将其关闭。基准的显示与否可用视图控制工具条中【基准显示过滤器】按钮 来控制，如图 0-39 所示。也可用【视图】选项卡【显示】区域中的相应按钮来控制，如图

图 0-39 【基准显示过滤器】

| 017 |

0–40 所示。

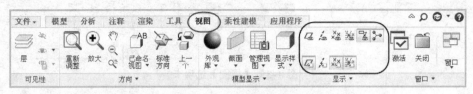

图 0–40 【视图】选项卡

基准平面开关 ![]：控制基准平面特征在绘图窗口中的显示。

基准轴开关 ![]：控制基准轴特征在绘图窗口中的显示。

基准点开关 ![]：控制基准点特征在绘图窗口中的显示。

基准坐标系开关 ![]：控制基准坐标系特征在绘图窗口中的显示。

0.3.4.6 模型显示

Creo 2.0 软件中有 6 种模型显示的方式，可用视图控制工具条中【显示样式】按钮 ![] 来

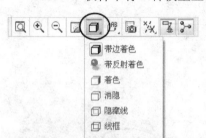

图 0–41 【显示样式】

控制，如图 0–41 所示。也可用【视图】选项卡【模型显示】区域中的 ![]按钮来控制，如图 0–42 所示。

● 带边着色 ![]：模型渲染着色，高亮显示所有边线，如图 0–43（a）所示。

● 带反射着色 ![]：模型渲染着色，并配以默认的灯光和环境效果，如图 0–43（b）所示。

● 着色 ![]：模型以渲染着色的方式显示，如图 0–43（c）所示。

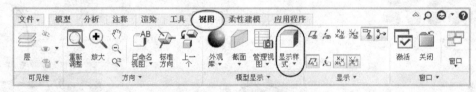

图 0–42 【视图】选项卡

● 消隐 ![]：不显示被遮住的线条，如图 0–43（d）所示。

● 隐藏线 ![]：隐藏线以浅灰色的方式显示，如图 0–43（e）所示。

● 线框 ![]：显示全部线条，如图 0–43（f）所示。

(a)   (b)   (c)

图 0–43 模型显示方式

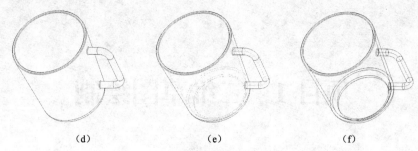

（d）　　　　　　　（e）　　　　　　　（f）

图 0-43　模型显示方式（续）

思考与练习

1. 思考题

（1）简述 Creo 2.0 软件特点以及主要功能模块的作用。

（2）简述 Creo 2.0 操作界面主要包含了哪些区域以及各区域功用。

（3）什么是工作目录，如何定义？

2. 练习题

练习窗口操作和文件管理。

项目 1 二维草图绘制

在 Creo 中进行三维实体模型建模时,首先需要建立零件的截面形状,然后通过加材料(拉伸、扫描、筋等)或者减材料(孔、倒角、壳等)来添加实体特征,最后完成造型设计。在整个过程中,二维草图的绘制是最基础和最关键的设计步骤。只有正确绘制系统所需的草图,才能通过拉伸、旋转、扫描等特征来创建三维实体模型。

在绘制草图时,通常首先运用草绘命令绘制粗略的几何图像,能大致反映最终截面形状即可,再运用约束命令添加一些限制条件,如对称、相等、平行等,然后标注尺寸、修改尺寸,在系统重新生成之后,即可得到最终的准确截面形状。

【学习目标】
(1)掌握各种图元的创建与编辑;
(2)掌握尺寸标注和修改方法;
(3)能灵活熟练运用约束条件。

【学习任务】

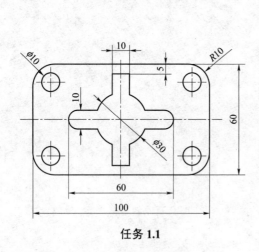

任务 1.1

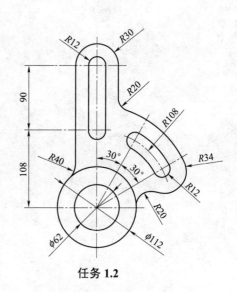

任务 1.2

任务 1.1 对称截面二维草图绘制

1.1.1 学习目标

(1)了解草绘截面环境设置;

（2）掌握基本草绘图元的创建方法，如创建直线、圆、圆弧、椭圆、矩形等；

（3）掌握图元的编辑方法，如镜像、分割和修剪等；

（4）掌握二维草图的尺寸标注和修改；

（5）掌握二维草绘图中约束的创建与修改。

1.1.2 任务要求

绘制对称截面二维草图，对称截面工程图如图 1-1 所示。

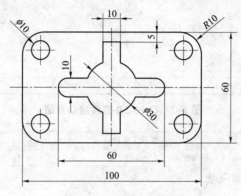

图 1-1 对称截面工程图

1.1.3 任务分析

该截面主体由矩形构成，矩形四个角有等半径倒圆角，矩形的四个角上分布有四个等直径圆，中部有十字形类圆孔，左右上下对称。该截面二维草图绘制步骤和思路如下：

绘制中心线→绘制边框矩形及中间两个矩形→绘制中间圆→倒圆角→绘制四个角上的四个圆→绘制中间水平矩形两端的圆弧→删除多余线段→添加/删除约束→标注尺寸→修改尺寸并重新生成→保存并退出。

1.1.4 任务实施

步骤 1 设置工作目录

（1）在 E/Creo 2.0/目录下创建新文件夹，命名为"rw1-1"。

（2）双击 Windows 桌面上 Creo 2.0 软件的快捷图标，启动 Creo 2.0 软件。如图 1-2 所示。

（3）单击【主页】选项卡中【选择工作目录】按钮 ，弹出【选择工作目录】对话框。在对话框中的路径栏中，找到 E/Creo 2.0 目录，选中目录下"rw1-1"文件夹，单击右下角 **确定** 按钮，完成工作目录设置，如图 1-3 所示。

步骤 2 进入草绘绘制模块

（1）单击快速工具栏中 按钮或选取主菜单中【文件】→【新建】，系统弹出【新建】对话框，如图 1-4 所示。

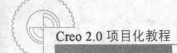

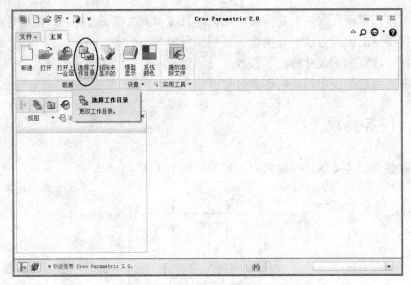

图 1-2　Creo 2.0 软件启动界面

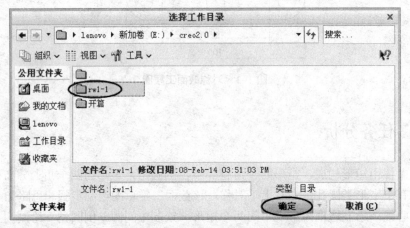

图 1-3　【选择工作目录】对话框

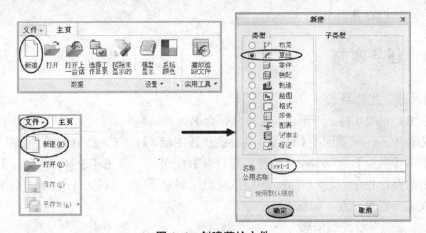

图 1-4　创建草绘文件

（2）在【新建】对话框的【类型】栏中选取【草绘】，在【名称】编辑框中输入"rw1-1"，

单击 确定 按钮，系统进入草绘模块，如图1-5所示。

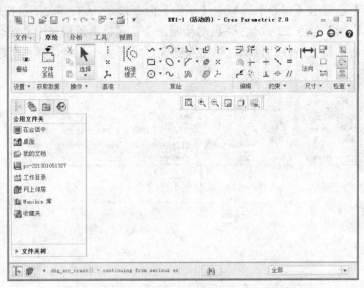

图1-5 草绘界面

步骤3 绘制图元

（1）绘制中心线。

单击【草绘】选项卡【草绘】区域中的【中心线】命令 中心线▼ ，启动绘制【中心线】命令，绘制水平、竖直两条中心线。

① 竖直中心线（V）：在绘图区单击左键，鼠标竖直向下移动，当线条旁边出现绿色 V 字时单击左键即可；

② 水平中心线（H）：在绘图区单击左键，鼠标水平向右移动，当线条旁边出现绿色 H 字时单击左键即可。再单击鼠标中键（或单击【草绘】功能选项卡中【操作】区域中 ▶ 按钮）结束中心线绘制，完成水平、竖直两条中心线绘制，如图1-6所示。

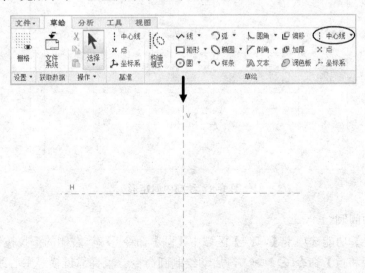

图1-6 绘制水平、竖直中心线

（2）绘制矩形。

单击【草绘】选项卡【草绘】区域中【矩形】命令 □ 矩形 · 右侧的下拉按钮 · ，选择下拉列表中的【中心矩形】命令 □ 中心矩形 ，启动绘制命令。鼠标靠近横竖中心线交点，单击鼠标左键确定矩形中心，斜方向移动鼠标，单击左键确定矩形大小，将鼠标移至绘图区空白区域单击鼠标中键结束命令，完成矩形绘制，如图1-7所示。

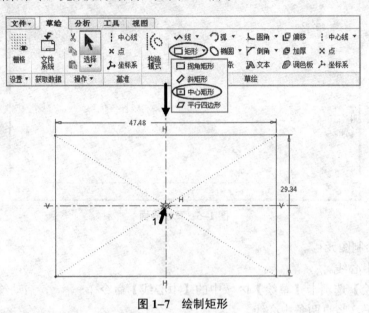

图 1-7　绘制矩形

（3）绘制中间矩形。

按照绘制边框矩形的方法，绘制两个中间矩形，如图1-8所示。

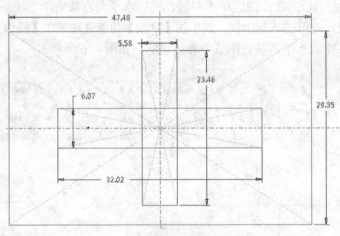

图 1-8　绘制中间矩形

（4）绘制中间圆。

单击【草绘】功能选项卡【草绘】区域中【圆】命令 ⊙ 圆 · 右侧的下拉按钮 · ，选择下拉列表中的【圆心和点】命令 ⊙ 圆心和点 ，启动绘制圆命令。鼠标靠近横竖中心线交点，单击鼠标左键确定圆心，向外移动鼠标，单击左键确定圆大小，将鼠标移至绘图区空白区域单击鼠标中键结束命令，完成中间圆的绘制，如图1-9所示。

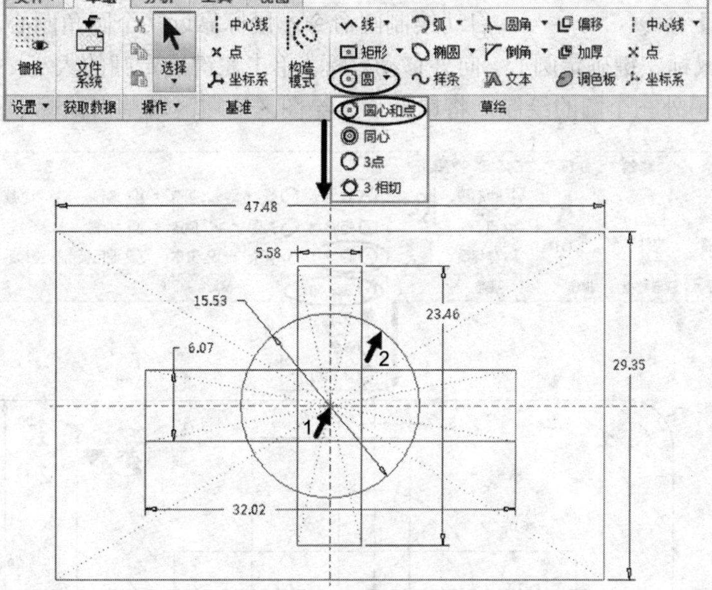

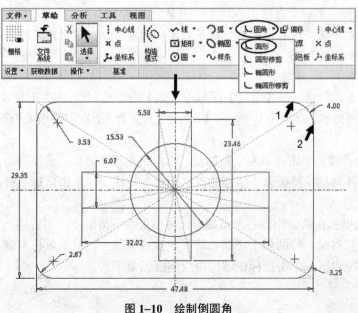

图1-9　绘制中间圆

（5）绘制倒圆角。

单击【草绘】功能选项卡【草绘】区域中【圆角】命令 圆角 右侧的下拉按钮，选择下拉列表中的【圆形】命令 圆形，启动绘制倒圆角命令。鼠标靠近需倒圆角矩形的两条边，单击鼠标左键选中一条边，再单击鼠标左键选中另外一条边，系统自动生成两条边过渡圆角，并在图中以十字叉表示为该圆角圆心，如图1-10所示。按照此方法对另外三对边绘制倒圆角，绘制完毕，将鼠标移至绘图区空白区域单击鼠标中键结束绘制倒圆角命令。

图1-10　绘制倒圆角

（6）绘制四周圆。

单击【草绘】选项卡【草绘】区域中【圆】命令 ◎圆 ▾ 右侧的下拉按钮 ▾，选择下拉列表中的【圆心和点】命令 ◎ 圆心和点 ，启动绘制圆命令。鼠标靠近某个圆角圆心，系统自动捕捉到该圆心，单击鼠标左键确定圆心，向外移动鼠标，单击左键确定圆的大小，如图 1-11 所示。按照此方法完成另外三个圆的绘制，将鼠标移至绘图区空白区域单击鼠标中键结束命令。

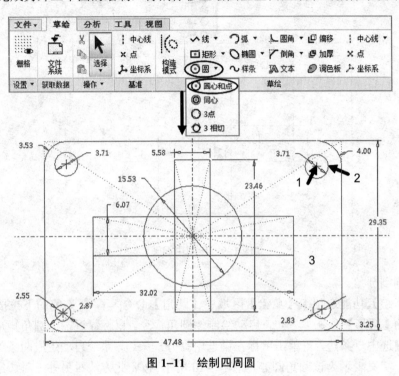

图 1-11　绘制四周圆

提示：a. 四个圆分别与四个圆角同心。

b. 在绘制过程中系统会自动生成约束，例如会出现"R""-""T""○"等符号，可以单击两次鼠标右键禁用这些约束，以防生成不必要的约束条件。禁用约束时，在这些符号上会添加斜划线，例如"T̸""R̸"。

（7）绘制圆弧。

单击【草绘】功能选项卡【草绘】区域中【弧】命令 ⌒弧 ▾ 右侧的下拉按钮 ▾，选择下拉列表中的【3 点/相切端】命令 ⌒ 3点/相切端 ，启动绘制圆弧命令，在中间横向矩形左右绘制圆弧，如图 1-12 所示。

① 绘制左边圆弧：单击矩形左上角端点，再单击左下角端点，向左移动鼠标，会看到圆弧十字圆心也跟随移动，待圆弧十字圆心落到矩形左竖线上，单击鼠标左键，完成左边圆弧绘制。

② 绘制右边圆弧：单击矩形右上角端点，再单击右下角端点，向右移动鼠标，会看到圆弧十字圆心也跟随移动，待圆弧十字圆心落到矩形右竖线上，单击鼠标左键，完成右边圆弧绘制。在绘图区空白区域单击鼠标中键结束绘制圆弧命令。

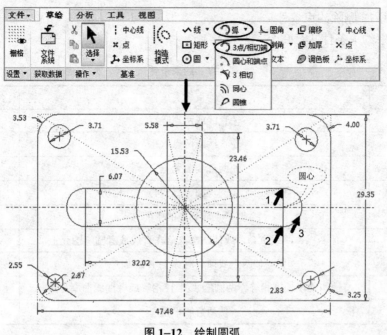

图 1-12 绘制圆弧

步骤 4 编辑图元——【删除段】命令

单击【草绘】选项卡【编辑】区域中的【删除段】命令 ⨍ 删除段，系统进入删除图元状态，按照工程图要求，单击鼠标左键分段删除不需要的图元，删除完毕，在空白区域单击鼠标中键结束命令，如图 1-13 所示。

提示：a. 单击鼠标只能删除当前所选择图元，按住鼠标左键移动鼠标，可以删除鼠标划过的所有图元。如果误删除，单击【撤销】命令，恢复删除图元，同时结束【删除段】命令，命令按钮恢复常态。

b. 删除时，应灵活运用鼠标中键缩放图形，以防有多余图元未删除。

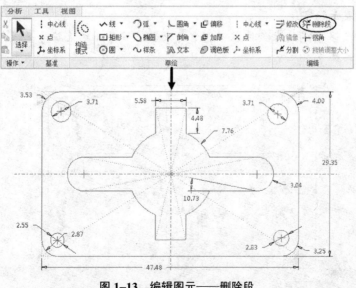

图 1-13 编辑图元——删除段

步骤 5　添加/删除约束条件

Creo 2.0 中约束条件共有 9 个，见表 1–1。

表 1–1　约束条件

按钮	约束含义	约束显示符号
✛ 竖直	使直线或两点竖直	H
✛ 水平	使直线或两点水平	V
⊥ 垂直	使两直线图元垂直	⊥
✗ 相切	使两图元（圆与圆、直线与圆）相切	T
✎ 中点	把一点放到线的中间	M
◈ 重合	使两点、两线重合，或使一个点落在直线或者圆等图元上	○
✛✛ 对称	使两点或顶点对称于中心线	→←—
= 相等	使两线段长度相等、两圆/圆弧半径相等或者曲线曲率相等	L@，R@
// 平行	使两直线平行	//

单击【草绘】功能选项卡【约束】区域中的【相等】命令 = 相等，系统进入相等约束命令状态。

（1）使四个圆角半径相等。

单击鼠标左键依次选中四个圆角，则四个圆角半径相等，可以看到四圆角图元上均有 R@约束显示符号，单击鼠标中键结束当前操作。

（2）使四个周圆半径相等。

再次启动【相等】命令，单击鼠标左键依次选中四个周圆，则四周圆半径相等，可以看到四周圆图元上均有 R@约束显示符号，单击鼠标中键结束当前操作。约束后图形如图 1–14 所示。

提示：a. @表示数字。

b. 如果图中有多余的约束条件，可选中约束显示符号（约束符号呈绿色），按键盘上的 "Delete" 键删除该约束。

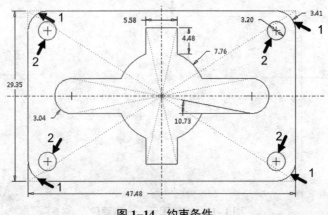

图 1–14　约束条件

步骤6 标注尺寸

单击【草绘】功能选项卡【尺寸】区域中的【法向】命令↔，系统进入尺寸标注状态，如图1-15所示。按照工程图要求，进行尺寸标注，标注完毕在空白区域单击鼠标中键结束标注尺寸命令。

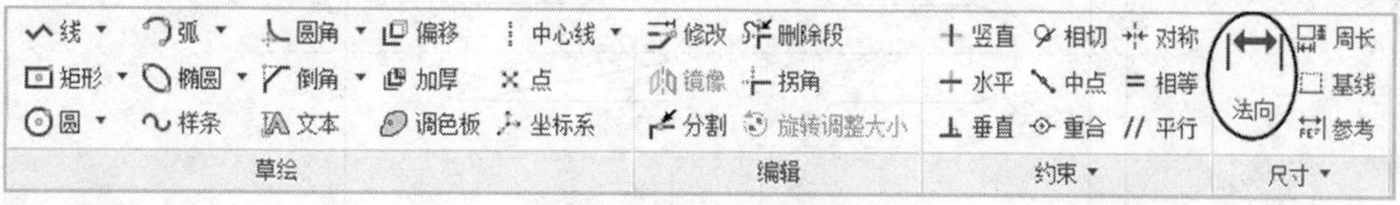

图 1-15 进入尺寸标注

（1）标注外框圆角矩形的长度和宽度尺寸。

单击鼠标左键选中外框圆角矩形右侧竖线，再单击鼠标左键选中外框圆角矩形左竖线，选中的左右竖线为绿色状态；移动鼠标至准备放置尺寸数值的位置，单击鼠标中键完成当前尺寸标注，并进入该尺寸数值编辑状态；单击鼠标中键，保留绘制尺寸大小，统一修改。采用同样的方法标注外框圆角矩形的宽，如图1-16所示。

提示： 未单击鼠标中键，尺寸标注命令依然存在，可以继续进行其他图元的标注。

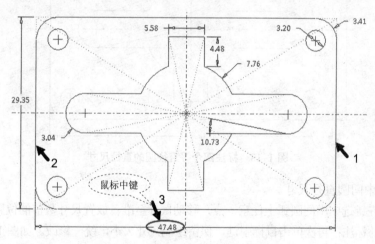

图 1-16 标注矩形长度和宽度尺寸

（2）标注四个倒圆角半径。

单击鼠标左键选中四个倒圆角中的任一倒圆角，选中的倒圆角为绿色状态；移动鼠标至准备放置尺寸数值的位置，单击鼠标中键确定当前尺寸标注，并进入该尺寸数值编辑状态；单击鼠标中键，保留绘制尺寸大小，统一修改。如图1-17所示。

提示： 由于在进行尺寸标注前，对四个倒圆角使用了相等约束条件，故而只需标注其中一个倒圆角尺寸即可。

（3）标注四个等直径圆直径。

双击鼠标左键选中四个等直径圆中任意一个圆，选中的圆为绿色状态；移动鼠标至准备放置尺寸数值的位置，单击鼠标中键确定当前尺寸标注，并进入该尺寸数值编辑状态；单击鼠标中键，保留绘制尺寸大小，统一修改。如图1-18所示。

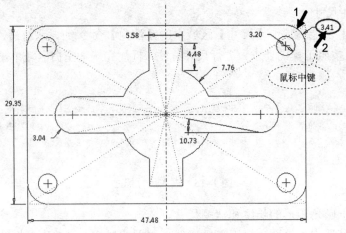

图 1-17　标注倒圆角半径尺寸

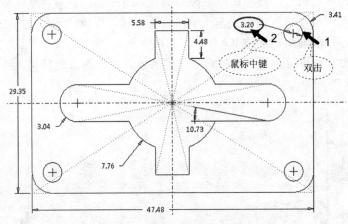

图 1-18　标注四个等直径圆的直径尺寸

（4）标注中间圆直径尺寸。

双击鼠标左键选中中间圆弧上任意一点，移动鼠标至准备放置尺寸数值的位置，单击鼠标中键完成当前尺寸标注；再次单击鼠标中键，保留绘制尺寸大小，统一修改。如图 1-19 所示。

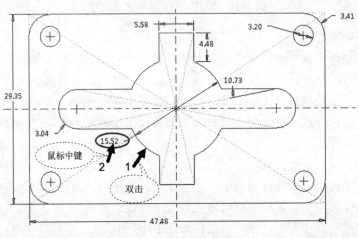

图 1-19　标注中间圆直径尺寸

（5）标注水平槽尺寸。

① 单击鼠标左键选中水平槽下横线，再单击鼠标左键选中水平槽上横线，将鼠标移至准备放置尺寸数值的位置，两次单击鼠标中键完成当前尺寸标注，如图1-20所示。

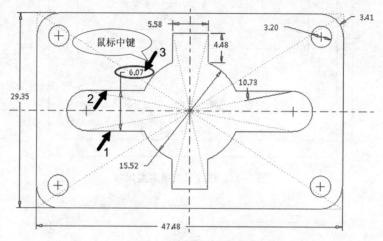

图1-20 标注水平槽宽度尺寸

② 单击鼠标左键选中水平槽左圆弧，再单击鼠标左键选中水平槽右圆弧，竖向移动鼠标至准备放置尺寸数值的位置，前后两次单击鼠标中键确定当前尺寸标注，如图1-21所示。

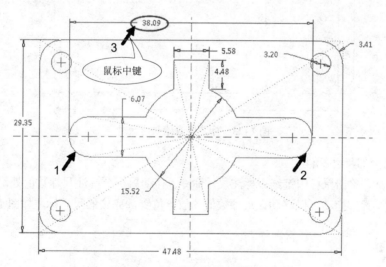

图1-21 标注水平槽长度尺寸

（6）标注竖直槽尺寸。

① 单击鼠标左键选中竖直槽左竖线，再单击鼠标左键选中竖直槽右竖线，移动鼠标至准备放置尺寸数值的位置，两次单击鼠标中键完成当前尺寸标注，如图1-22所示。

② 单击鼠标左键选中外框圆角矩形上横线，再单击鼠标左键选中竖直槽上横线，将鼠标移至准备放置尺寸数值的位置，两次单击鼠标中键完成当前尺寸标注，如图1-23所示。

提示：完成所有尺寸标注和约束条件添加后，图形上将不会再有其他尺寸存在。如有其他尺寸，表示图中有未被标注或未被约束的图元。

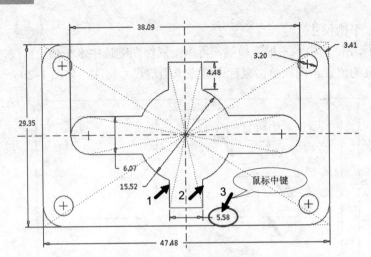

图 1-22　标注竖直槽宽度尺寸

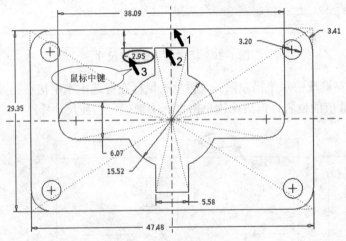

图 1-23　标注竖直槽长度尺寸

（7）完成全部尺寸标注。

完成标注后，单击鼠标中键结束标注尺寸命令。移动鼠标至标注尺寸数值处，尺寸数值变绿色，按住鼠标左键并拖动可以移动该尺寸数值的放置位置，完成的尺寸标注如图 1-24 所示。

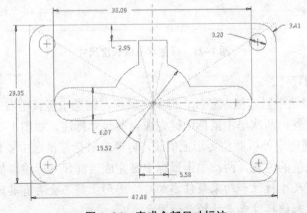

图 1-24　完成全部尺寸标注

提示：单击【草绘】功能选项卡【操作】区域中的 ▶ 按钮或单击鼠标中键后，用鼠标左键选中尺寸数字并拖动即可改变尺寸的放置位置。

步骤7 修改尺寸并重新生成

（1）选中所有尺寸。按住鼠标左键从左上角向右下角框选所有尺寸，选中尺寸为绿色。

（2）单击【草绘】功能选项卡【编辑】区域中的【修改】命令 ⌐ᵧ 修改，系统弹出【修改尺寸】对话框，取消【重新生成】复选框，如图1-25所示。

提示：如在【修改尺寸】对话框中勾选【重新生成】复选框，当修改完一个尺寸后系统将重新生成几何图形，有时由于尺寸数值的异常变化，易于造成几何图形的过度变形，不符合设计意图，甚至出现草绘截面再生失败的情形。

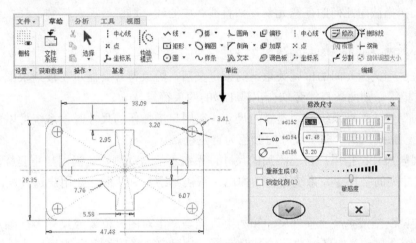

图1-25 修改尺寸

（3）对照工程图修改尺寸，完成所有修改后，单击【修改尺寸】对话框的 ✔ 按钮，系统自动重新生成，完成对称截面二维草图绘制，如图1-26所示。

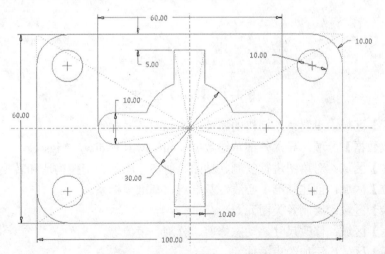

图1-26 完成对称截面二维草图绘制

步骤8 保存并退出

在主菜单中单击【文件】→【保存】或快速访问工具栏中 🖫 按钮，保存当前文件，然后关闭当前工作窗口。

　　提示：文件默认保存位置是在用户设置的工作目录中，但也可以改变路径，保存在其他区域。

1.1.5 相关知识

1.1.5.1 草绘环境简介

　　（1）Creo 2.0 草绘环境中常使用术语。

　　① 图元：指截面几何的任意元素，如直线、中心线、圆弧、圆、椭圆、样条曲线、点或者坐标系等。

　　② 尺寸：图元大小、图元间位置尺寸。

　　③ 约束：定义图元间的位置关系。约束定义后，约束符号会显示在被约束图元旁边，例如两条直线相等，则两条直线旁均会出现 L@的约束符号。

　　④ "弱"尺寸：指系统自动建立的尺寸。在用户增加新的尺寸时，系统可以自动删除多余的弱尺寸。系统默认"弱"尺寸的颜色为青蓝色。

　　⑤ "强"尺寸：指用户自己添加的尺寸，系统不能自动删除。当用户重复标注尺寸时，可能会产生冲突的强尺寸，系统会自动弹出【解决草绘】对话框，让用户选择删除多余的强尺寸。

　　⑥ 冲突：两个或多个"强"尺寸和约束可能会产生对图元位置或尺寸多余确定。出现这种情况，系统会自动弹出【解决草绘】对话框，让用户选择删除多余的强尺寸或约束。

　　（2）【草绘】命令简介。

　　进入草绘环境后，在功能区就会出现【草绘】选项卡，选项卡中有多个区域，如图 1–27 所示。

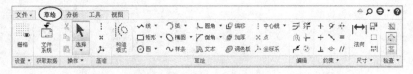

图 1–27 【草绘】选项卡

　　① 【设置】区域：设置草绘栅格的属性，图元线条样式等。

　　② 【获取数据】区域：导入外部草绘数据，如*.dwg，*.drw，*.igs 等。

　　③ 【操作】区域：对草图进行复制、粘贴、剪切、删除、切换构造和转换尺寸等。

　　④ 【基准】区域：创建基准中心线，基准点，基准坐标系。

　　⑤ 【草绘】区域：绘制各类图元。

　　⑥ 【编辑】区域：修改尺寸、动态修剪、分割、镜像等。

　　⑦ 【约束】区域：添加约束条件。

　　⑧ 【尺寸】区域：添加尺寸。

　　⑨ 【检查】区域：▥检查图元是否重叠，重叠的图元将以红色显示；▩检查图元有无开放端点，开放的端点将以红色显示；▦检查图元是否由封闭链构成，是则以着色方式显示

封闭区域，显示颜色为土黄色。

⑩ 草绘器显示过滤器：进入草绘环境后，在视图控制工具条中增加了一个草绘器显示过滤器，如图 1-28 所示。

- 显示尺寸："√"，图形中显示尺寸大小。
- 显示约束："√"，图形中显示约束符号。
- 显示栅格："√"，图形中栅格。默认为不选中。
- 显示顶点："√"，图形中各类图元的顶点，如直线的端点、圆弧的端点等，端点为蓝色小点。

图 1-28　草绘器显示过滤器

1.1.5.2　图元的创建

（1）绘制直线。

① 绘制线链。单击【草绘】选项卡【草绘】区域中的【线链】命令 ，在绘图区将鼠标移动到需要的位置，单击鼠标左键即可确定直线的起点。将鼠标移到需要的终点后，单击左键，系统会在这个终点和起点之间绘出一条直线段。继续移动鼠标，则上一条线段的终点又会成为下一条线段的起点，再次单击鼠标左键就会绘出与上一条直线首尾相连的线段，依次类推。单击鼠标中键结束绘制直线命令，如图 1-29 所示。

提示： 如果在整个绘制直线的过程中只单击了一次左键，然后就单击鼠标中键，则会取消本次操作。

② 绘制相切直线。如在草绘图中已经绘制了两个圆或圆弧，需要绘制它们的公切线，可使用该命令。单击【草绘】选项卡【草绘】区域中 后的 按钮，在下拉列表中选择【直线相切】命令 ，选取第 1 个与直线相切的图元，再选取第 2 个与直线相切的图元，即可绘制出两图元的相切直线，单击鼠标中键结束绘制相切直线命令，如图 1-30 所示。

提示： 鼠标左键单击的位置应大致在切线的切点处。

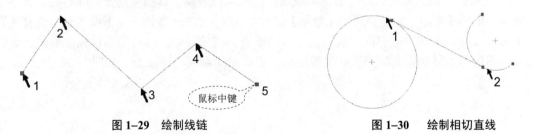

图 1-29　绘制线链　　　　　　　　图 1-30　　绘制相切直线

（2）绘制矩形。

① 绘制拐角矩形。单击【草绘】功能选项卡【草绘】区域中的【拐角矩形】命令 ，在绘图区用鼠标左键依次单击矩形的两个角点。单击鼠标中键结束绘制矩形命令，如图 1-31 所示。

② 绘制斜矩形。单击【草绘】功能选项卡【草绘】区域中 后的 按钮，在下拉列表中选择【斜矩形】命令 ，在绘图区单击鼠标左键确定斜矩形的一个角点，再移动鼠标确定矩形的倾斜角度，并单击鼠标左键确定矩形的长度，最后移动鼠标并单击左键确定矩形的高度。单击鼠标中键结束绘制矩形命令，如图 1-32 所示。

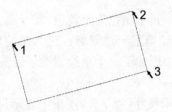

图 1-31 绘制拐角矩形　　　　　　　　图 1-32 绘制斜矩形

③ 绘制中心矩形。单击【草绘】功能选项卡【草绘】区域中□矩形·后的·按钮，在下拉列表中选择【中心矩形】命令 □中心矩形，在绘图区单击鼠标左键确定矩形的中心，再向外移动鼠标确定矩形任意拐角，完成创建。单击鼠标中键结束绘制矩形命令，如图 1-33 所示。

④ 绘制平行四边形。单击【草绘】功能选项卡【草绘】区域中□矩形·后的·按钮，在下拉列表中选择【平行四边形】命令 □平行四边形，在绘图区单击鼠标左键确定平行四边形的一个角点，然后移动鼠标确定长度并单击左键确认，最后移动鼠标确定高度并单击左键确认。单击鼠标中键结束绘制命令，如图 1-34 所示。

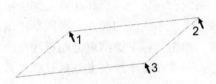

图 1-33 绘制中心矩形　　　　　　　图 1-34 绘制平行四边形

（3）绘制圆。

① 通过圆心和圆上一点绘制圆。单击【草绘】功能选项卡【草绘】区域中的【圆心和点】命令 ◎圆·，鼠标左键单击圆心所在的位置，然后单击圆周上一点创建一个圆。单击鼠标中键结束绘制圆命令，如图 1-35 所示。

② 绘制同心圆。如果已经绘制了圆或圆弧，需要再绘制出该圆或圆弧的同心圆，可使用该命令。单击【草绘】功能选项卡【草绘】区域中◎圆·后的·按钮，在下拉列表中选择【同心】命令 ◎同心，选取已有的圆或圆弧，以确定所绘圆的圆心，然后拖动鼠标在半径合适的位置单击鼠标左键确定圆的半径。单击鼠标中键结束绘制同心圆命令，如图 1-36 所示。

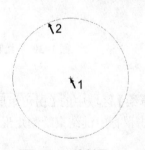

图 1-35 绘制圆　　　　　　　　　图 1-36 绘制同心圆

③ 三点绘圆。如果需要通过截面上已有的三个点绘制圆，可使用该命令。单击【草绘】功能选项卡【草绘】区域中◎圆·后的·按钮，在下拉列表中选择【3 点】命令 ◎3点，用鼠标左键依次选取三个点，系统将以这三个点作为圆周上的点产生一个圆。单击鼠标中键结束

三点绘圆命令，如图1-37所示。

④ 绘制三相切圆。如果绘制的圆需要与截面上已经存在的三个图元相切，可使用该命令。单击【草绘】功能选项卡【草绘】区域中⊙圆▼后的▼按钮，在下拉列表中选择【3 相切】命令 ✿3相切，用鼠标左键依次选取三个图元，则会产生一个圆与选取的三个图元相切。单击鼠标中键结束绘制三相切圆命令，如图1-38所示。

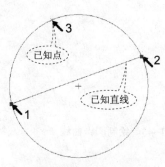
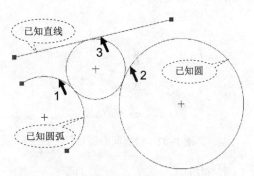

图1-37 绘制三点圆　　　　　　　　图1-38 绘制三相切圆

（4）绘制圆弧。

① 绘制三点/相切端圆弧。单击【草绘】功能选项卡【草绘】区域中的【3 点/相切端】命令 ⌒弧▼，首先用鼠标左键点选圆弧的两个端点，然后拖动鼠标至第 3 点单击，以确定圆弧的半径。单击鼠标中键结束绘制圆弧命令，如图1-39所示。

② 绘制圆心/端点圆弧。通过拾取圆心和圆弧的两个端点绘制圆。单击【草绘】功能选项卡【草绘】区域中 ⌒弧▼后的▼按钮，在下拉列表中选择【圆心和端点】命令 ⌒圆心和端点，首先鼠标左键单击圆心所在的位置，然后单击圆周上两个端点创建一段圆弧，单击鼠标中键结束绘制圆弧命令，如图1-40所示。

③ 绘制三相切圆弧。如果绘制的圆弧需要与截面上已经存在的三个图元相切，可使用该命令。单击【草绘】功能选项卡【草绘】区域中 ⌒弧▼后的▼按钮，在下拉列表中选择【3 相切】命令 ⌒3相切，用鼠标左键依次选取三个图元，则会产生一段圆弧与选取的三个图元相切。单击鼠标中键结束绘制三相切圆弧命令，如图1-41所示。

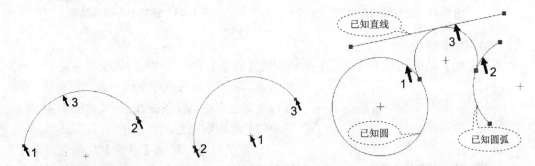

图1-39 绘制三点/相切端圆弧　　　图1-40 绘制圆心/端点圆弧　　　图1-41 绘制三相切圆弧

④ 绘制同心圆弧。如果已经绘制了圆或圆弧，需要再绘制出该圆或圆弧的同心圆弧，可使用该命令。单击【草绘】功能选项卡【草绘】区域中 ⌒弧▼后的▼按钮，在下拉列表中选择

【同心】命令 ，选取已有的圆或圆弧，以确定所绘圆弧的圆心，然后在欲绘制的圆周上单击鼠标左键确定圆的半径。单击鼠标中键结束绘制同心圆弧命令，如图 1–42 所示。

⑤ 绘制圆锥曲线。单击【草绘】功能选项卡【草绘】区域中 弧 ▾ 后的 ▾ 按钮，在下拉列表中选择【圆锥】命令 ，依次选取圆锥曲线的两个端点，再移动鼠标至曲线的中间，拖动曲线到适当的位置后，单击鼠标左键确定该圆锥曲线。单击鼠标中键结束绘制圆锥曲线命令，如图 1–43 所示。

图 1–42　绘制同心圆弧　　　　　　　　图 1–43　绘制圆锥曲线

（5）绘制椭圆。

① 通过轴端点绘制椭圆。单击【草绘】功能选项卡【草绘】区域中的【轴端点椭圆】命令 椭圆 ▾，在绘图区用鼠标左键单击确定椭圆的一条轴线上的起始端点，移动鼠标用左键确定当前轴线的结束端点，再移动鼠标用左键确定另一轴的任意端点，确定椭圆形状并单击鼠标左键确定，完成椭圆创建。单击鼠标中键结束绘制椭圆命令，如图 1–44 所示。

② 通过椭圆中心和椭圆圆周上一点绘制椭圆。单击【草绘】功能选项卡【草绘】区域中 椭圆 ▾ 后的 ▾ 按钮，在下拉列表中选择【中心和轴椭圆】命令 中心和轴椭圆，用鼠标左键单击椭圆中心所在的位置，然后分别选择两点来确定椭圆的长短轴的大小，绘制出椭圆。单击鼠标中键结束绘制椭圆命令，如图 1–45 所示。

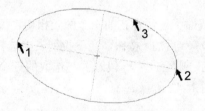

图 1–44　绘制轴端点椭圆　　　　　　　图 1–45　绘制中心和轴椭圆

（6）绘制样条曲线。

单击【草绘】功能选项卡【草绘】区域中的【样条】命令 样条，用鼠标左键单击一系列的点，这些点将按顺序生成一条平滑曲线。单击鼠标中键结束绘制样条曲线命令，如图 1–46 所示。

（7）绘制倒圆角。

① 倒圆形角。单击【草绘】功能选项卡【草绘】区域中的【圆角】命令 圆角 ▾，用鼠标左键选取两图元，即可在两图元间产生一个圆形倒圆角。单击鼠标中键结束绘制倒圆角命令，如图 1–47 所示。

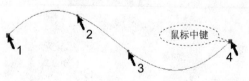

图 1–46　绘制样条曲线

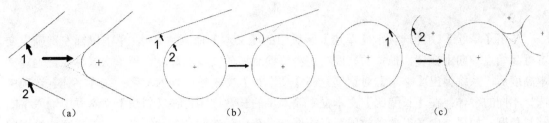

图 1–47 绘制不同图元间倒圆形角

(a) 两直线倒圆角; (b) 直线与圆弧倒圆角; (c) 两圆弧倒圆角

② 圆形修剪。单击【草绘】选项卡【草绘】区域中 ⌐圆角 ▾ 后的 ▾ 按钮,在下拉列表中选择【圆形修剪】命令 ⌐圆形修剪 ,用鼠标选取两图元,即可在两图元间产生一个圆形倒圆角。单击鼠标中键结束绘制圆形修剪命令,如图 1–48 所示。

③ 倒椭圆形角。单击【草绘】功能选项卡【草绘】区域中 ⌐圆角 ▾ 后的 ▾ 按钮,在下拉列表中选择【椭圆形】命令 ⌐椭圆形 ,用鼠标选取两图元,即可在两图元间产生一个椭圆形倒圆角。单击鼠标中键结束绘制椭圆形倒圆角命令,如图 1–49 所示。

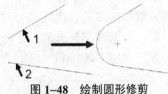

图 1–48 绘制圆形修剪

④ 椭圆形修剪。单击【草绘】功能选项卡【草绘】区域中 ⌐圆角 ▾ 后的 ▾ 按钮,在下拉列表中选择【椭圆形修剪】命令 ⌐椭圆形修剪 ,用鼠标选取两图元,即可在两图元间产生一个椭圆形倒圆角。单击鼠标中键结束绘制椭圆形倒圆角命令,如图 1–50 所示。

提示: 倒圆形角和倒椭圆角操作完后,系统会自动创建被操作两图元的延伸构造线,而圆形修剪和椭圆形修剪不会有延伸构造线。

图 1–49 绘制倒椭圆形角　　　　　　　　**图 1–50 绘制椭圆形修剪**

(8) 倒角。

单击【草绘】功能选项卡【草绘】区域中的【倒角】/【倒角修剪】按钮 ╱倒角 ▾ ,用鼠标选取两图元,即可在两图元间创建倒角。单击鼠标中键结束操作,如图 1–51、图 1–52 所示。

提示: a. 倒角操作完成,系统会自动创建被操作两图元的延伸构造线,而倒角修剪不会有延伸构造线。

b. 两图元可以是直线、圆弧、圆、样条曲线。

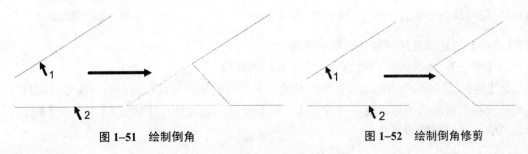

图 1–51 绘制倒角　　　　　　　　**图 1–52 绘制倒角修剪**

（9）文本。

单击【草绘】功能选项卡【草绘】区域中的【文本】命令 $\boxed{\text{A}}$ 文本，单击鼠标左键确定文本行起始点并向上拖移，拖移的高度决定将要绘制出的文本的高度；再单击鼠标左键确定文本高度后，系统弹出【文本】对话框。在【文本行】文本框中输入文字；在【字体】选项中选择不同的字体；在【长宽比】文本框中输入字的长宽比例；在【斜角】文本框中输入字的倾斜角度；如果选中【沿曲线放置】复选框，系统提示选取一条曲线，生成的文字将沿该曲线放置。单击【文本】对话框 **确定** 按钮，输入的文本将显示在界面中。单击中键结束文本创建，如图1-53所示。

（10）偏移。

通过偏移一条模型中已存在的边或草绘几何来创建图元。单击【草绘】功能选项卡【草绘】区域中的【偏移】命令 $\boxed{\text{□}}$ 偏移，系统弹出【类型】对话框，如图1-54所示；同时提示选择要偏移的图元，选取偏移对象后，系统会以箭头标示出偏移方向，并弹出输入偏移距离提示框，如图1-55所示；在提示框中输入偏移距离值后，单击其上的 $\boxed{\checkmark}$ 按钮完成图元的偏移命令，如图1-56所示。

图1-53 绘制文本

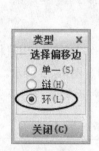

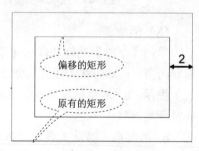

图1-54 【类型】对话框　　　图1-55 偏移设置　　　图1-56 完成偏移

【类型】对话框是选择图元类型单选项。

①【单一】：每次选取模型的一条边作为草绘几何。

②【链】：选取同一表面上边链作为草绘几何。用鼠标左键选取表面的两条边界，系统以高亮色显示当前激活的边界链，并弹出【选取】菜单，通过使用【接受】【下一个】【先前】等选项确定要使用的边界链。

③【环】：选取封闭的边界作为草绘几何。

提示：偏移方向与箭头方向相同时输入正值；偏移方向与箭头方向相反时输入负值。

（11）加厚草绘。

加厚草绘功能可以对现有的图元进行两侧偏置，如果加厚的对象是开放的曲线，还可以利用直线或圆弧封闭偏置曲线的两端。单击【草绘】功能选项卡【草绘】区域中的【加厚】命令，系统弹出【类型】对话框，如图1-57所示。单击左键选中直线，弹出【输入厚度】提示框，输入需要加厚的总厚度"5"，单击✓确定输入，如图1-58所示；系统弹出【于箭头方向输入偏移】提示框，输入向箭头方向偏移的厚度"2"，单击✓确定输入，如图1-59所示。最终在原直线上下形成相互平行、距离为5的两条直线，沿箭头方向的直线距原直线为2，另一条距原直线为3，如图1-60所示。

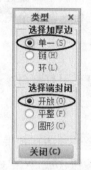

图1-57　【类型】对话框

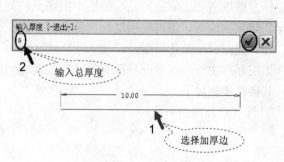

图1-58　输入加厚总厚度

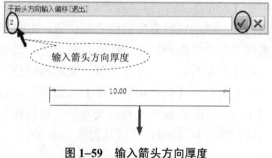

图1-59　输入箭头方向厚度

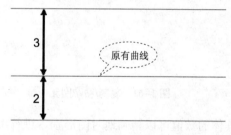

图1-60　完成加厚草绘

（12）调色板（调色板）。

草绘器调色板相当于一个预定形状的形状库，用户可以将库中的草绘轮廓调用到当前的草绘图形中，也可以自定义轮廓草绘保存到调色板中备用。

（13）中心线。

中心线在草绘截面中可作为标注尺寸的参考线；也可以作为草绘镜像几何图元时的对称轴线；还可以作为回转体的旋转中心线。中心线的绘制与直线相似，单击【草绘】功能选项卡【草绘】区域中的【中心线】命令，用鼠标左键单击起点，移动鼠标后再左键单击终点。单击鼠标中键结束绘制中心线命令。

提示：中心线的长度是无限延伸的，是建模的辅助线，不能直接构建实体。

（14）点和坐标系。

单击【草绘】功能选项卡【草绘】区域中的【点】×点或【坐标系】坐标系按钮，在绘图区单击鼠标左键即可在该点处绘制点或坐标系。

（15）使用以前保存过的文件导入到当前草图。

单击【草绘】功能选项卡【获取数据】区域中的【文件系统】命令，弹出【打开】对话框，选择需导入的文件，单击 打开 按钮，即将文件导入到当前草图中。

1.1.5.3 图元的编辑

使用上述介绍图元的创建知识并不一定能满足设计要求，这时可以使用编辑工具对其进行编辑和修改，直到满足设计要求为止。

（1）选取图元。

在编辑图元之前，必须首先选中要编辑的对象。

单击【草绘】功能选项卡【操作】区域中的【选择】按钮，或单击鼠标中键，然后使用鼠标左键单击要选取的图元，被选中的图元将显示为绿色。若要选取多个图元时，可按住"Ctrl"键依次选取，也可使用鼠标左键直接在绘图区域进行框选。

（2）复制和粘贴几何图元。

当需要产生一个或多个与现有的几何图元相同的图元时，可采用复制命令来提高绘图效率。其操作步骤如下：

① 选取要复制的对象。

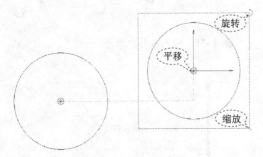

图 1-61　复制/粘贴图元

② 单击【草绘】功能选项卡【操作】区域中的【复制】按钮（或"Ctrl+C"键）。

③ 单击【草绘】功能选项卡【操作】区域中的【粘贴】按钮（或"Ctrl+V"键），单击鼠标左键选定要复制到的合适位置，则出现虚线方框内的图形副本，如图 1-61 所示，此时可以拖动鼠标对副本进行平移、旋转和缩放。同时系统打开【旋转调整大小】操作面板，如图 1-62 所示。在操作面板的文本输入框内输入

具体的数值可以精确地对图形副本进行缩放和旋转，单击 按钮，完成几何图元的复制。

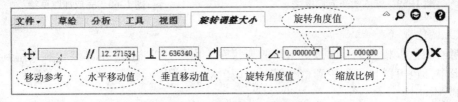

图 1-62　【旋转调整大小】操作面板

（3）镜像几何图元。

镜像是工程领域经常采用的设计手法，镜像可以将几何图元按照选定的中心线复制出对称几何图元，它是一种快速草图绘制方法，只需绘制出图形的一半和一条中心线就可以通过镜像命令复制出另一半。选取要镜像的几何图元，单击【草绘】功能选项卡【编辑】区域中的【镜像】按钮，然后选取镜像中心线，镜像出的几何图元将出现在界面中，单击鼠标中键结束镜像命令，如图 1-63 所示。

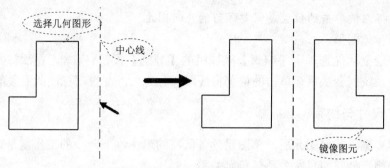

图 1-63 镜像图元

（4）移动、缩放和旋转几何图元。

该命令与复制粘贴中的缩放和旋转工具类似。选取要缩放和旋转的几何图元，单击【草绘】功能选项卡【编辑】区域中的【旋转调整大小】按钮 🖵 旋转调整大小，系统弹出【旋转调整大小】操作面板，其余步骤请参阅"复制和粘贴几何图元"。

（5）动态修剪图元。

单击【草绘】功能选项卡【编辑】区域中的【删除段】按钮 ✂删除段，在绘图区域按住鼠标左键，并移动光标使其通过欲删除的线段上，此时画面上会出现一条鼠标移动轨迹，凡是该轨迹通过的线段都会变成红色，放开鼠标左键，红色的线段将会被删除，如图 1-64 所示。

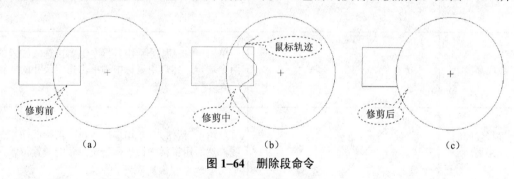

图 1-64 删除段命令

（6）整理拐角。

单击【草绘】功能选项卡【编辑】区域中的【拐角】按钮 ┼拐角，用鼠标左键依次选取两条线段，系统会根据这两条线段相交与否来剪切或者延伸线段来形成角点，如图 1-65 所示。

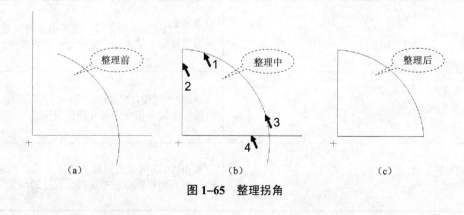

图 1-65 整理拐角

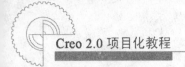

提示：鼠标左键单击的位置是需要保留的几何图元。

（7）打断实体图形。

单击【草绘】功能选项卡【编辑】区域中的【分割】按钮 ✓分割，在欲打断的线段上单击鼠标左键，系统就会从鼠标单击的位置将线段一分为二，并自动标注两线段的长度。

1.1.5.4 尺寸与约束

通过创建和编辑几何图元后，草图已具备所需的形态，下一步的工作就是定量地确定各个图元自身和相互之间的尺寸关系与几何关系。

（1）尺寸标注。

单击【草绘】功能选项卡【尺寸】区域中的【法向】↤按钮，就可以对各类图元进行尺寸标注，具体的标注方法参见表 1–2。

表 1–2　各类图元尺寸标注方法说明

尺寸类型	标注示例	说　明
线段长度	3.00	单击↤按钮，用鼠标左键单击选取线段，然后用鼠标中键单击指定尺寸的放置位置
线段高度	2.54	单击↤按钮，分别用鼠标左键单击选取线段的两个端点，然后用鼠标中键单击指定尺寸的放置位置
两平行线间的距离	0.26	单击↤按钮，分别用鼠标左键单击选取两平行线，然后用鼠标中键单击指定尺寸的放置位置
点到直线的距离	0.31	单击↤按钮，分别用鼠标左键单击选取点和直线，然后用鼠标中键单击指定尺寸的放置位置
圆或圆弧半径	0.17	单击↤按钮，用鼠标左键单击选取圆或圆弧，然后用鼠标中键单击指定尺寸的放置位置
圆或圆弧直径	0.34	单击↤按钮，用鼠标左键双击选取圆周，然后用鼠标中键单击指定尺寸的放置位置
圆心到圆心的尺寸	0.24	单击↤按钮，用鼠标左键单击选取两圆的圆心，然后用鼠标中键单击指定尺寸的放置位置

续表

尺寸类型	标注示例	说　　明
圆周到圆周的尺寸	0.24	单击⟷按钮，用鼠标左键单击选取两圆的圆周，然后用鼠标中键单击指定尺寸的放置位置，在随后弹出的【尺寸定向】对话框中选取垂直尺寸或是水平尺寸。图示为水平尺寸
两线段夹角	30.00	单击⟷按钮，用鼠标左键单击选取两条线段，然后用鼠标中键单击指定尺寸的放置位置
圆弧角度	88.24	单击⟷按钮，先用鼠标左键单击选取圆弧两端点，再单击选取圆弧上任一点，然后用鼠标中键单击指定尺寸的放置位置

（2）尺寸修改。

① 用鼠标左键单击选取要修改的尺寸，这时尺寸变为绿色。单击【草绘】功能选项卡【编辑】区域中的【修改】按钮 ⫍ᴵ修改，弹出【修改尺寸】对话框，如图1-66所示。不选中【重新生成】复选框，并在该对话框中输入想要更改的尺寸值，单击 ✔ 按钮即可。

② 用鼠标左键双击想要修改的尺寸，在弹出的文本输入框中输入想要更改的尺寸值，按回车键（或鼠标中键）即可。

（3）约束。

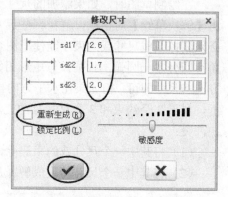

图1-66　【修改尺寸】对话框

约束是参数化设计中的一种重要设计工具，通过在相关图元之间引入特定的关系来制约设计结果。单击【草绘】功能选项卡【约束】区域中的相关命令，即可对图元添加约束条件。【约束】区域中各按钮的含义及操作方法见表1-3。

表1-3　约束按钮及操作

按钮	按钮名称	按钮含义及操作说明
＋竖直	竖直约束	使一条直线处于竖直状态。选取该工具后，单击直线或两个顶点即可。处于竖直约束状态的图元旁将显示竖直约束标记"V"
＋水平	水平约束	使一条直线处于水平状态。选取该工具后，单击直线或两个顶点即可。水平约束标记为"H"
⊥垂直	垂直约束	使两个图元（两直线或直线和曲线）处于垂直（正交）状态。选取该工具后，单击两图元即可。垂直约束标记为"⊥"
❞相切	相切约束	使两个图元处于相切状态。选取该工具后，单击直线和圆弧，或圆弧和圆弧即可。相切约束标记为"T"
↘中点	居中约束	使选定点放置在选定直线的中央。选取该工具后，单击点（或圆心）和直线即可。居中约束标记为"M"

续表

按钮	按钮名称	按钮含义及操作说明
⊙ 重合	重合约束	将两选定图元共线对齐，或选定的点与线、点与点重合。选取该工具后，选取两条直线、两个点或直线与点即可。重合约束标记为"–"
⊹ 对称	对称约束	使两个选定顶点关于指定中心线对称布置。选取该工具后，选取中心线，再选取两个顶点即可。对称约束标记为"→←"
= 相等	相等约束	使两直线等长或两圆弧半径相等，还可以使两曲线具有相同曲率半径。选取该工具后，单击两直线、两圆弧或是两曲线即可。直线相等约束标记为"L"，半径相等约束标记为"R"
// 平行	平行约束	使两直线平行。选取该工具后，单击两直线即可。平行约束标记为"//"

1.1.5.5　解决尺寸过度标注与约束冲突的问题

在绘制草图时，如果添加的尺寸或者约束与现有的尺寸或约束条件相互冲突，系统则弹出【解决草绘】对话框，解释哪些尺寸或约束相冲突，冲突的尺寸或约束以绿色显示，用户必须删掉某些尺寸或约束才能使草图合理化。如图1-67、图1-68所示，一个矩形，在左上角有四分之一圆弧，且圆弧与矩形相邻边垂直，要标注该草图，仅需水平方向两尺寸、竖直方向一尺寸即可，但如果在水平方向再增加一个总长尺寸11.00，则会弹出【解决草绘】对话框，显示2个约束和3个尺寸有冲突，要求选择一个进行删除或者转换。可以按以下方案解决冲突：

（1）将其中一个尺寸或约束删除，如图1-67所示。

（2）将其中一个尺寸转换成解释尺寸（即参考尺寸），如图1-68所示。

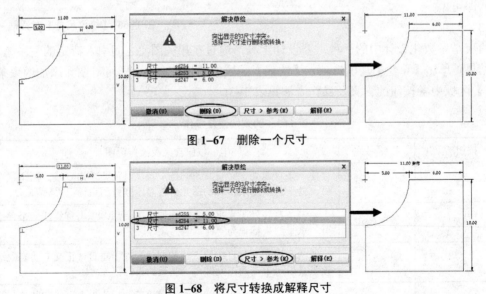

图1-67　删除一个尺寸

图1-68　将尺寸转换成解释尺寸

1.1.5.6　草图的诊断

Creo 2.0提供了草绘诊断功能，命令按钮位于【草绘】功能选项卡的【检查】区域。草绘诊断功能包括诊断图元的封闭区域、开放区域以及重叠区域等。

（1）【着色封闭环】命令 着色封闭环：用系统预定义的颜色（默认土黄色）将草图中封闭区域填充，非封闭区域无颜色变化。

（2）【突出显示开放端】命令 突出显示开放端：用于检查图元中所有开放的端点，并将其加亮为红色。

（3）【重叠几何】命令 重叠几何：用于检查图元中所有相互重叠的几何，并将其加亮为红色。

任务 1.2 挂轮架二维草图绘制

1.2.1 学习目标

（1）掌握二维草图绘制的基本方法和思路；
（2）综合运用相关知识熟练绘制二维草图。

1.2.2 任务要求

根据挂轮架工程图绘制二维草图。挂轮架工程图如图 1-69 所示。

1.2.3 任务分析

该截面以两同心圆为基础，有过圆心的纵向条形孔和同圆心的圆弧状条形孔。挂轮架二维草图绘制步骤和思路如下：

绘制几条主要中心线→绘制底部基础圆→绘制纵向条形孔→绘制圆弧状条形孔及构件圆→绘制圆角→编辑图元（修剪曲线）→添加或删除约束→标注尺寸→修改尺寸并重新生成→保存并退出。

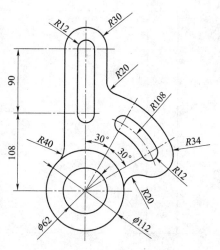

图 1-69 挂轮架工程图

1.2.4 任务实施

步骤 1 设置工作目录
（1）在 E/Creo 2.0/目录下创建新文件夹，命名为"rw1-2"。
（2）双击 Windows 桌面上 Creo 2.0 软件的快捷图标，启动 Creo 2.0 软件。
（3）单击启动界面 按钮，弹出【选择工作目录】对话框。在对话框中的路径栏中，找到 E/Creo 2.0 目录，选中目录下"rw1-2"文件夹，单击 确定 按钮，完成工作目录设置。
步骤 2 进入草绘绘制模块

（1）单击快速工具栏中 □ 按钮或选取主菜单中【文件】→【新建】，系统弹出【新建】对话框。

（2）在【新建】对话框的【类型】栏中选取【草绘】，在【名称】编辑框中输入"rw1-2"，单击 确定 按钮，系统进入草绘模块。

步骤3 绘制图元

（1）绘制中心线。

单击【草绘】功能选项卡【草绘】区域中的【中心线】命令 中心线▾ ，启动绘制【中心线】命令，绘制如图1-70所示中心线，并对中心线的位置进行尺寸标注。

提示：草绘器显示过滤器中的尺寸、顶点、约束显示开关打开。

（2）绘制基础圆。

单击【草绘】功能选项卡【草绘】区域中【圆】命令 ⊙圆▾ 右侧的下拉按钮▾ ，选择下拉列表中的【圆心和点】命令 ⊙圆心和点 ，绘制两个基础圆，如图1-71所示。

（3）绘制纵向条形孔。

① 绘制条形孔中的圆。单击【草绘】功能选项卡【草绘】区域中【圆】命令 ⊙圆▾ 右侧的下拉按钮▾ ，选择下拉列表中的【圆心和点】命令 ⊙圆心和点 ，启动绘制命令，绘制圆，如图1-72所示。

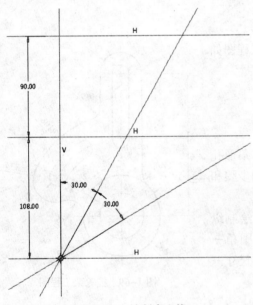

图1-70 绘制中心线

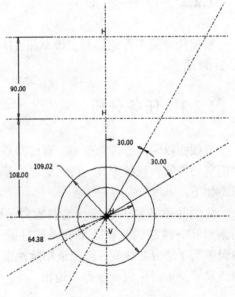

图1-71 绘制基础圆

提示：注意系统会自动添加同半径R约束。在不熟练的情况下，尽可能禁用该约束。

② 绘制条形孔中的竖线。单击【草绘】功能选项卡【草绘】区域中的【线链】命令 ⌵线▾ ，启动绘制直线命令，绘制条形孔的竖线，如图1-73所示。

提示：由于 突出显示开放端 命令处于激活状态，系统会将开放的端点显示为红色。

（4）绘制圆弧状条形孔。

① 绘制构造圆。按下【草绘】功能选项卡【草绘】区域中的【构造模式】按钮 ⊙ ，再单击【圆心和点】命令 ⊙圆▾ ，绘制如图1-74所示构造圆。

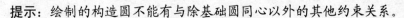

提示：绘制的构造圆不能有与除基础圆同心以外的其他约束关系。

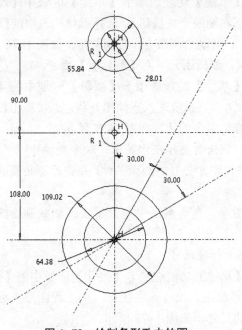

图1-72 绘制条形孔中的圆

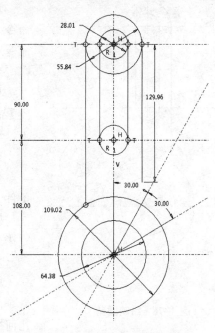

图1-73 绘制条形孔中的竖线

② 绘制圆弧形条形孔中的圆弧。单击【草绘】功能选项卡【草绘】区域中【弧】命令 ⌒弧 ▾ 右侧的下拉按钮▾，选择下拉列表中的【同心】命令 ⌒ 同心，启动绘制命令，绘制圆弧或同心圆弧，注意圆弧与圆弧间相切。如图1-75所示。

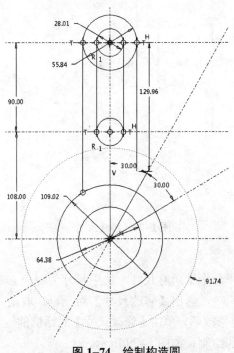

图1-74 绘制构造圆

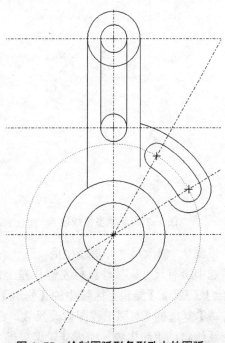

图1-75 绘制圆弧形条形孔中的圆弧

（5）绘制圆角。

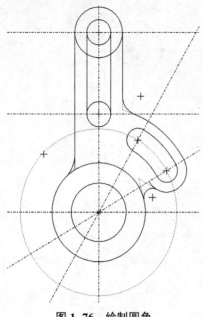

图 1-76　绘制圆角

提示： 标注前需要将尺寸显示开关打开。

单击【草绘】功能选项卡【草绘】区域中【圆角】命令 圆角 ▼ 右侧的下拉按钮 ▼，选择下拉列表中的【圆形】命令 圆形，启动绘制命令，绘制圆角，如图 1-76 所示。

步骤 4　编辑图元——【删除段】命令

单击【草绘】功能选项卡【编辑】区域中的【删除段】命令 删除段，系统进入删除图元状态，按照工程图要求，动态修剪多余的边，如图 1-77 所示。

提示： 删除前关掉尺寸显示，以方便操作。

步骤 5　添加必要的约束条件，并删除不必要的约束条件

检查图形，查看图形中是否需要添加或删除约束，完毕后进入下一步。

步骤 6　标注尺寸

单击【草绘】功能选项卡【尺寸】区域中的【法向】命令 ↔，系统进入尺寸标注状态，按工程图要求标注各几何图元的尺寸，如图 1-78 所示。

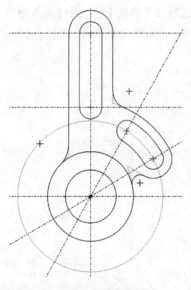

图 1-77　删除多余线段

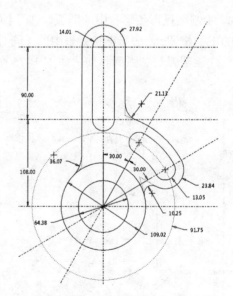

图 1-78　标注尺寸

步骤 7　修改尺寸并重新生成

选中所有尺寸：按住鼠标左键从左上角向右下角框选所有尺寸，选中尺寸为绿色。单击【草绘】选项卡【编辑】区域中的【修改】命令 修改，弹出【修改尺寸】对话框，取消【重新生成】复选框。对照工程图修改尺寸，完成所有修改后，单击【修改尺寸】对话框的 ✓ 按钮，系统自动重新生成。完成挂轮架二维草绘图的绘制。如图 1-79 所示。

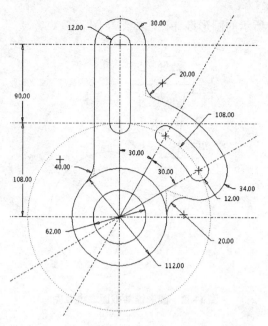

图 1-79 修改尺寸

步骤 8 保存并退出

在主菜单中单击【文件】→【保存】或单击快速工具栏中 🖫 按钮，保存当前文件，然后关闭当前工作窗口。

思考与练习

1. 思考题

(1) 以正六边形为例，说明多边形是如何绘制出来的。

(2)【约束】工具箱中有哪些约束按钮？如何使用这些按钮？

2. 练习题

(1) 绘制如图 1-80 所示的叉形截面二维草图。

(2) 绘制如图 1-81 所示的腰形截面二维草图。

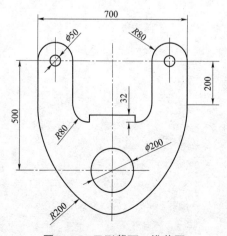

图 1-80 叉形截面二维草图

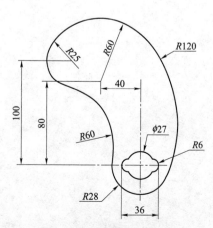

图 1-81 腰形截面二维草图

（3）绘制如图1-82所示的圆形锥斗截面二维草图。

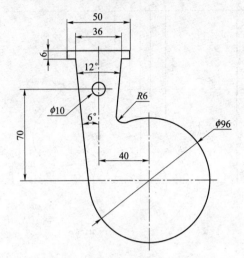

图1-82　圆形锥斗截面二维草图

项目 2　基本特征建模

　　由于 Creo 软件是一个基于特征的参数化实体造型系统，利用 Creo 进行三维实体造型的过程实质上就是一个特征不断追加的过程。因此，要学好 Creo 的三维实体造型功能，首先必须学会一般特征的建立与相关操作。本项目主要通过各种简单的实例操作来说明如何利用 Creo 软件进行特征的创建与操作。

【学习目标】

（1）掌握拉伸、旋转、扫描、混合基础特征创建的基本方法；

（2）掌握孔、壳、筋、拔模、倒圆角、倒角放置特征创建的基本方法；

（3）掌握特征阵列、镜像、复制等特征编辑方法以及零件模型的修改技术。

【学习任务】

任务 2.1　　　　任务 2.2　　　　任务 2.3　　　　任务 2.4

任务 2.1　座体三维建模——拉伸、旋转、基准平面

2.1.1　学习目标

（1）了解特征的概念、分类以及创建模型的基本步骤；

（2）了解草绘面与参考面的概念、相互关系及作用；

（3）熟练掌握拉伸、旋转基础特征的创建方法；

（4）了解基准平面的概念及其创建方法。

2.1.2　任务要求

根据图 2-1 所示座体零件工程图，创建该零件三维模型。

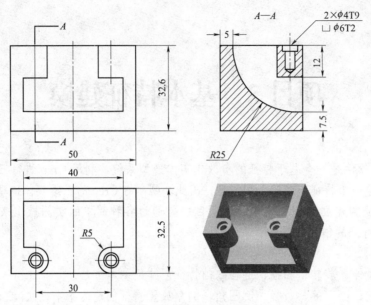

图 2-1　座体零件工程图

2.1.3　任务分析

该模型由长方体主体构成，中部有一弧形凹槽；凹槽上部有两个对称的带沉头孔的凸台。座体模型的建模思路和步骤如图 2-2 所示。

　a. 拉伸主体　　　b. 切削凹槽　　　c. 拉伸凸台　　　d. 切削左侧孔　　　e. 切削右侧孔

图 2-2　座体模型的建模思路和步骤

2.1.4　任务实施

步骤 1　进入零件设计模块

（1）启动 Creo 2.0 后，单击快速工具栏中 按钮或单击下拉菜单中【文件】→【新建】，系统弹出【新建】对话框，如图 2-3 所示。在【类型】栏中选取【零件】，在【子类型】栏中选取【实体】选项，在名称编辑框中输入"rw2-1"，同时取消【使用默认模板】选项，单击【新建】对话中的 确定 按钮。

（2）系统弹出【新文件选项】对话框，如图 2-4 所示。在【模板】分组框中选取【mmns_part_solid】选项，单击 确定 按钮，进入零件设计模块。此时系统自动产生三个相互垂直的基准平面 TOP、FRONT、RIGHT 和一个坐标系 PRT_CSYS_DEF，如图 2-5 所示。

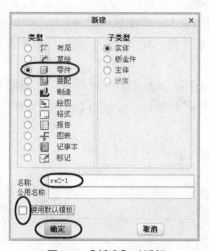

图 2-3　【新建】对话框

图 2-4　【新文件选项】对话框

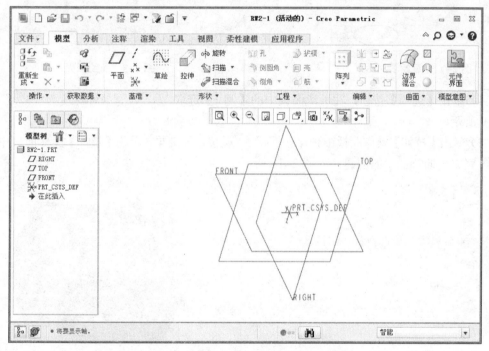

图 2-5　Creo 2.0 零件设计模块主界面

步骤2　建立增加材料的拉伸特征1

（1）单击【模型】功能选项卡【形状】区域中的拉伸按钮，打开【拉伸】操作面板，如图 2-6 所示。

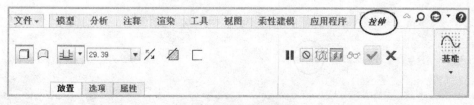

图 2-6　【拉伸】操作面板

（2）单击【拉伸】操作面板中 放置 按钮，打开【放置】下滑面板，单击其中 定义... 按钮，系统弹出【草绘】对话框，选基准平面 TOP 为草绘平面，其余接受系统默认设置，如图2-7 所示。

（3）单击【草绘】对话框中 草绘 按钮，再单击视图控制工具条中的 按钮，系统进入草绘状态，绘制如图 2-8 所示的截面，单击草绘面板中✔按钮，系统返回【拉伸】操作面板。

图 2-7 【草绘】对话框

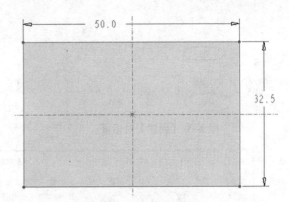

图 2-8 草绘截面

（4）单击【选项】按钮，在下滑面板中的【侧 1】选取 ，设置拉伸深度为"32.6"，如图 2-9 所示。

（5）单击【拉伸】操作面板中预览按钮☑👓观察特征效果，单击【拉伸】操作面板中✔按钮，完成拉伸特征 1 的创建，如图 2-10 所示。

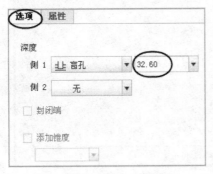

图 2-9 【选项】下滑面板

图 2-10 完成的拉伸特征 1

步骤 3 建立去除材料的拉伸特征 2

（1）单击【模型】功能选项卡【形状】区域中的拉伸按钮 ，打开【拉伸】操作面板，在操作面板上按下减材料按钮 ，如图 2-11 所示。

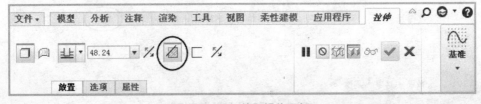

图 2-11 【拉伸】操作面板

（2）单击【拉伸】操作面板中 放置 按钮，打开【放置】下滑面板，单击其中 定义... 按钮，系统弹出【草绘】对话框，在绘图区域选择基准平面 RIGHT 为草绘平面，基准平面 TOP 为参考平面，并选择其方向为【顶】，如图 2-12 所示。

（3）单击【草绘】对话框中 草绘 按钮，再单击视图控制工具条中的 按钮，系统进入草绘状态，绘制如图 2-13 所示的截面，单击草绘面板中 ✔ 按钮，系统返回【拉伸】操作面板。

图 2-12 【草绘】对话框

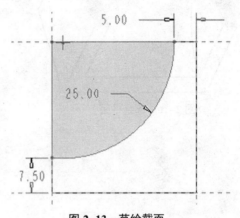

图 2-13 草绘截面

（4）在【拉伸】操作面板中选取深度按钮 ，设置拉伸深度为"40"，如图 2-14 所示。

（5）单击【拉伸】操作面板中预览按钮 观察特征效果，单击【拉伸】操作面板中 ✔ 按钮，完成减材料拉伸特征 2 的创建，如图 2-15 所示。

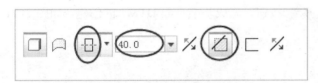

图 2-14 【拉伸】操作面板

图 2-15 完成的减材料拉伸特征 2

步骤 4 建立增加材料的拉伸特征 3

（1）单击【模型】功能选项卡【形状】区域中的拉伸按钮 ，打开【拉伸】操作面板，如图 2-6 所示。

（2）单击【拉伸】操作面板中 放置 按钮，打开【放置】下滑面板，单击其中 定义... 按钮，系统弹出【草绘】对话框，选模型的上表面为草绘平面，其余接受系统默认设置，如图 2-16 所示。

（3）单击【草绘】对话框中 草绘 按钮，再单击视图控制工具条中的 按钮，系统进入草绘状态，绘制如图 2-17 所示的截面，单击草绘面板中 ✔ 按钮，系统返回【拉伸】操作面板。

（4）在【拉伸】操作面板中选取 按钮，设置拉伸深度为"12"，如图 2-18 所示。

（5）调整拉伸方向切换按钮 ，确保拉伸方向向下。单击【拉伸】操作面板中预览按钮

☑ ⮾ 观察特征效果，单击【拉伸】操作面板中 ✔ 按钮，完成拉伸特征 3 的创建。如图 2–19 所示。

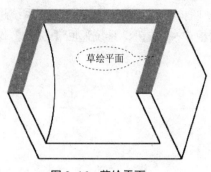

图 2–16　草绘平面

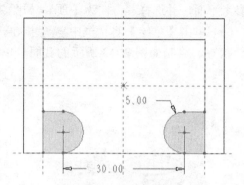

图 2–17　草绘截面

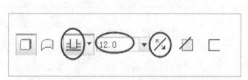

图 2–18　【拉伸】操作面板

图 2–19　完成的拉伸特征 3

步骤 5　创建基准平面 DTM1

（1）单击【模型】功能选项卡【基准】区域中的基准平面创建按钮 ▱ ，系统弹出【基准平面】创建对话框，选择模型的前表面为参考面，输入偏移距离为 "–5"，如图 2–20 所示。

（2）单击【基准平面】对话框中的 确定 按钮，完成基准平面 DTM1 的创建，如图 2–21 所示。

图 2–20　【基准平面】对话框

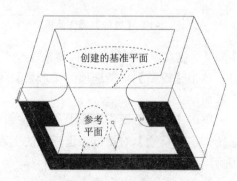

图 2–21　完成的基准平面

步骤 6　建立去除材料的旋转特征 1

（1）单击【模型】功能选项卡【形状】区域中的旋转按钮 ◈ ，打开【旋转】操作面板，在【旋转】操作面板上按下减材料按钮，如图2-22所示。

图2-22　【旋转】操作面板

（2）单击【旋转】操作面板中 放置 按钮，打开【放置】下滑面板，单击其中 定义... 按钮，系统弹出【草绘】对话框，选择步骤5创建的基准平面DTM1为草绘平面，其余接受系统默认设置，如图2-23所示。

（3）单击【草绘】对话框中 草绘 按钮，再单击视图控制工具条中的 按钮，系统进入草绘状态，绘制如图2-24所示的截面，单击草绘面板中 按钮，系统返回【旋转】操作面板。

图2-23　【草绘】对话框

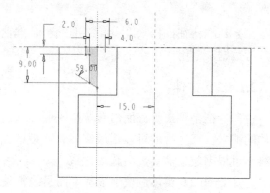

图2-24　草绘截面

（4）单击【旋转】操作面板中预览按钮 观察特征效果，单击【旋转】操作面板中 按钮，完成减材料旋转特征1的创建，如图2-25所示。

步骤7　建立去除材料的旋转特征2

用步骤6同样的方法建立另一侧的沉头孔，如图2-26所示。

图2-25　完成的减材料旋转特征1

图2-26　完成的座体零件

步骤8　保存并退出

在主菜单中单击【文件】→【保存】或快速访问工具栏中 按钮，保存当前模型文件，然后关闭当前工作窗口。

2.1.5 相关知识

2.1.5.1 特征的概念及其分类

特征是 Creo 2.0 操作的最基本单元。任何一个实体都是由若干特征组合而成的，特征的任何改变都会导致实体结构形状的改变。

三维模型创建的方法通常使用"特征添加"的方法，它类似于零件的加工过程。先制成毛坯（创建基础特征），再机加工出孔、倒角、挖槽等（创建放置特征）。

Creo 2.0 中的特征大致可以分为以下三大类：

（1）基础特征：是在二维截面形状基础上生成的特征，一次就能生成很复杂的特征。它包括拉伸、旋转、扫描、混合等。

（2）放置特征：在基础特征基础上生成的特征，它包括孔、圆角、倒角、拔模、筋、抽壳等特征。

（3）基准特征：指基准点、基准轴、基准曲面、基准平面、基准坐标系等，是创建模型的参考数据，常用作草绘平面、尺寸基准、参考面等。

2.1.5.2 拉伸特征

拉伸特征是将二维截面沿着草绘平面的法线方向延伸一定的距离而成。适用于等截面几何体的建立。通过拉伸可以形成实体、薄板或曲面。实体特征既可以是加材料，也可以是减材料，可根据建模需要灵活选用。

它是 Creo 2.0 实体造型中最基本而且经常使用的特征。

提示：拉伸特征的三大要素：a. 二维截面；b. 拉伸方向；c. 拉伸深度。

（1）设置草绘平面。

单击【模型】功能选项卡【形状】区域中的拉伸按钮 ，打开【拉伸】操作面板，如图 2-27 所示。该【拉伸】操作面板包含了创建拉伸特征所有要素的确定方法及过程。

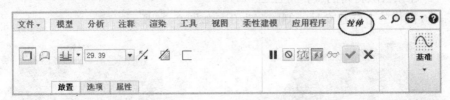

图 2-27 【拉伸】操作面板

在【拉伸】操作面板中，单击 放置 按钮，打开如图 2-28 所示的【放置】下滑面板，使用该下滑面板定义或编辑特征的草绘截面。单击 定义... 按钮，弹出如图 2-29 所示的【草绘】对话框设置草绘平面；如果为重定义该特征，则 定义... 按钮变为 编辑... 按钮，单击 编辑... 按钮可更改特征草绘截面。

在【草绘】对话框中可以设置以下三项内容。

① 选择草绘平面。

【草绘平面】：用于绘制特征二维截面的平面。它可以是系统默认的三个基准平面之一，也可以是实体的表面，还可以创建新的基准平面作为草绘平面。

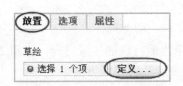

图2-28 【放置】下滑面板

图2-29 【草绘】对话框

创建第一个实体特征时，一般选取系统提供的三个基准平面之一作为草绘平面。选中某个基准平面为草绘面，系统将其名称添加到【草绘】对话框中的【平面】收集器中，同时系统自动选取参考平面并设置视图方向以供参考。

② 设置草绘视图方向。

【草绘视图方向】：用来确定在放置草绘平面时将该平面的哪一侧朝向设计者。指定草绘平面以后，草绘平面的边缘会出现一个玫红色的箭头用来表示草绘视图的方向。可以根据需要单击【草绘】对话框中的【反向】按钮 **反向** 切换草绘视图的方向。

③ 设置参考平面及其方位。

【参考平面】：用于确定观察草绘视图方位的平面。选取草绘平面并设定草绘视图方向后，草绘平面的放置位置并没有唯一确定，还必须设置一个用作放置参考的参考平面来准确放置草绘平面。参考平面可以是系统默认的三个基准平面之一，也可以是实体的表面，还可以是新创建的基准平面，但必须与草绘平面垂直，如图2-30所示。

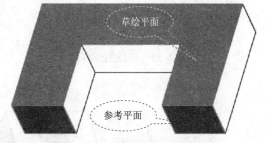

图2-30 草绘平面和参考平面

【方向】下拉列表：参考平面的正向所指的方向。实体表面的正方向是平面的外法线方向；基准平面的正方向按如下规定：TOP 面的正方向向上；FRONT 面的正方向向前；RIGHT 面的正方向向右。图2-31所示为将参考平面的方向分别设置为【底部】【左】【顶】【右】时，草绘平面的放置方位。

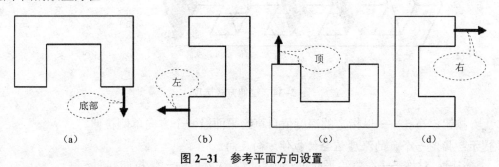

（a）　　　　　（b）　　　　　（c）　　　　　（d）

图2-31 参考平面方向设置

提示：草绘平面、参考平面及其方向选定后，系统会自动将草绘平面旋转到与显示屏幕"重叠"的状态，以便于用户作图。

（2）在草绘平面内绘制截面图。

拉伸实体特征所绘制的截面图形通常都是闭合的几何图元。它可以用【草绘】工具栏中的命令绘制，也可以直接选取实体模型的边线合围而成。拉伸曲面以及薄板时，几何图元可以闭合也可以不闭合。

（3）确定特征生成方向。

绘制草绘剖面后，系统会用一个玫红色箭头标示当前特征的生成方向，如图 2-32 所示。可单击此箭头或拉伸特征控制面板中的 ⚡ 按钮来改变特征的生成方向。

（4）设置特征深度。

通过设定特征的深度可以确定特征的大小。单击拉伸特征操作面板中的 选项 按钮，打开如图 2-33 所示的【选项】下滑面板，定义设置特征深度的方式及大小；其中【侧 1】为第一拉伸方向，【侧 2】为第二拉伸方向（与【侧 1】方向相反）。单击下拉按钮 🔻，可以选取拉伸方式。一共有 6 种拉伸方式，如图 2-34 所示。

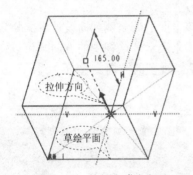

图 2-32　特征生成方向

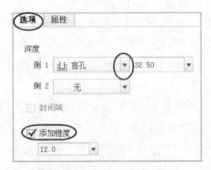

图 2-33　【选项】下滑面板

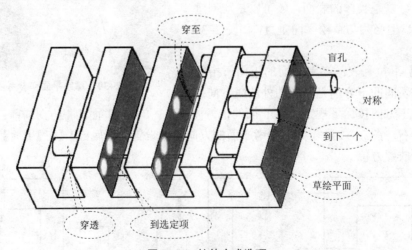

图 2-34　拉伸方式选项

⚊ 按钮：盲孔——以指定的深度值自草绘平面沿一个方向单侧拉伸。

提示：指定一个负的深度值会使拉伸方向反向。

⊟ 按钮：对称——在草绘平面每一侧以指定深度值的一半拉伸截面。

按钮：穿至——将截面拉伸，使其与选定曲面或平面相交。

按钮：拉伸截面至下一曲面——使用此选项，在特征到达第一个曲面时将其终止。

提示：基准平面不能被用作终止曲面。

按钮：穿透——拉伸截面，使之与所有曲面相交。使用此选项，在特征到达最后一个曲面时将其终止。

按钮：到选定项——将截面拉伸至一个选定点、曲线、平面或曲面。

提示：若所创建的实体是第一个特征，则不出现后面三个选项。

（5）设置特征锥度。

在如图2-33所示的【选项】下滑面板中如勾选添加锥度复选框，还可对拉伸的特征进行拔模处理，如图2-35所示。

（6）特征类型按钮。

按钮：其拉伸特征为实体。实体特征内部完全由材料填充，如图2-36所示。

图 2-35 添加锥度后的特征

图 2-36 【实体】特征

按钮：其拉伸特征为曲面。曲面是一种没有厚度和重量的片体几何，但通过相关命令操作可变成带厚度的实体，如图2-37所示。

按钮：其相对于草绘平面切换特征的创建方向。

按钮：创建剪切材料特征，即在现有零件模型上移除材料。

提示：创建减材料特征的前提是模型已有"材料"，如果模型没有任何增加材料的操作，此按钮自动变灰不可用。

按钮：该按钮通过为草绘截面轮廓指定厚度创建"薄体"特征，如图2-38所示。

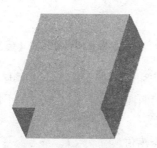

图 2-37 【曲面】特征

图 2-38 【薄体】特征

（7）操作按钮。

按钮：单击此按钮暂时中止使用当前的特征工具，以访问其他对象操作工具。

按钮：几何预览按钮。

按钮：特征生成预览按钮。

按钮：单击此按钮确认当前特征的建立。

按钮：单击此按钮放弃当前特征的建立。

2.1.5.3 旋转特征

旋转特征是由草绘的二维截面绕中心线旋转而成的一类特征，适用于回转体特征的创建。通过旋转可以形成实体、薄板或曲面。同样实体特征既可以是加材料，也可以是减材料。

提示：旋转特征的三大要素：a. 二维截面；b. 旋转中心线；c. 旋转角度。

旋转特征的创建方法与拉伸特征的创建方法极为相似，现只将此两特征创建时的不同点加以讨论。

（1）设置旋转轴线。

单击【模型】功能选项卡【形状】区域中的旋转按钮 ，打开【旋转】操作面板，如图2-39 所示。

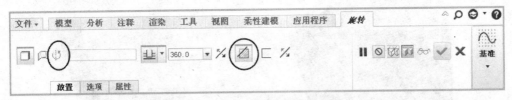

图 2-39 【旋转】操作面板

单击 放置 按钮，系统打开图 2-40 所示的【放置】下滑面板。使用此下滑面板定义或编辑旋转特征截面并指定旋转轴，单击 定义... 创建草绘截面；如果为重定义该特征，则 定义... 按钮变为 编辑... 按钮，如图 2-41 所示，单击 编辑... 按钮可更改特征草绘截面。在【轴】收集器中单击以定义旋转轴。

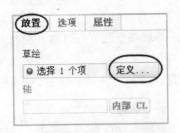

图 2-40 旋转特征【放置】下滑面板

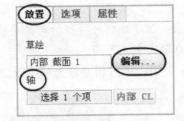

图 2-41 重定义旋转特征时【放置】下滑面板

旋转轴线位于剖面的一侧，可以在绘制二维剖面图时单击【草绘】选项卡内【基准】区域中的【中心线】 中心线 命令绘制，也可以在完成剖面图以后，在【放置】下滑面板中激活【轴】收集器后选择。

提示：a. 草绘截面时必须只在旋转轴的一侧草绘几何。

b. 不论用哪种方法定义旋转轴，必须保证旋转轴位于草绘平面中。

c. 使用【草绘】选项卡内【草绘】区域中的【中心线】 中心线 命令绘制的中心线不能作为旋转轴。

d. 若草绘中使用的几何中心线多于一条，Creo 2.0 将自动选取草绘的第一条几何中心线作为旋转轴，除非用户另外选取。

（2）设置旋转角度。

单击旋转操作面板中的 选项 按钮，系统打开旋转特征的【选项】下滑面板，如图 2–42 所示。该面板可以控制特征的旋转角度。

⊥ 变量：自草绘平面以指定角度值沿一个方向旋转截面。

⊟ 对称：在草绘平面的两侧分别以指定角度值的一半旋转截面。

⊥ 到选定的：将截面一直旋转到选定基准点、顶点、平面或曲面。

提示：终止平面或曲面必须包含旋转轴。

270.0 ▼ 角度值输入文本框：系统提供了四种默认的旋转角度（90.0、180.0、270.0、360.0），同时也可输入 0.0100～360 之间的任一值，如果输入的角度不在此范围，系统将弹出如图 2–43 所示的警告框，并提示用户更改。

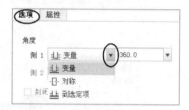

图 2–42 【选项】下滑面板

图 2–43 【警告】对话框

2.1.5.4 基准平面特征

基准平面是一个无限大但实际上并不存在的二维平面。基准平面可以用来作为特征的草绘平面和参考平面、作为尺寸标注的基准、用来确定视图方向、用来装配零件进行约束定位、用来产生镜像特征以及创建剖切面等。

系统默认的基准平面是相互垂直的 TOP 面、FRONT 面和 RIGHT 面。若自行创建基准平面，则系统将按照连续编号的顺序指定基准平面的名称，也可以进行重命名。

基准平面有正向和负向两个不同的方向，各以棕黄色及灰色来区分，棕黄色侧为正向，灰色侧为负向。系统自动生成的三个基准平面 TOP 面正向朝上，RIGHT 面正向朝右，FRONT 面正向指向用户。

下面以图 2–44 所示实体零件为例说明基准平面特征的创建方法：

（1）用偏移一定距离的方法创建基准平面 DTM1。

第 1 步：单击【模型】功能选项卡【基准】区域中的基准平面创建按钮 ⬜，系统弹出【基准平面】对话框，【参考】栏处于待选状态，如图 2–45 所示。

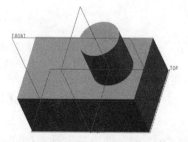

图 2–44 实体零件

图 2–45 【基准平面】对话框

第 2 步：鼠标选取 RIGHT 基准平面，系统默认平移一定距离（其值为上次平移平面的值），如图 2-46 所示。在【基准平面】对话框中单击【偏移】选项，弹出下拉菜单，可以设定所选参考的类型，如图 2-47 所示。

参考类型有四种：

【穿过】：通过选定的参考创建。

【偏移】：与选定的参考有一定距离创建。

【平行】：平行于选定的参考创建。

【法向】：垂直于选定的参考创建。

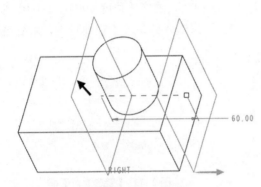

图 2-46　选取参考平面

图 2-47　【基准平面】对话框

第 3 步：更改偏移值为"60"，单击 确定 按钮，建立基准平面 DTM1，如图 2-46 所示。

（2）用平行于一个平面和穿过一点的方法创建基准平面 DTM2。

第 1 步：单击【模型】功能选项卡【基准】区域中的 按钮，系统弹出【基准平面】对话框。

第 2 步：鼠标选取 RIGHT 基准平面，按住"Ctrl"键，选取长方体的左前上方顶点，单击 确定 按钮，建立基准平面 DTM2，如图 2-48 和图 2-49 所示。

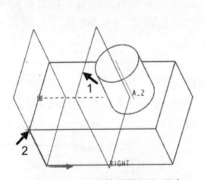

图 2-48　选取基准平面和顶点

图 2-49　【基准平面】对话框

（3）用垂直于一个平面和穿过一条边的方法创建基准平面 DTM3。

第 1 步：单击【模型】功能选项卡【基准】区域中的 按钮，系统弹出【基准平面】对话框。

第 2 步：选取长方体的前表面左侧棱线，按住"Ctrl"键，选取长方体右侧面，把【偏移】

参考变为【法向】，单击 确定 按钮，建立基准平面 DTM3，如图 2-50 和图 2-51 所示。

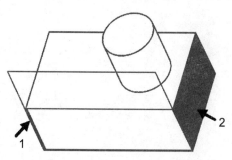

图 2-50　新建 DTM3 平面

图 2-51　【基准平面】对话框

（4）用偏移一定角度的方法创建基准平面 DTM4。

第 1 步：单击【模型】功能选项卡【基准】区域中的 ▱ 按钮，系统弹出【基准平面】对话框。

第 2 步：选取 FRONT 平面，按住"Ctrl"键，选取长方体的前表面右侧棱线，输入旋转的角度"60"。单击 确定 按钮，建立基准平面 DTM4，如图 2-52 和图 2-53 所示。

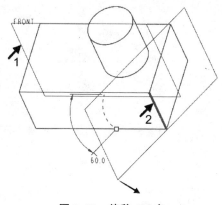

图 2-52　偏移 60°角

图 2-53　【基准平面】对话框

（5）用经过三点的方法创建基准平面 DTM5。

单击【模型】功能选项卡【基准】区域中的 ▱ 按钮，系统弹出【基准平面】对话框。选取图 2-54 中箭头所指的三个点，单击 确定 按钮，建立基准平面 DTM5。

（6）用经过一点和一条直线的方法创建基准平面 DTM6。

单击【模型】功能选项卡【基准】区域中的 ▱ 按钮，系统弹出【基准平面】对话框。按住"Ctrl"键，选取图 2-55 箭头所指点和边线，单击 确定 按钮，建立基准平面 DTM6。

（7）创建与曲面相切的基准平面 DTM7。

单击【模型】功能选项卡【基准】区域中的 ▱ 按钮，系统弹出【基准平面】对话框。选取圆柱面，设定参考类型为【相切】，按住"Ctrl"键，选取如图 2-56 箭头所指边，单击 确定 按钮，建立基准平面 DTM7。

（8）创建过曲面轴线的基准平面 DTM8。

单击【模型】功能选项卡【基准】区域中的 ▱ 按钮，系统弹出【基准平面】对话框。

选取圆柱面，设定参考类型为【穿过】，按住"Ctrl"键，选取如图 2–57 箭头所指边，单击 确定 按钮，建立基准平面 DTM8。

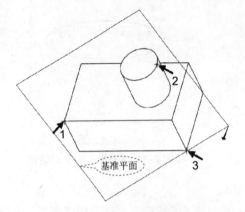

图 2–54 通过三点创建基准面

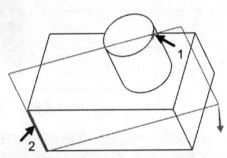

图 2–55 通过一点和一条边创建基准面

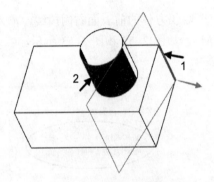

图 2–56 与曲面相切创建基准面

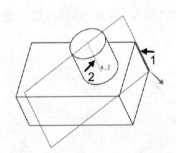

图 2–57 通过曲面轴线创建基准面

2.1.6 练习

（1）根据图 2–58 所示的工程图完成连杆三维造型。

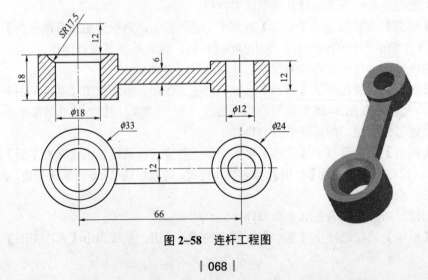

图 2–58 连杆工程图

（2）根据图 2-59 所示的工程图完成叉类零件三维造型。

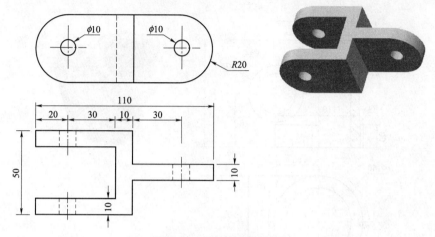

图 2-59　叉类零件工程图

（3）根据图 2-60 所示的工程图完成压盖零件三维造型。

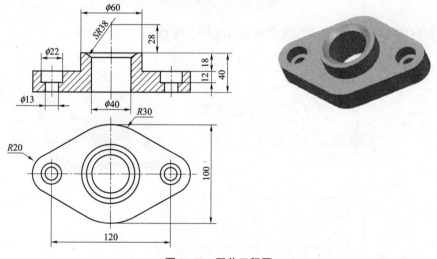

图 2-60　压盖工程图

（4）根据图 2-61 所示的工程图完成球头销零件三维造型。

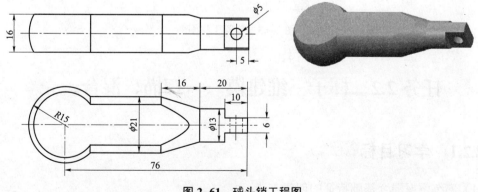

图 2-61　球头销工程图

（5）根据图 2-62 所示的工程图完成交叉管零件三维造型。

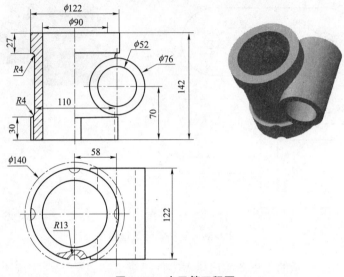

图 2-62　交叉管工程图

（6）根据图 2-63 所示的工程图完成斜管零件三维造型。

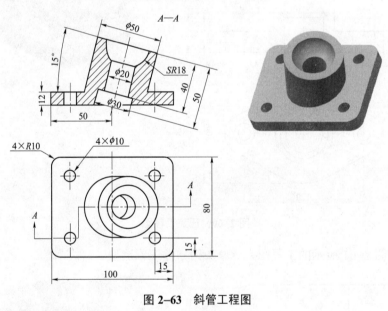

图 2-63　斜管工程图

任务 2.2　杯子三维建模——扫描、混合、壳

2.2.1　学习目标

（1）熟练掌握混合基础特征的创建方法；

（2）熟练掌握扫描基础特征的创建方法；

（3）熟练掌握壳特征的创建方法。

2.2.2　任务要求

根据图 2–64 所示杯子工程图，创建杯子的三维模型。

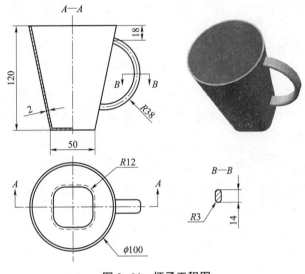

图 2–64　杯子工程图

2.2.3　任务分析

该模型由天圆地方的薄壁杯体及圆弧形把手构成。　杯子模型的建模思路和步骤如图 2–65 所示。

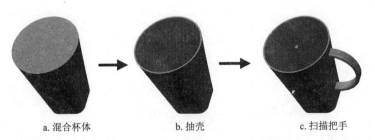

a. 混合杯体　　　　　　　b. 抽壳　　　　　　　c. 扫描把手

图 2–65　杯子模型的建模思路和步骤

2.2.4　任务实施

步骤 1　进入零件设计模块

新建一个【零件】类型的文件，将文件名称设定为"rw2–2"，选择设计模板后进入零件设计模块。

步骤 2　建立增加材料的混合特征

（1）单击【模型】功能选项卡【形状】下拉菜单中的混合按钮，系统打开【混合】操作面板，如图 2-66 所示。

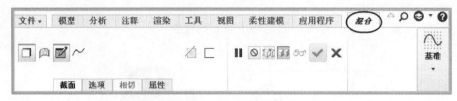

图 2-66　【混合】操作面板

（2）单击【混合】操作面板中 截面 按钮，打开【截面】下滑面板，单击其中 定义... 按钮，如图 2-67 所示，系统弹出【草绘】对话框，选基准平面 TOP 为草绘平面，其余接受系统默认设置，如图 2-68 所示。

图 2-67　【截面】下滑面板

（3）单击【草绘】对话框中 草绘 按钮，再单击视图控制工具条中的 按钮，系统进入草绘状态，绘制如图 2-69 所示的截面，单击草绘面板中 ✔ 按钮，系统返回【混合】操作面板。

图 2-68　【草绘】对话框

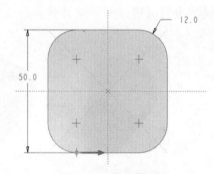

图 2-69　草绘截面

（4）单击【混合】操作面板中 截面 按钮，打开【截面】下滑面板，在【偏移至】对话框中输入"120"，如图 2-70 所示。

（5）单击【截面】下滑面板中 草绘 按钮，系统再次进入草绘状态，绘制第 2 个截面。第 2 个截面为一个圆，由于顶点数与第 1 个截面不相等，因此在草绘时需要使用分割工具按钮 将该圆分割成 8 段，并设置起始点如图 2-71 所示。单击草绘面板中 ✔ 按钮，系统返回【混合】操作面板。

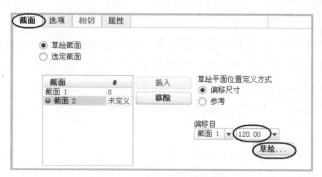

图 2-70　【截面】下滑面板

（6）单击【混合】操作面板中预览按钮 ☑️ 👓 观察特征效果，单击【混合】操作面板中 ✔️ 按钮，完成混合特征的创建，如图 2-72 所示。

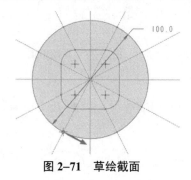

图 2-71　草绘截面

图 2-72　完成的混合特征

步骤 3　建立壳特征

（1）单击【模型】功能选项卡【工程】区域中的壳按钮 回，打开【壳】操作面板，在【厚度】文本框中输入壳的厚度为 "2"，如图 2-73 所示。

图 2-73　【壳】操作面板

（2）在绘图区域选中杯体的上表面，如图 2-74 所示，单击【壳】操作面板中预览按钮 ☑️ 👓 观察特征效果，单击【壳】操作面板中 ✔️ 按钮，完成壳特征的创建，如图 2-75 所示。

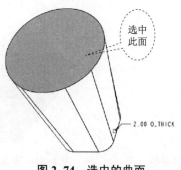

图 2-74　选中的曲面

图 2-75　完成的壳特征

步骤 4 建立草绘曲线特征

（1）单击【模型】功能选项卡【基准】区域中的草绘曲线按钮，弹出【草绘】对话框，选择 FRONT 面为草绘面，其余接受系统默认设置，如图 2-76 所示。

（2）单击【草绘】对话框中 草绘 按钮，再单击视图控制工具条中的 按钮，系统进入草绘状态，绘制如图 2-77 所示的截面，单击草绘面板中 按钮，完成草绘曲线特征的创建。

图 2-76 【草绘】对话框

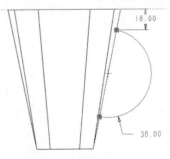

图 2-77 草绘截面

步骤 5 建立增加材料的扫描特征

（1）单击【模型】功能选项卡【形状】区域中的扫描按钮，打开【扫描】操作面板，如图 2-78 所示。

图 2-78 【扫描】操作面板

（2）在绘图区域选中步骤 4 建立的草绘曲线，单击【扫描】操作面板中的【扫描截面】按钮，单击视图控制工具条中的 按钮，系统进入草绘状态，绘制如图 2-79 所示的截面，单击草绘面板中 按钮，系统返回【扫描】操作面板。

（3）单击【扫描】操作面板中的【选项】下滑面板，选中【合并端】复选框，如图 2-80 所示。

（4）单击【扫描】操作面板中预览按钮 观察特征效果，单击【扫描】操作面板中 按钮，完成扫描特征的创建，如图 2-81 所示。

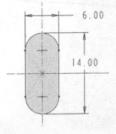

图 2-79 草绘截面

图 2-80 【选项】下滑面板

图 2-81 完成的扫描特征

步骤6 保存并退出

在主菜单中单击【文件】→【保存】或快速访问工具栏中 🔲 按钮，保存当前模型文件，然后关闭当前工作窗口。

2.2.5 相关知识

2.2.5.1 混合特征

混合特征是指用多个不同的截面按一定规律连接形成的实体特征，常用来创建非规则形状的三维实体特征。使用一组适当数量的截面来构建一个混合实体特征，既能够最大限度地准确表达模型的结构，又能尽量简化建模过程。通过混合可以形成实体、薄板或曲面等。

提示：混合特征的三大要素：a. 两个以上截面；b. 截面间距；c. 混合方向。

混合特征中混合截面的设置方法是：单击【模型】功能选项卡【形状】下拉菜单中的混合按钮 🖉，系统打开【混合】操作面板，如图2-82所示。

图2-82 【混合】操作面板

单击 截面 按钮打开如图2-83所示的【截面】下滑面板，使用该下滑面板定义或编辑特征的各个草绘截面，单击 定义... 创建截面。

图2-83 【截面】下滑面板

（1）混合截面的条件。

构建混合实体特征的各个截面必须满足一个基本要求：每个混合截面包含的图元数都必须始终保持相同，即每个截面必须有相同的顶点数，这是所有混合实体特征对截面的共同要求。无论各截面形状、大小有多大的差异，只要顶点数相同就可以生成混合特征，如图2-84所示。

（2）混合顶点的使用。

当截面的顶点数比其他截面少时，要能正确生成混合实体特征，可以使用混合顶点。混合顶点就是将一个顶点当两个甚至多个顶点使用，该顶点同时和其他截面上的两个或多个顶点相连以完成特征创建的目的。

设置混合顶点的方法是：在截面上选中需要的顶点，单击鼠标右键在弹出的快捷菜单中选取【混合顶点】选项，即可将该点设置为混合顶点，如图2-85所示。

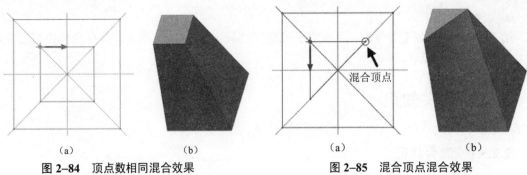

（a）　　　　　　　（b）　　　　　　　　　　（a）　　　　　　　　（b）

图 2-84　顶点数相同混合效果　　　　　　图 2-85　混合顶点混合效果

（a）顶点数相同；（b）混合效果　　　　　　（a）顶点数不同；（b）混合效果

提示：起始点不能增加成为混合顶点。

（3）在截面上加入截断点。

当图形没有明显的顶点，或顶点数量不足时，若要正确生成混合实体特征，可以使用【草绘】工具栏中的分割命令，将图形分割成与其他截面的顶点数相等。单击【草绘】选项卡【编辑】区域中的【分割】 按钮即可在图形上加入截断点，如图 2-86 所示。

（4）点截面的使用。

创建混合特征时，点可以作为一种特殊截面与各种截面进行混合。点截面和相邻截面的所有顶点都相连构成混合实体特征，如图 2-87 所示。

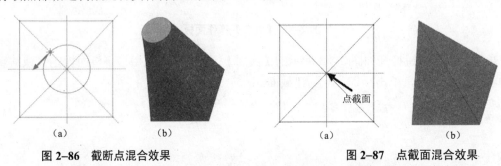

（a）　　　　　（b）　　　　　　　　　　（a）　　　　　　　（b）

图 2-86　截断点混合效果　　　　　　　　图 2-87　点截面混合效果

（a）创建截断点；（b）混合效果　　　　　　（a）使用点截面；（b）混合效果

（5）设置实体属性。

在混合操作面板中单击 选项 按钮，打开如图 2-88 所示的【选项】下滑面板，定义混合特征各截面的连接方式。包括【直】与【平滑】两个选项，其连接效果如图 2-89 所示。

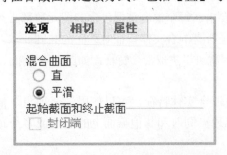

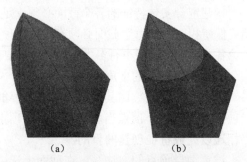

图 2-88　【选项】下滑面板图　　　　　　图 2-89　混合选项不同的连接效果

（a）平滑；（b）直

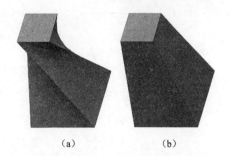

（6）设置起始点。

起始点是混合多个截面时各截面对齐的参考点，首先将两个截面的起始点相连，其余各点沿起始点处箭头指向顺次连接。在绘制特征截面时，应控制好截面起始点的位置和方向。起始点的位置不同，混合的效果不同，如图 2-90 所示。

起始点的标志是一个箭头。当需要修改起始点的位置和方向时可先选取要设置的点，再通过单击鼠标右键在快捷菜单中单击【起始点】来完成。

图 2-90　起始点位置不同的混合效果

（a）起始点位置不对应；（b）起始点位置对应

2.2.5.2　壳特征

壳特征可将实体内部掏空，获得均匀的薄壁结构，常用于创建各种薄壳结构和各种容器等，如箱体类零件的三维建模。

单击【模型】功能选项卡【工程】区域中的壳按钮回，打开【壳】操作面板，在【厚度】文本框中输入厚度，如图 2-91 所示；单击【壳】操作面板中 ✗ 按钮可以切换壳特征厚度成长的方向。

图 2-91　【壳】操作面板

（1）设置移除的曲面。

壳特征可以指定一个或多个曲面将其材料移除。如果未选取任何移除的曲面，则会将实体的内部掏空创建一个封闭壳，且空心部分没有入口。

图 2-92　【参考】下滑面板

单击【壳】操作面板中 参考 按钮，打开【参考】下滑面板。激活【参考】下滑面板中【移除的曲面】收集器，即可定义【壳】特征指定移除的曲面，如图 2-92 所示。选取实体上需要删除的曲面即可设置移除曲面。

（2）设置非缺省厚度。

用于选取要为其指定不同厚度的曲面，然后分别为这些曲面单独指定厚度值，其余曲面将统一使用面板上输入的厚度。

在【参考】下滑面板中，激活【非默认厚度】收集器，可单独指定某个曲面的厚度。选取需要不同厚度的曲面，输入其厚度值，完成非缺省厚度的设置。

图 2-93 所示，是各种壳特征设计效果。

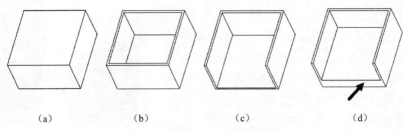

图 2-93　各种壳特征设计效果

(a) 封闭壳；(b) 移除的曲面；(c) 移除两个曲面；(d) 非缺省厚度

提示：当 Creo 2.0 抽壳时，在创建壳特征之前添加到实体的所有特征都将被掏空，因此，壳特征创建的顺序非常重要。特征创建的顺序不同，建模的效果也不同，如图 2-94 所示。(b) 图为先拉伸，再打孔，最后抽壳的效果；(c) 图为先拉伸，再抽壳，最后打孔的效果。

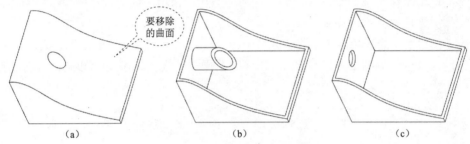

图 2-94　抽壳顺序不同的效果

2.2.5.3　扫描特征

扫描特征是指一定形状的二维截面沿着指定的轨迹线扫描而生成的三维特征。其截面和轨迹决定了特征最终的形状。通过扫描可以形成实体、薄板或曲面。通过扫描创建的模型中，特征的横截面对应于扫描截面，特征的外轮廓线对应于扫描轨迹线，如图 2-95 所示。

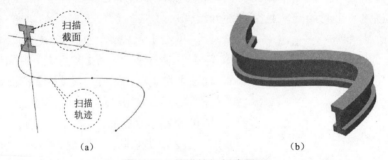

图 2-95　扫描特征创建原理

(a) 扫描特征两要素；(b) 扫描效果

提示：a. 扫描特征的两大要素：二维截面、扫描轨迹线。

b. 从建模原理上说，拉伸特征和旋转特征都是扫描特征的特例，拉伸特征是沿直线扫描，旋转特征是沿圆周扫描。

（1）设置轨迹线。

扫描特征中扫描轨迹线的设置方法是：单击【模型】功能选项卡【形状】区域中的扫描

按钮  ，打开【扫描】操作面板，如图 2-96 所示。选取已有的二维平面曲线或三维空间曲线，也可以选取实体特征的边线、基准曲线等。选中后的轨迹曲线自动建立起始点并以箭头表示起始点的位置，可通过单击箭头切换起始点。

图 2-96 【扫描】操作面板

（2）设置扫描截面。

单击【扫描】操作面板中的【扫描截面】按钮 ，系统进入草绘状态。系统默认的草绘截面在轨迹线的起始点，并与轨迹线垂直，绘制扫描截面。

提示：相对于扫描截面的大小，扫描轨迹中的弧或样条半径不能太小，否则扫描特征在经过该弧时会由于自身相交而出现特征生成失败。

（3）设置选项。

【选项】用于确定扫描实体特征的外观以及与其他特征的连接方式。在一个已有的实体特征之上创建扫描特征时，如果扫描轨迹线为开放曲线，可以设置【选项】，确定扫描特征与其他特征在相交处的连接方式。

打开【扫描】操作面板中的【选项】下滑面板，如图 2-97 所示。选中或不选【合并端】复选框，扫描的效果如图 2-98 所示。

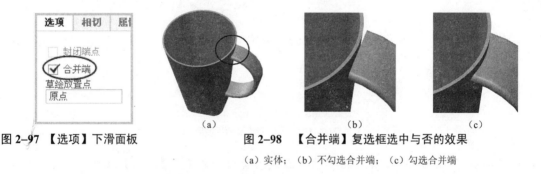

图 2-97 【选项】下滑面板

图 2-98 【合并端】复选框选中与否的效果

（a）实体；（b）不勾选合并端；（c）勾选合并端

2.2.5.4 螺旋扫描特征

螺旋扫描特征是指一定形状的二维截面沿着指定的螺旋轨迹线进行扫描而形成的特征，常用于创建弹簧、蜗杆等零件以及创建零件的螺纹特征，如图 2-99 所示。

提示：螺旋扫描特征的三大要素：二维截面、扫描轨迹线、旋转中心线。

（1）设置轨迹线。

单击【模型】功能选项卡【形状】区域 扫描 ▼ 按钮中的 ▼ ，在下拉菜单中选择 螺旋扫描 按钮，打开【螺旋扫描】操作面板，如图 2-100 所示。选取已有基准曲线或单击 参考 按钮，打开【参考】下滑面板，如图 2-101 所示。单击其上 定义... 按钮进入草绘状态，绘制扫描轨迹线。退出草绘界面后的草绘轨迹线系统自动建立起始点并以箭头表示其位置，可通过单击箭头切换起始点。

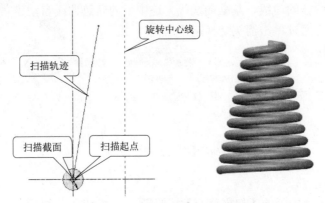

图 2-99　螺旋扫描特征创建原理

图 2-100　【螺旋扫描】操作面板

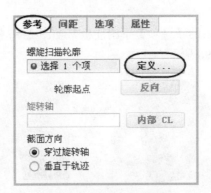

图 2-101　【参考】下滑面板

提示：a. 草绘轨迹线时，注意旋转中心线的绘制。要使用【草绘】选项卡内【基准】区域中的 ⋮ 中心线 命令绘制中心线。

b. 中心线也可以直接选择，但必须选择基准曲线、基准轴线或某一坐标轴。

（2）设置扫描截面。

单击【螺旋扫描】操作面板中的【扫描截面】按钮 ，系统再次进入草绘状态，在轨迹线的起始点绘制扫描截面。

（3）设置间距。

【间距】用于确定螺旋扫描特征的节距大小，通常节距应大于截面直径。节距可直接在控制面板 𝟛𝟛 3.50 ▼ 对话框中输入。

：左旋螺纹。

：右旋螺纹。

2.2.6   练习

（1）根据图 2-102 所示的工程图完成汤锅的三维造型。

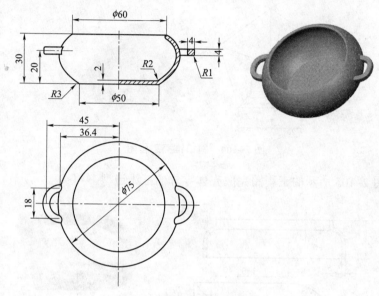

图 2-102   汤锅工程图

（2）根据图 2-103 所示的工程图完成球形接头零件的三维造型。

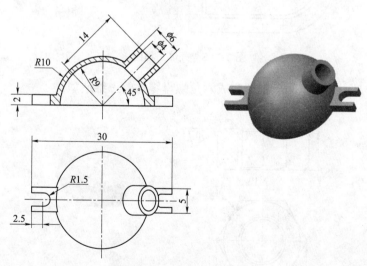

图 2-103   球形接头工程图

（3）根据图 2-104 所示的工程图完成斜口锥壳零件的三维造型。

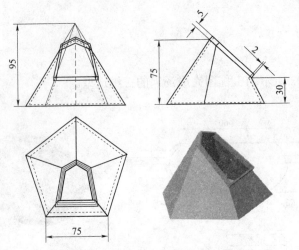

图 2-104　斜口锥壳工程图

（4）根据图 2-105 所示的工程图完成壳体零件的三维造型。

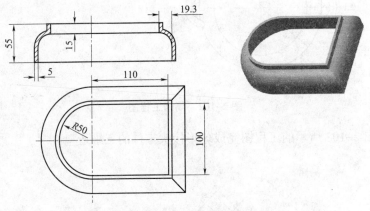

图 2-105　壳体工程图

（5）根据图 2-106 所示的工程图完成六角螺母零件的三维造型。

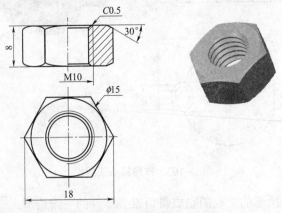

图 2-106　六角螺母工程图

（6）根据图 2-107 所示的工程图完成木桶的三维造型。

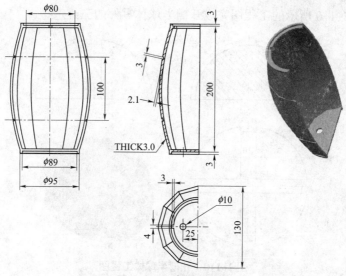

图 2-107　木桶工程图

（7）根据图 2-108 所示的工程图完成肥皂盒盖零件的三维造型。

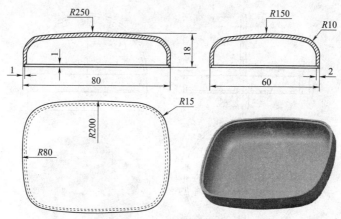

图 2-108　肥皂盒盖工程图

（8）根据图 2-109 所示的工程图完成五角星零件的三维造型。

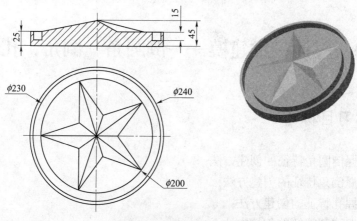

图 2-109　五角星工程图

（9）根据图 2-110 所示的工程图完成开槽半球体零件的三维造型。

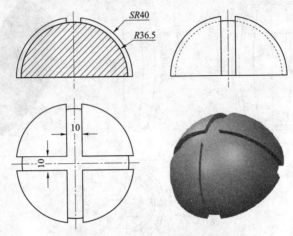

图 2-110　开槽半球体工程图

（10）根据图 2-111 所示的工程图完成提篮的三维造型。

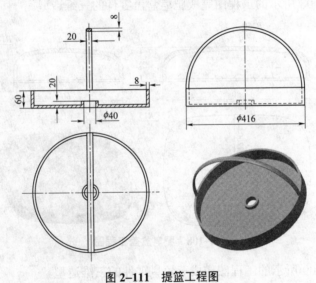

图 2-111　提篮工程图

任务 2.3　三通三维建模——倒圆角、倒角、孔、阵列

2.3.1　学习目标

（1）熟练掌握倒圆角特征的创建方法；
（2）熟练掌握倒角特征的创建方法；
（3）熟练掌握孔特征的创建方法；
（4）熟练掌握阵列特征的创建方法。

2.3.2 任务要求

根据图 2-112 所示的三通工程图创建该零件的三维模型。

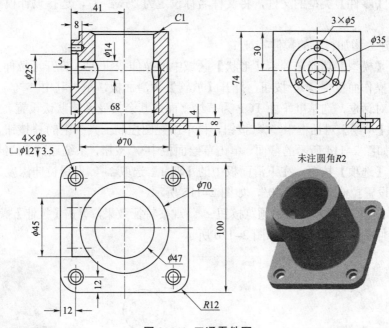

图 2-112 三通零件图

2.3.3 任务分析

该模型由正方形底座与圆柱形主体组成。正方形底座上有 4 个沉头孔,圆柱形中部有一 $\phi47$ 的通孔,左侧有一柱状凸台,凸台中部有一 $\phi14$ 沉头孔,凸台上分布有 3 个 $\phi5$ 孔。

三通模型的建模思路和步骤如图 2-113 所示。

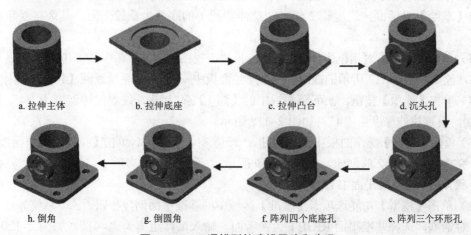

a. 拉伸主体　　　b. 拉伸底座　　　c. 拉伸凸台　　　d. 沉头孔

h. 倒角　　　g. 倒圆角　　　f. 阵列四个底座孔　　　e. 阵列三个环形孔

图 2-113 三通模型的建模思路和步骤

2.3.4 任务实施

步骤 1 进入零件设计模块

新建一个【零件】类型的文件，将文件名称设定为"rw2-3"，选择设计模板后进入零件设计模块。

步骤 2 建立增加材料的拉伸特征 1

（1）单击【模型】功能选项卡【形状】区域中的拉伸按钮，打开【拉伸】操作面板。

（2）单击操作面板中 放置 按钮，打开【放置】下滑面板，单击其中 定义... 按钮，系统弹出【草绘】对话框，选基准平面 TOP 为草绘平面，其余接受系统默认设置。

（3）单击【草绘】对话框中 草绘 按钮，再单击视图控制工具条中的 按钮，系统进入草绘状态，绘制如图 2-114 所示的截面，单击草绘面板中 ✔ 按钮，系统返回【拉伸】操作面板。

（4）单击【选项】按钮，在下滑面板中的【侧 1】选取，设置拉伸深度为"30"，【侧 2】选取，设置拉伸深度为"40"，如图 2-115 所示。

（5）单击【拉伸】操作面板中预览按钮 观察特征效果，单击【拉伸】操作面板中 ✔ 按钮，完成拉伸特征 1 的创建，如图 2-116 所示。

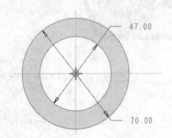

图 2-114 草绘截面　　图 2-115 【选项】下滑面板　　图 2-116 完成的拉伸特征 1

步骤 3 建立增加材料的拉伸特征 2

（1）单击【模型】功能选项卡【形状】区域中的拉伸按钮，打开【拉伸】操作面板。

（2）单击操作面板中 放置 按钮，打开【放置】下滑面板，单击其中 定义... 按钮，系统弹出【草绘】对话框，选步骤 2 建立的拉伸特征 1 的底面为草绘平面，其余接受系统默认设置。

（3）单击【草绘】对话框中 草绘 按钮，再单击视图控制工具条中的 按钮，系统进入草绘状态，绘制如图 2-117 所示的截面，单击草绘面板中 ✔ 按钮，系统返回【拉伸】操作面板。

（4）单击【选项】按钮，在下滑面板中的【侧 1】选取，设置拉伸深度为"4"，【侧 2】选取，设置拉伸深度为"4"，如图 2-118 所示。

（5）单击【拉伸】操作面板中预览按钮 观察特征效果，单击【拉伸】操作面板中 ✔ 按钮，完成拉伸特征 2 的创建，如图 2-119 所示。

步骤 4 创建基准平面 DTM1

（1）单击【模型】功能选项卡【基准】区域中的基准平面创建按钮，系统弹出【基准平面】对话框，选择基准平面 RIGHT 为参考面，输入偏移距离为"-41"，如图 2-120 所示。

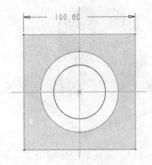

图 2-117　草绘截面　　　　　图 2-118　【选项】下滑面板　　　　图 2-119　完成的拉伸特征 2

（2）单击【基准平面】对话框中的 确定 按钮，完成基准平面 DTM1 的创建，如图 2-121 所示。

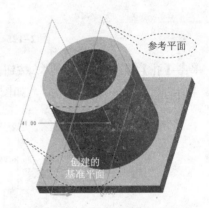

图 2-120　【基准平面】对话框　　　　　　图 2-121　完成的基准平面

步骤 5　建立增加材料的拉伸特征 3

（1）单击【模型】功能选项卡【形状】区域中的拉伸按钮 ，打开【拉伸】操作面板。

（2）单击操作面板中的 放置 按钮，打开【放置】下滑面板，单击其中 定义… 按钮，系统弹出【草绘】对话框，选择步骤 4 建立的基准平面 DTM1 为草绘平面，基准平面 TOP 为参考平面，并选择其方向为【顶】，如图 2-122 所示。

（3）单击【草绘】对话框中的 草绘 按钮，再单击视图控制工具条中的 按钮，系统进入草绘状态，绘制如图 2-123 所示的截面，单击草绘面板中的 ✔ 按钮，系统返回【拉伸】操作面板。

（4）在【拉伸】操作面板中，选择拉伸深度为 。单击【拉伸】操作面板中预览按钮 观察特征效果（可用切换按钮 调整拉伸方向），单击【拉伸】操作面板中 ✔ 按钮，完成拉伸特征 3 的创建，如图 2-124 所示。

图 2-122　【草绘】对话框

步骤 6　建立孔特征 1

（1）单击【模型】功能选项卡【工程】区域中的孔按钮 ，打开【孔】操作面板。按下标准孔按钮 以及沉孔按钮 ，如图 2-125 所示。

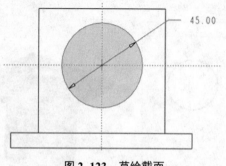

图 2-123　草绘截面

图 2-124　完成的拉伸特征 3

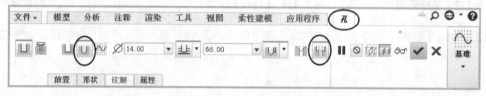

图 2-125　【孔】操作面板

（2）单击【孔】操作面板中 形状 按钮，打开【形状】下滑面板，输入孔直径 "14"，深度 "68"，沉孔直径 "25"，深度 "5"，如图 2-126 所示。

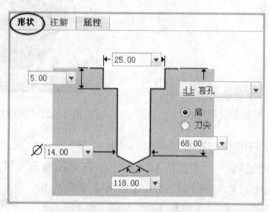

图 2-126　【形状】下滑面板

（3）单击【孔】操作面板中 放置 按钮，打开【放置】下滑面板。在绘图区域选中凸台前表面，按住 "Ctrl" 键再选中凸台的轴线，如图 2-127、图 2-128 所示。

图 2-127　【放置】下滑面板

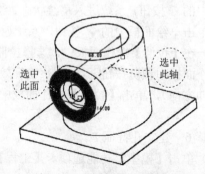

图 2-128　选中的曲面和轴线

（4）单击【孔】操作面板中预览按钮☑️👓观察特征效果，单击【孔】操作面板中✔️按钮，完成孔特征 1 的创建，如图 2–129 所示。

步骤 7　建立孔特征 2

（1）单击【模型】功能选项卡【工程】区域中的孔按钮🔩，打开【孔】操作面板。按下标准孔按钮 Ц，输入孔直径 "3"，深度 "5"，如图 2–130 所示。

（2）单击【孔】操作面板中 放置 按钮，打开【放置】下

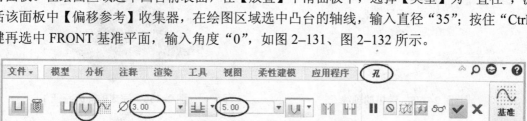

滑面板。在绘图区域选中凸台前表面，在【放置】下滑面板中，选择【类型】为 "直径"，激活该面板中【偏移参考】收集器，在绘图区域选中凸台的轴线，输入直径 "35"；按住 "Ctrl"键再选中 FRONT 基准平面，输入角度 "0"，如图 2–131、图 2–132 所示。

图 2–129　完成的孔特征 1

图 2–130　【孔】操作面板

（3）单击【孔】操作面板中预览按钮☑️👓观察特征效果，单击【孔】操作面板中✔️按钮，完成孔特征 2 的创建，如图 2–133 所示。

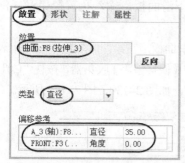

图 2–131　【放置】下滑面板

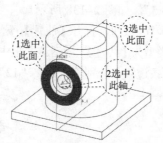

图 2–132　选中的曲面和轴线

图 2–133　完成的孔特征 2

步骤 8　建立阵列特征 1

（1）选中步骤 7 建立的孔特征 2，单击【模型】功能选项卡【编辑】区域中的阵列按钮▦，打开【阵列】操作面板。选择【阵列类型】为 "轴"，在绘图区域选中凸台的轴线，在【阵列】操作面板中输入第一方向阵列个数为 "3"，阵列角度为 "120"，如图 2–134、图 2–135 所示。

图 2–134　【阵列】操作面板

（2）单击【阵列】操作面板中预览按钮 ☑ 6∞ 观察特征效果，单击【阵列】操作面板中 ✔ 按钮，完成阵列特征1的创建，如图2-136所示。

步骤9　建立孔特征3

（1）单击【模型】功能选项卡【工程】区域中的孔按钮 ⊔，打开【孔】操作面板。按下标准孔按钮 ∪ 以及沉孔按钮 ⊔ ，如图2-137所示。

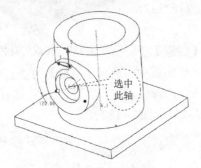

图 2-135　选中的轴线

图 2-136　完成的阵列特征1

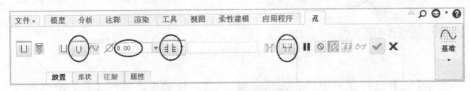

图 2-137　【孔】操作面板

（2）单击【孔】操作面板上 形状 按钮，打开【形状】下滑面板，输入孔直径"8"，深度 ‡ ，沉孔直径"12"，深度"3.5"，如图2-138所示。

（3）单击【孔】操作面板中 放置 按钮，打开【放置】下滑面板。在绘图区域选中底座上表面，在【放置】下滑面板中，选择类型为【线性】，激活该面板中【偏移参考】收集器，按住"Ctrl"键在绘图区域选中底座上表面的两条边线，分别输入距离"12"，如图2-139、图2-140所示。

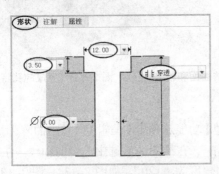

图 2-138　【形状】下滑面板

图 2-139　【放置】下滑面板

（4）单击【孔】操作面板中预览按钮 ☑ 6∞ 观察特征效果，单击【孔】操作面板中 ✔ 按钮，完成孔特征3的创建，如图2-141所示。

步骤10　建立阵列特征2

（1）选中步骤9建立的孔特征3，单击【模型】功能选项卡【编辑】区域中的阵列按钮 ▦ ，打开【阵列】操作面板。选择阵列类型为【尺寸】，第一方向和第二方向阵列个数均为2。如

图 2-142 所示。

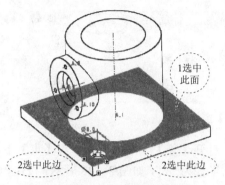

图 2-140　选中的曲面和边线

图 2-141　完成的孔特征 3

图 2-142　【阵列】操作面板

（2）单击【阵列】操作面板中 尺寸 按钮，打开【尺寸】下滑面板。激活【方向1】收集器，选择绘图区域中左边的尺寸"12"，在【方向 1】收集器中输入【增量】为"76"；激活【方向2】收集器，选择绘图区域中右边的尺寸"12"，在【方向2】收集器中输入【增量】为"76"；如图 2-143、图 2-144 所示。

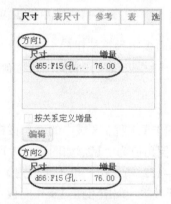

图 2-143　【尺寸】下滑面板

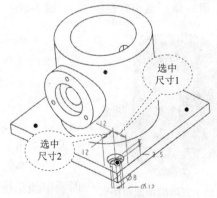

图 2-144　选中的尺寸

（3）单击【阵列】操作面板中预览按钮 ☑∞ 观察特征效果，单击【阵列】操作面板中 ✔ 按钮，完成阵列特征 2 的创建，如图 2-145 所示。

步骤 11　建立倒圆角特征

（1）单击【模型】功能选项卡【工程】区域中的倒圆角按钮 ，打开【倒圆角】操作面板，输入圆角半径"12"，如图 2-146 所示。按住"Ctrl"键选择绘图区域中底座的 4 条竖边，如图 2-147 所示，

图 2-145　完成的阵列特征 2

完成第一组圆角设置。

图 2-146 【倒圆角】操作面板

（2）单击【倒圆角】操作面板中的 集 按钮，打开【集】下滑面板。单击【集】下滑面板中的【*新建集】创建【集 2】，输入【集 2】的圆角半径为"2"，如图 2-148 所示。按住"Ctrl"键在绘图区域选中图 2-149 所示两条边，完成第二组圆角设置。

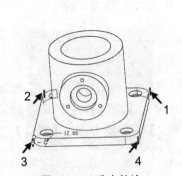

图 2-147 选中的边

图 2-148 【集】下滑面板

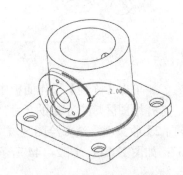

图 2-149 选中的边

（3）单击【倒圆角】操作面板中预览按钮☑ 60 观察特征效果，单击【倒圆角】操作面板中✔按钮，完成倒圆角特征的创建，如图 2-150 所示。

步骤 12 建立倒角特征

（1）单击【模型】功能选项卡【工程】区域中的倒角按钮，打开【倒角】操作面板，输入倒角值为"1"，如图 2-151 所示。

（2）在绘图区域选中图 2-152 所示边，单击【倒角】操作面板中预览按钮☑ 60 观察特征效果，单击【倒角】操作面板中✔按钮，完成倒角特征的创建，如图 2-153 所示。

图 2-150 完成的倒圆角特征

图 2-151 【倒角】操作面板

图 2-152 选中的边　　　　　　　　图 2-153 完成的倒角特征

步骤 13 保存并退出

在主菜单中单击【文件】→【保存】或快速访问工具栏中 按钮，保存当前模型文件，然后关闭当前工作窗口。

2.3.5 相关知识

2.3.5.1 倒圆角特征

Creo 2.0 在产品造型设计中用到大量的倒圆角特征。倒圆角特征是一种边处理特征，它可以代替零件上的棱边，使模型表面过渡光滑、自然，产生平滑的效果，它是产品表面光滑过渡的重要结构。

提示： 倒圆角特征是放置特征的一种，它必须在已有特征基础上通过对特征表面进行光顺处理而形成。因此，倒圆角特征的创建一定是在基础特征创建之后进行的。

（1）倒圆角特征的设置方法。

倒圆角特征根据圆角半径参数的特点以及确定方法分为以下四种。

① 恒定倒圆角：倒圆角段具有恒定的半径参数，用于创建尺寸均匀一致的圆角。

创建基础特征后，单击【模型】功能选项卡【工程】区域中的倒圆角按钮 ，打开【倒圆角】操作面板。选取模型上的一条边线，然后在操作面板上输入圆角半径，如图 2-154 所示。

图 2-154 【倒圆角】操作面板

如果需要在多条边线上创建半径相同的圆角，则需在选择其他边线时按下"Ctrl"键。此时如打开【集】下滑面板，可看到选择的多条边线已出现在【参考】收集器中，如图 2-155 所示。单击【倒圆角】操作面板中 按钮完成恒定倒圆角特征的创建，如图 2-156 所示。

② 可变倒圆角：倒圆角段具有多个半径参数，圆角尺寸沿指定方向渐变。

第 1 步：创建基础特征后，单击【模型】功能选项卡【工程】区域中的倒圆角按钮 ，打开【倒圆角】操作面板。选取模型上的一条或多条边、边链作为特征放置参考。

第 2 步：单击操作面板中的 集 按钮，打开【集】下滑面板。将鼠标放在【半径】收集器中，单击鼠标右键，选择【添加半径】命令直至需要的控制点数，如图 2-157 所示。

图 2-155 【集】下滑面板　　　　图 2-156　恒定倒圆角特征效果　　　　图 2-157 【集】下滑面板图

第 3 步：在【半径】收集器中修改控制点的位置和半径值，如图 2-158 所示。

第 4 步：单击操作面板中✔按钮完成可变倒圆角特征的创建，如图 2-159 所示。

③ 曲线驱动倒圆角：倒圆角的半径由基准曲线驱动，圆角尺寸变化更加丰富。

第 1 步：建立零件拉伸特征并在零件的顶面创建草绘曲线，如图 2-160 所示。

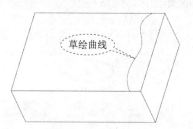

图 2-158 【集】下滑面板　　　图 2-159　可变倒圆角特征效果　　　图 2-160　拉伸特征及草绘曲线

第 2 步：单击【模型】功能选项卡【工程】区域中的倒圆角按钮，打开【倒圆角】操作面板。单击【倒圆角】操作面板中的 集 按钮，打开【集】下滑面板。

第3步：选取模型顶面右侧的参考边，单击【集】上滑面板中 通过曲线 按钮，选取零件顶面的草绘曲线为驱动曲线，如图2–161、图2–162所示。

提示： 驱动曲线必须完全位于产生倒圆角的曲面或平面内。

第4步：单击【倒圆角】操作面板中 ☑∞ 按钮进行特征预览，随后单击【倒圆角】操作面板中 ✔ 按钮完成曲线驱动倒圆角特征的创建，如图2–163所示。

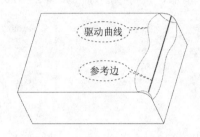

图2–161 【集】下滑面板　　　图2–162 驱动曲线及参考边　　　图2–163 驱动曲线倒圆角特征效果

④ 完全倒圆角：使用倒圆角特征替换选定曲面，圆角尺寸与该曲面自动适应。

第1步：创建基础特征后，单击【模型】功能选项卡【工程】区域中的倒圆角按钮 ，打开【倒圆角】操作面板。单击【倒圆角】操作面板中的 集 按钮，打开【集】下滑面板。

第2步：先选取拉伸坯料特征右侧一条竖直侧边，然后按住"Ctrl"键再选取拉伸坯料特征右侧另一条竖直侧边，此时选取的拉伸坯料特征右侧两条竖直边将出现在【集】下滑面板中的【参考】收集器中，同时【集】下滑面板中的 完全倒圆角 按钮被激活，如图2–164所示。

第3步：单击 完全倒圆角 按钮，系统建立拉伸坯料特征右侧的完全倒圆角，此时系统绘图区模型如图2–165所示。

第4步：单击【倒圆角】操作面板中 ☑∞ 按钮进行特征预览，随后单击【倒圆角】操作面板中 ✔ 按钮完成完全倒圆角特征的创建，如图2–166所示。

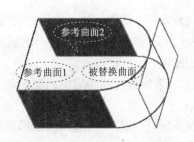

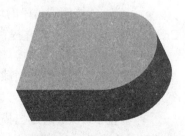

图2–164 【集】下滑面板　　　图2–165 参考曲面与替换曲面　　　图2–166 完全倒圆角特征效果

（2）创建倒圆角集。

一个倒圆角特征可以由一个或多个倒圆角集组成。每一个倒圆角集包含一组特定的参考和一个共同的设计参数。在【倒圆角】操作面板中单击【集】按钮可以打开倒圆角集列表，其中【集 1】选项即为第一个倒圆角集。要使同一个【集】中包含多个参考只需在选择边线的同时按下"Ctrl"键，这些边线的名称就会在【参考】收集器中，如图 2–167 所示。

新建一个倒圆角集的方法有三种：单击【集】收集器中的【*新建集】可以创建一个新的倒圆角集；直接选择一条边线参考也可创建一个新的倒圆角集；在【集】收集器使用鼠标右键快捷菜单中的【添加】命令同样可以添加一个新的倒圆角集。

【集】列表上的倒圆角集可以增加，也可以删除，如图 2–168 所示。

图 2–167　包含多个参考的【集】

图 2–168　删除或增加【集】

（3）特征类型按钮。

① 操作面板中 按钮表示当前倒圆角以设置模式显示，此时 Creo 2.0 对成功创建的圆角将显示倒圆角段的预览几何和半径值，可用来处理倒圆角集。

② 操作面板中 按钮表示当前倒圆角以过渡模式显示，此时 Creo 2.0 对成功创建的圆角将显示整个倒圆角特征的所有过渡，允许用户定义倒圆角特征的所有过渡。

③ 倒圆角时需要定义下列项目。

● 集：创建的属于放置参考的倒圆角段（几何）。倒圆角段由唯一属性、几何参考以及一个或多个半径组成。

● 过渡：连接倒圆角段的填充几何，位于倒圆角段相交或终止处。在最初创建倒圆角时，Creo 2.0 使用缺省过渡，并提供多种过渡类型，允许用户创建和修改过渡。

（4）Creo 2.0 提供两种创建倒圆角几何的方法。

① 滚球法：通过沿着同球坐标系保持自然相切的曲面滚动一个球来创建倒圆角。软件缺省选取此选项。

② 垂直于骨架：通过扫描一段垂直于骨架的弧或圆锥形截面来创建倒圆角，此时必须为此类倒圆角选取一个骨架。注意：对于"完全"倒圆角，此选项不可用。

（5）截面形状有助于定义倒圆角几何，Creo 2.0 提供下列截面形状。

① 圆形：Creo 2.0 创建圆形截面。软件缺省选取此选项。

② 圆锥：Creo 2.0 创建圆锥截面。使用圆锥参数（0.05～0.95）可控制圆锥形状的尖锐度，可创建以下两种类型的"圆锥"倒圆角。

● 圆锥：使用从属边创建"圆锥"倒圆角。可修改一边的长度，对应边会自动捕捉至相同长度。从属"圆锥"属性仅适用于"恒定"和"可变"倒圆角集。

● D1×D2 圆锥：使用独立边创建"D1×D2 圆锥"倒圆角。可分别修改每一边的长度，以限定"圆锥"倒圆角的形状范围。如果要反转边长度，使用反向按钮即可。独立"圆锥"属性仅适用于"恒定"倒圆角集。

提示：a. 在设计中尽可能晚些添加倒圆角特征。如无特殊需要，通常倒圆角特征都放到最后一个特征来创建。

b. 如有多条边需要倒圆角，则倒圆角的顺序可根据需要调整。

2.3.5.2 倒角特征

倒角特征是指在零件模型的边角棱线上建立过渡平面的特征，也就是对零件模型的边或拐角进行斜切削加工。它可以改善零件模型的造型和满足零件制造工艺的要求。例如，在机械零件设计中，对轴和孔的端面通常都要进行倒角处理，以方便装配，因此倒角特征在工程中应用比较广泛。

Creo 2.0 提供了两种倒角类型。

（1）拐角倒角：是指在零件模型的拐角处（通常是三条边的交会处）进行倒角。拐角倒角时需要定义拐角倒角的边参考和距离值，如图 2-169 所示。

（2）边倒角：是指在零件模型的边线上进行的倒角。因此边倒角特征需要设置其两边定位的方式、倒角的尺寸、倒角的位置及特征参考等，如图 2-170 所示。图中 1 表示要倒角的边，2 表示形成的倒角效果。

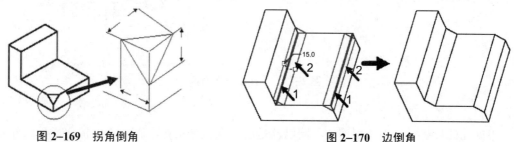

图 2-169 拐角倒角 图 2-170 边倒角

倒角特征的创建原理与方法同倒圆角特征类似。创建基础特征后，单击【模型】功能选项卡【工程】区域中的倒角按钮，打开【边倒角】操作面板。选取模型上的一条或多条边线，然后在操作面板上输入倒角值，如图 2-171 所示。单击【边倒角】操作面板中✔按钮，完成倒角特征的创建。

图 2-171 【边倒角】操作面板

操作面板中的 D×D ▼ 为倒角尺寸"标注形式"选项，显示倒角集的当前标注形式，并包含基于几何环境的有效标注形式的列表。单击旁边的 ▼ 下拉按钮可改变活动倒角集的标注形式，共有以下几种标注形式。

【D×D】：在各曲面上与边距离为 D 处创建倒角，是系统的缺省选项。

【D1×D2】：在一个曲面距选定边 D1，在另一个曲面距选定边 D2 处创建倒角。

【角度×D】：创建一个距相邻曲面的选定边距离为 D，与该曲面的夹角为指定角度的倒角。

【45×D】：创建一个倒角，它与两个曲面都成 45° 角，且与各曲面上的边的距离为 D。

提示：该选项只适用于两垂直表面间的倒角。

【O×O】：在沿各曲面上的边偏移 O 处创建倒角。

提示：仅当 D×D 不适用时，Creo 2.0 才会缺省选取此选项。

【O1×O2】：在一个曲面距选定边的偏移距离 O1，在另一个曲面距选定边的偏移距离 O2 处创建倒角。

2.3.5.3 孔特征

孔特征是指在模型上切除实体材料后留下的中空回转结构，是现代零件设计中最常见的结果之一，在机械零件中应用广泛。

提示：a. 孔特征也是放置特征的一种，它必须在已有实体特征基础上通过对特征进行去除材料处理而形成。因此，孔特征的创建同样是在基础特征创建之后进行。

b. 孔特征的两大要素：定形尺寸（直径、深度），定位尺寸（孔轴线的位置）。

单击【模型】功能选项卡【工程】区域中的孔按钮 ，打开【孔】操作面板，如图 2-172 所示，在此面板上可选择孔的类型以及确定其定形定位尺寸。

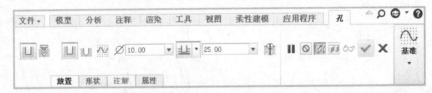

图 2-172 【孔】操作面板

（1）孔的类型。

根据孔的形状、结构和用途的不同以及是否标准化等条件，Creo 2.0 将孔特征划分为以下 3 种类型。

① 【简单孔】 ：具有单一直径参数，结构较为简单。设计时只需指定孔的直径和深度，并指定孔轴线在基础实体特征上的放置位置即可，缺省情况下，Creo 2.0 创建单侧简单孔；但是，可以使用【形状】下滑面板来创建双侧简单直孔。

② 【草绘孔】 ：这种孔具有相对复杂的剖面结构。首先通过草绘方法绘制出孔的剖面来确定孔的形状和尺寸，然后选取恰当的定位参考来正确放置孔特征。

③ 【标准孔】 ：用于创建螺纹孔等生产中广泛应用的标准孔特征。根据行业标准指定相应参数来确定孔的大小和形状后，再指定参考来放置孔特征。

（2）孔的形状及尺寸。

对于【标准孔】其形状及尺寸大小是由国家标准来确定的，设计者只要按照要求查国标即可；对于【草绘孔】，其形状及尺寸大小是根据需要通过草绘的方法绘制而成；而【简单孔】的形状及尺寸大小可通过【孔】操作面板上的对话框进行设定。

⌀ 11.0 孔的直径控制输入框：在此输入孔的实际直径值。

孔的深度控制方式：孔深度控制的方式有六种，它们与拉伸深度控制方式类似。

22.54 孔的深度控制输入框：在此输入孔的实际深度值。

孔深度测量方式：有两种测量方式：孔深测量到孔肩部；孔深测量到孔尖部。

矩形轮廓孔：孔的剖面轮廓为矩形。

标准轮廓孔：孔的剖面轮廓为标准钻头的轮廓。

沉头孔：添加沉头孔。

埋头孔：添加埋头孔。

【形状】下滑面板：当选择【沉头孔】和【埋头孔】时，需打开【形状】下滑面板，控制其尺寸，如图 2-173 所示。

（3）孔的定位方式。

一般来说，创建一个工程特征的过程就是根据指定的位置在另一个特征上准确放置该特征的过程。在【孔】操作面板上单击 放置 按钮，系统弹出【放置】下滑面板，在绘图区域选中钻孔表面，该曲面的名称就进入到【放置】收集器中，同时【类型】下拉框被激活，单击其后 ▼ 按钮，可以看到系统提供的孔特征的放置方式，如图 2-174 所示。

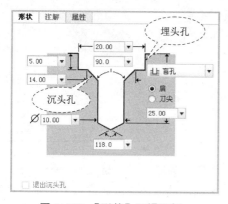

图 2-173 【形状】下滑面板

图 2-174 【放置】下滑面板

表 2-1 列出了孔特征的 4 种放置方式及示例。

表 2-1 孔特征的 4 种放置方式

孔放置方式	示　例
线性：使用两个线性尺寸在曲面上放置孔。如果用户选取平面、圆柱体或圆锥实体曲面，或是基准平面作为主放置参考，可使用此类型。Creo 2.0 缺省选取此类型	

续表

孔放置方式	示 例
径向：使用一个线性尺寸和一个角度尺寸放置孔。如果用户选取平面、圆柱体或圆锥实体曲面，或是基准平面作为主放置参考，可使用此类型	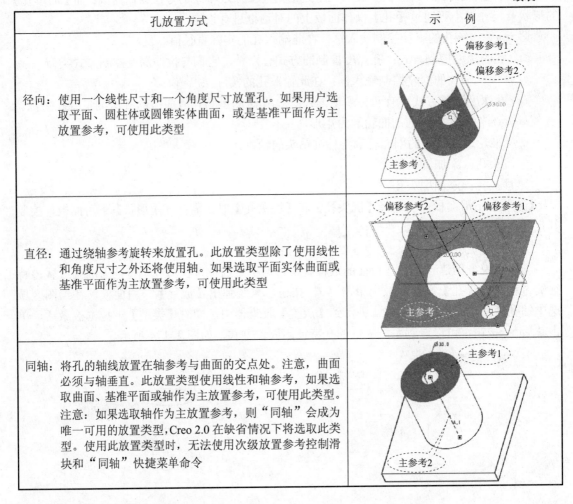
直径：通过绕轴参考旋转来放置孔。此放置类型除了使用线性和角度尺寸之外还将使用轴。如果选取平面实体曲面或基准平面作为主放置参考，可使用此类型	
同轴：将孔的轴线放置在轴参考与曲面的交点处。注意，曲面必须与轴垂直。此放置类型使用线性和轴参考，如果选取曲面、基准平面或轴作为主放置参考，可使用此类型。注意：如果选取轴作为主放置参考，则"同轴"会成为唯一可用的放置类型，Creo 2.0 在缺省情况下将选取此类型。使用此放置类型时，无法使用次级放置参考控制滑块和"同轴"快捷菜单命令	

提示：a. 线性、径向、直径三种孔的定位方式中，其中一种被选定后，一定要激活【偏移参考】收集器，再按住"Ctrl"键选择两个偏移参考，以对圆心的位置进行定位。此时两个偏移参考的名称被收入到【偏移参考】收集器中，如图 2-175 所示。

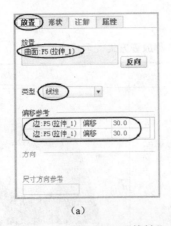

(a)

(b)

图 2-175 "线性""直径"【放置】下滑面板

b. 同轴定位方式不在【放置】下滑面板的【类型】下拉框中，操作时首先选中孔的放置表面，再按住"Ctrl"键选择同轴的中心线即可。此时钻孔曲面及轴线的名称都被收入到【放置】收集器中。不用再激活【偏移参考】收集器，如图2-176所示。

c. 线性定位方式实际上是用直角坐标法确定圆心点的位置；而直径定位方式实际上是用极坐标法确定圆心点的位置。

图2-176 "同轴"
【放置】下滑面板

2.3.5.4 阵列特征

在特征建模过程中，有时需要在模型上重复创建一组相同或相似的特征，这时可以使用特征阵列工具。特征的阵列命令属于特征复制的一种方法，用于创建一个特征的多个副本，它可以将一个特征复制成一定数量的相同或相似的对象并将其按照一定的分布规律进行排列。

提示：a. 特征阵列是特征操作的一种，所以阵列特征时必须先选择需要阵列的特征，阵列命令才可用。

b. 阵列特征一次只能创建一个特征的多个副本，如果一次要将多个特征进行阵列，则需要先用【组】命令将所有要阵列的特征归为一个【局部特征组】，再进行特征【组阵列】。

选中需要阵列的特征，单击【模型】功能选项卡【编辑】区域中的阵列按钮，打开【阵列】操作面板，如图2-177所示。

图2-177 【阵列】操作面板

：第一方向阵列个数及参考。系统默认第一方向收集器激活。

：第二方向阵列个数及参考。需要时单击其后的收集器将其激活以便于选择第二方向的参考。

：阵列类型下拉框。单击其后的按钮，可以看到系统提供的阵列特征的类型一共有8种，如图2-177所示。

（1）尺寸阵列。通过使用驱动尺寸并指定阵列的增量变化来控制阵列。尺寸阵列可以为单向阵列或双向阵列。

①单向阵列。打开【阵列】操作面板，阵列类型选择【尺寸】阵列，此时父特征的所有定形定位尺寸都将在绘图区域中显示，选择想要改变的一个定位尺寸作为驱动尺寸，输入【增量】，再输入阵列个数，完成此单向阵列，如图2-178所示。此时如果打开【尺寸】下滑面板如图2-179（a）所示，选中的驱动尺寸名称已进入到【方向1】尺寸收集器中。

若还想使阵列出的子特征形状大小发生变化，再按住"Ctrl"键选择想要改变的定型尺寸并输入增量即可，此时的【尺寸】下滑面板如图2-179（b）所示，阵列的效果如图2-180所示。

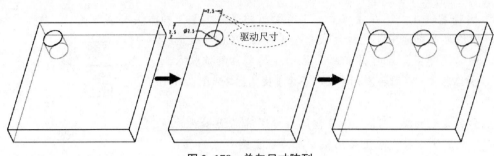

图 2-178　单向尺寸阵列

②斜一字形尺寸阵列。打开【阵列】操作面板，阵列类型选择【尺寸】阵列，此时父特征的所有定形定位尺寸都将在绘图区域中显示，按住"Ctrl"键同时选中想要改变的两个定位尺寸并分别输入增量。此时的【尺寸】下滑面板如图 2-179（c）所示。阵列的效果如图 2-181 所示。

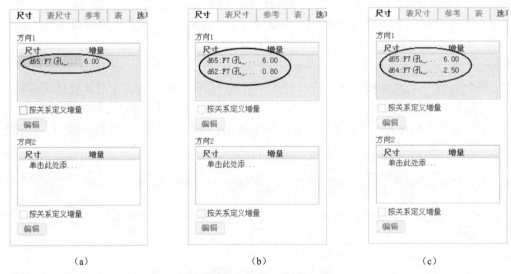

（a）　　　　　　　　　　（b）　　　　　　　　　　（c）

图 2-179　单向尺寸阵列【尺寸】下滑面板

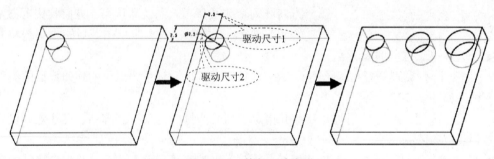

图 2-180　单向尺寸阵列

③双向阵列。打开【阵列】操作面板，阵列类型选择【尺寸】阵列，此时父特征的所有定形定位尺寸都将在绘图区域中显示，选择想要改变的第一个定位尺寸作为驱动尺寸，输入【增量】，再输入第一方向的阵列个数；打开【尺寸】下滑面板，激活【方向 2】收集器，再选择想要改变的第二个定位尺寸作为驱动尺寸，输入【增量】，再输入第二方向的阵列个数，完成此双向阵列，如图 2-182、图 2-183 所示。

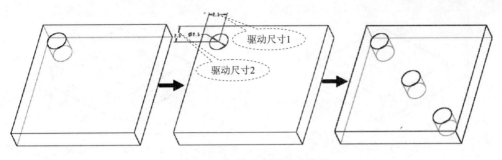

图 2-181 斜一字形尺寸阵列

图 2-182 双向尺寸阵列
【尺寸】下滑面板

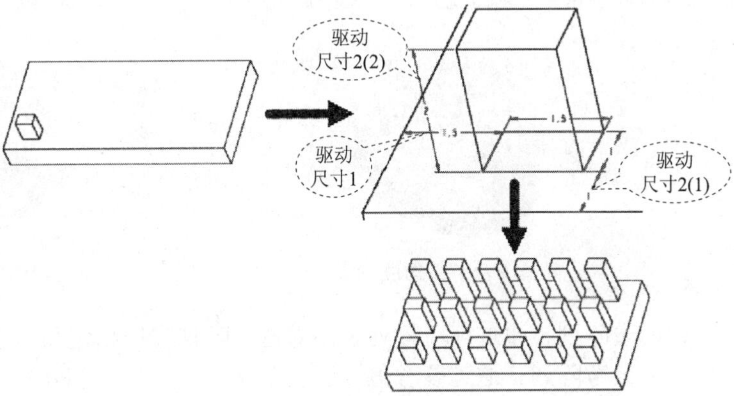

图 2-183 双向尺寸阵列

提示：a. 尺寸阵列的方向是从驱动尺寸的标注参考开始，沿尺寸标注的方向创建阵列子特征。

b. 特征阵列中如某个点位的子特征不需要阵列，则在阵列界面单击图中小黑点将其变白。如图 2-184 所示；如需要恢复则在阵列界面再次单击此小白点将其变黑即可。

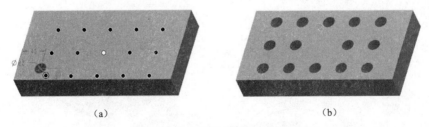

图 2-184 取消某点位的子特征

（2）方向阵列。通过指定方向并使用切换方向按钮 设置阵列增长的方向和增量来创建自由形式阵列。方向阵列可以为单向阵列（如图 2-185 所示）或双向阵列（如图 2-186 所示），其操作方法与尺寸阵列类似。

提示：方向阵列可以选取平面、直边、坐标系或轴线作为阵列方向参考。对于那些没有定位尺寸的特征阵列尤为方便。

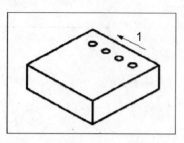

图 2-185　单向阵列

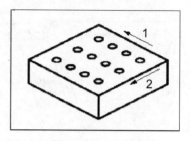

图 2-186　双向阵列

（3）轴阵列。轴阵列用于创建绕一个参考轴线旋转的圆周阵列。设计时，先选取一条参考轴线，然后设置阵列特征的个数和角度增量或径向增量值。各种阵列方式如图 2-187、图 2-188 所示。

图 2-187　角度增量

图 2-188　径向增量

（4）表阵列。通过使用阵列表并为每一阵列实例指定尺寸值来控制阵列。

（5）参考阵列。通过参考另一已经创建的阵列来控制阵列。

（6）填充阵列。通过根据选定栅格用实例填充区域来控制阵列。

（7）曲线阵列。

（8）点阵列。

2.3.6　练习

（1）根据图 2-189 所示的工程图完成阀盖零件的三维造型。

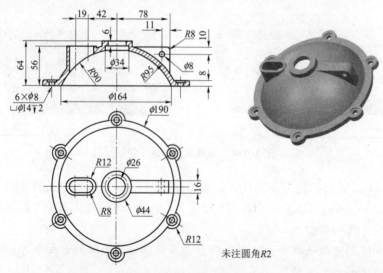

未注圆角 R2

图 2-189　阀盖工程图

（2）根据图 2-190 所示的工程图完成八棱孔锥体零件的三维造型。

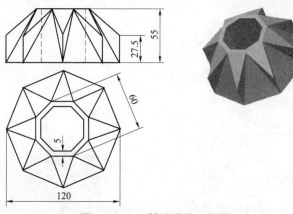

图 2-190　八棱孔锥体工程图

（3）根据图 2-191 所示的工程图完成阀体零件的三维造型。

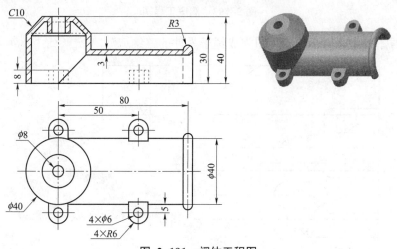

图 2-191　阀体工程图

（4）根据图 2-192 所示的工程图完成把手零件的三维造型。

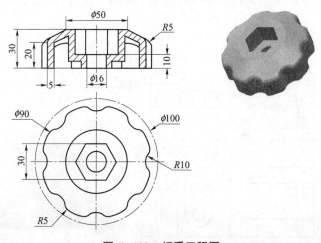

图 2-192　把手工程图

（5）根据图 2-193 所示的工程图完成阀座零件的三维造型。

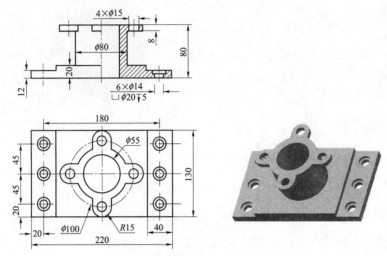

图 2-193　阀座工程图

（6）根据图 2-194 所示的工程图完成锤子零件的三维造型。

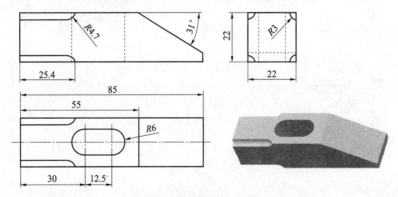

图 2-194　锤子工程图

（7）根据图 2-195 所示的工程图完成斜燕尾零件的三维造型。

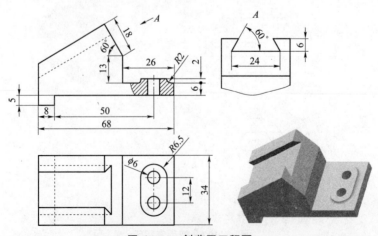

图 2-195　斜燕尾工程图

任务 2.4　托架三维建模——筋、拔模、复制、基准轴

2.4.1　学习目标

（1）熟练掌握筋特征的创建方法；
（2）熟练掌握拔模特征的创建方法；
（3）熟练掌握特征复制的方法；
（4）熟练掌握基准轴特征的创建方法。

2.4.2　任务要求

根据图 2-196 所示的工程图，创建托架三维模型。

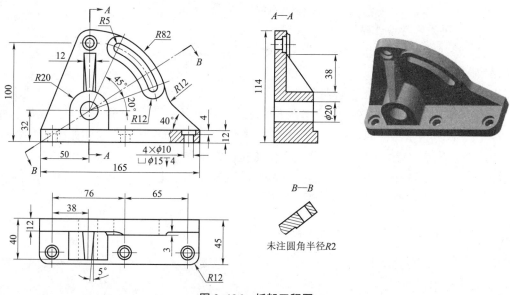

图 2-196　托架工程图

2.4.3　任务分析

　　该模型的主体由长方体底座、异形背板与水平圆柱体组成。为保证背板的刚度，在中空的圆柱体上方加了一个加强筋；背板与长方体底座上共有 4 个大小相同的沉头孔；背板上有一弧形凸台，凸台中部为一弧形通槽。
　　托架模型的建模思路和步骤如图 2-197 所示。

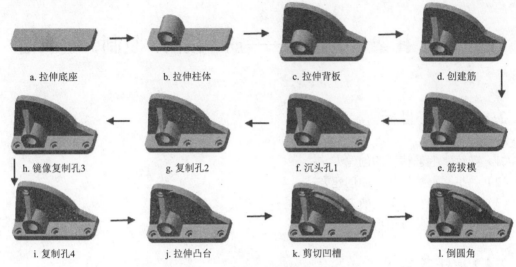

a. 拉伸底座　　　b. 拉伸柱体　　　c. 拉伸背板　　　d. 创建筋

h. 镜像复制孔3　　　g. 复制孔2　　　f. 沉头孔1　　　e. 筋拔模

i. 复制孔4　　　j. 拉伸凸台　　　k. 剪切凹槽　　　l. 倒圆角

图 2-197　托架模型的建模思路和步骤

2.4.4　任务实施

步骤 1　进入零件设计模块

新建一个【零件】类型的文件，将文件名称设定为"rw2-4"，选择设计模板后进入零件设计模块。

步骤 2　建立增加材料的拉伸特征 1

（1）单击【模型】功能选项卡【形状】区域中的拉伸按钮，打开【拉伸】操作面板。选基准平面 TOP 为草绘平面，其余接受系统默认设置。进入草绘状态，绘制如图 2-198 所示的截面，单击草绘面板中 ✔ 按钮，系统返回【拉伸】操作面板。

（2）在【拉伸】操作面板中设置拉伸深度为"12"。单击【拉伸】操作面板中 ✔ 按钮，完成拉伸特征 1 的创建，如图 2-199 所示。

图 2-198　草绘截面　　　　　　　图 2-199　完成的拉伸特征 1

步骤 3　建立增加材料的拉伸特征 2

（1）单击【模型】功能选项卡【形状】区域中的拉伸按钮，打开【拉伸】操作面板。选基准平面 FRONT 为草绘平面，其余接受系统默认设置。进入草绘状态，绘制如图 2-200 所示的截面，单击草绘面板中 ✔ 按钮，系统返回【拉伸】操作面板。

（2）在【拉伸】操作面板中设置拉伸深度为"40"。单击【拉伸】操作面板中 ✔ 按钮，完成拉伸特征 2 的创建，如图 2-201 所示。

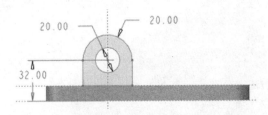

图 2-200　草绘截面

图 2-201　完成的拉伸特征 2

步骤 4　建立增加材料的拉伸特征 3

（1）单击【模型】功能选项卡【形状】区域中的拉伸按钮，打开【拉伸】操作面板。选基准平面 FRONT 为草绘平面，其余接受系统默认设置。进入草绘状态，绘制如图 2-202 所示的截面，单击草绘面板中按钮，系统返回【拉伸】操作面板。

（2）在【拉伸】操作面板中设置拉伸深度为"12"。单击【拉伸】操作面板中按钮，完成拉伸特征 3 的创建，如图 2-203 所示。

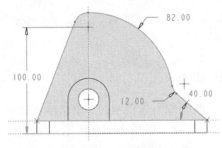

图 2-202　草绘截面

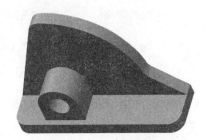

图 2-203　完成的拉伸特征 3

步骤 5　建立筋特征

（1）单击【模型】功能选项卡筋按钮中的，在下拉菜单中选中筋按钮，打开【轮廓筋】操作面板，如图 2-204 所示。

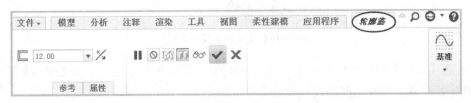

图 2-204　【轮廓筋】操作面板

（2）单击操作面板中参考按钮，打开【参考】下滑面板，单击其中定义...按钮，系统弹出【草绘】对话框，选择基准平面 RIGHT 为草绘平面，基准平面 TOP 为参考平面，方向选择【顶】。

（3）单击【草绘】对话框中草绘按钮，系统进入草绘状态，绘制如图 2-205 所示的截面，单击草绘面板中按钮，系统返回【轮廓筋】操作面板。

（4）在【轮廓筋】操作面板中设置筋的厚度为"12"。单击【轮廓筋】操作面板中按钮，完成筋特征的创建，如图 2-206 所示。

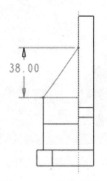

图 2-205　草绘截面

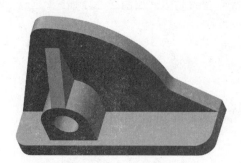

图 2-206　完成的筋特征

步骤 6　建立拔模特征

（1）单击【模型】功能选项卡【工程】区域中的拔模按钮，打开【拔模】操作面板，如图 2-207 所示。

图 2-207　【拔模】操作面板

（2）按住"Ctrl"键在绘图区域选中筋特征的两个侧面作为拔模曲面，单击操作面板中的第一个收集器将其激活，再选择背板的前表面作为中性平面，如图 2-209 所示。此时【拔模】操作面板上角度输入框激活，在其中输入角度"5"，如图 2-208 所示。

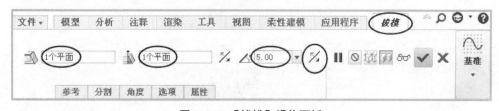

图 2-208　【拔模】操作面板

（3）在【拔模】操作面板中单击方向切换按钮调整拔模方向。单击【拔模】操作面板中按钮，完成拔模特征的创建，如图 2-210 所示。

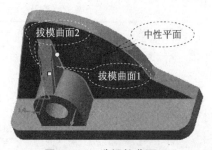

图 2-209　选择的曲面

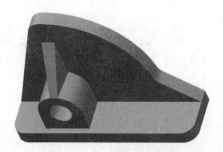

图 2-210　完成的拔模特征

步骤7 建立基准轴特征

（1）单击【模型】功能选项卡【基准】区域中的基准轴按钮 / 轴，弹出【基准轴】创建对话框，如图 2-211 所示。在绘图区选中底座右侧的圆角曲面，单击【基准轴】对话框的 确定 按钮，完成基准轴 A_2 的创建，如图 2-212 所示。

（2）同上操作，选取背板顶部圆角，完成基准轴 A_3 的创建，如图 2-213 所示。

图 2-211 【基准轴】对话框

步骤8 建立孔特征 1

（1）单击【模型】功能选项卡【工程】区域中的孔按钮 Ⅱ，打开【孔】操作面板。按下标准孔按钮 ∪ 以及沉孔按钮 ⊔⊦。单击操作面板上 形状 按钮，打开【形状】下滑面板，输入孔直径"10"，深度为 ⨡⨡，沉孔直径"15"，深度"4"，如图 2-214 所示。

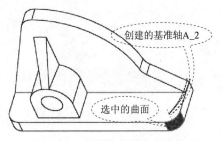

图 2-212 完成的基准轴 A_2

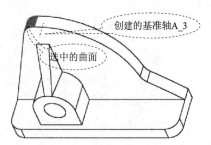

图 2-213 完成的基准轴 A_3

（2）单击【孔】操作面板中 放置 按钮，打开【放置】下滑面板。在绘图区域选中底座的上表面，按住"Ctrl"键再选中步骤 7 建立的基准轴线 A_2，如图 2-215 所示。

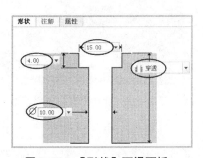

图 2-214 【形状】下滑面板

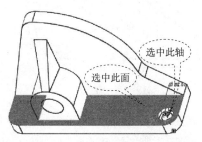

图 2-215 选中的曲面和轴线

（3）单击【孔】操作面板中 ✔ 按钮，完成孔特征 1 的创建，如图 2-216 所示。

步骤9 建立复制孔特征 2

（1）选中步骤 8 建立的孔特征 1，单击【模型】功能选项卡【操作】区域中的复制按钮 🗐，单击 🗐粘贴 ▾ 中 ▾，在下拉菜单中单击【选择性粘贴】按钮 🗐，弹出【选择性粘贴】对话框。在其中勾选【从属副本】和【对副本应用移动/旋转变换】复选框，单击 确定 按钮，如图 2-217 所示。打开【移动（复制）】操作面板，如图 2-218 所示。

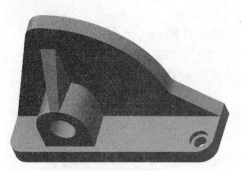

图 2–216　完成的孔特征 1

图 2–217　【选择性粘贴】对话框

图 2–218　【移动（复制）】操作面板

（2）在绘图区域选中底座的水平边线，在【移动（复制）】操作面板中输入移动复制距离"–65"，如图 2–218、图 2–219 所示。

（3）单击【移动（复制）】操作面板中 ✔ 按钮，完成复制孔特征 2 的创建，如图 2–220 所示。

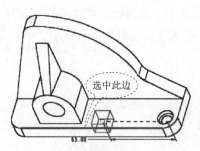

图 2–219　选中的边

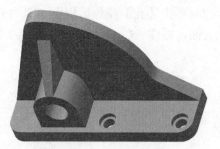

图 2–220　完成的复制孔特征 2

步骤 10　建立复制孔特征 3

（1）选中步骤 8 建立的孔特征 1，单击【模型】功能选项卡【操作】区域中的复制按钮 ▦，单击 ▦ 粘贴 ▾ 中 ▾，在下拉菜单中单击【选择性粘贴】按钮 ▦，弹出【选择性粘贴】对话框。在其中勾选【从属副本】和【高级参考配置】复选框，单击 确定 按钮，如图 2–221 所示。弹出【高级参考配置】对话框，如图 2–222 所示。

（2）在绘图区域选中背板的前表面，再单击【高级参考配置】对话框中【原始特征的参考】收集器中的基准轴，再次在绘图区域选中步骤 7 创建的基准轴 A_3，如图 2–223 所示。

（3）单击【高级参考配置】对话框中 ✔ 按钮，完成复制孔特征 3 的创建，如图 2–224 所示。

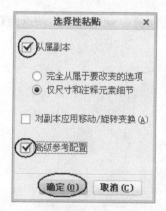

图 2-221 【选择性粘贴】对话框

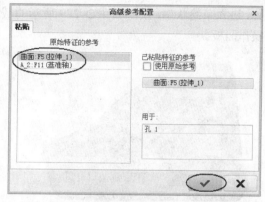

图 2-222 【高级参考配置】对话框

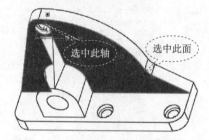

图 2-223 选中的替代曲面及轴线

图 2-224 完成的复制孔特征 3

步骤 11 建立镜像孔特征 4

（1）选中步骤 9 建立的复制孔特征 2，单击【模型】功能选项卡【编辑】区域中的镜像按钮，打开【镜像】操作面板，如图 2-225 所示。

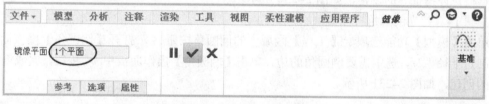

图 2-225 【镜像】操作面板

（2）在绘图区域选中 RIGHT 基准平面，单击【镜像】操作面板中 ✔ 按钮，完成镜像孔特征 4 的创建，如图 2-226 所示。

步骤 12 建立增加材料的拉伸特征 4

（1）单击【模型】功能选项卡【形状】区域中的拉伸按钮 ⬚，打开【拉伸】操作面板。选择背板的前表面为草绘平面，其余接受系统默认设置。进入草绘状态，绘制如图 2-227 所示的截面，单击草绘面板中 ✔ 按钮，系统返回操作面板。

（2）在【拉伸】操作面板中设置拉伸深度为"3"，单击【拉伸】操作面板中 ✔ 按钮，完成拉伸特征 4 的创建，如图 2-228 所示。

步骤 13 建立去除材料的拉伸特征 5

（1）单击【模型】功能选项卡【形状】区域中的拉伸按钮 ⬚，打开【拉伸】操作面板。按下减材料按钮 ⬚。选择步骤 12 建立的拉伸特征 4 的前表面为草绘平面，其余接受系统默认设置,进入草绘状态,绘制如图 2-229 所示的截面,单击草绘面板中 ✔ 按钮,系统返回【拉伸】操作面板。

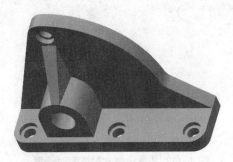

图 2-226　完成的镜像孔特征 4

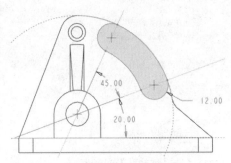

图 2-227　草绘截面

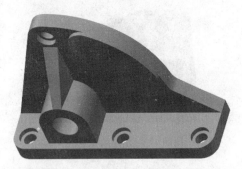

图 2-228　完成的拉伸特征 4

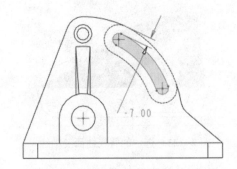

图 2-229　草绘截面

（2）在【拉伸】操作面板中设置拉伸深度为 ⌗⌗。单击【拉伸】操作面板中 ✔ 按钮,完成减材料拉伸特征 5 的创建,如图 2-230 所示。

步骤 14　建立倒圆角特征

单击【模型】功能选项卡【工程】区域中的倒圆角按钮 ⟍ ,打开【倒圆角】操作面板。输入圆角半径"2",选中需要倒圆角的边,单击【倒圆角】操作面板中 ✔ 按钮,完成倒圆角特征的创建,如图 2-231 所示。

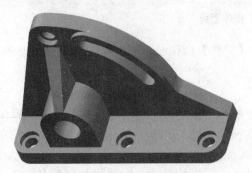

图 2-230　完成的减材料拉伸特征 5

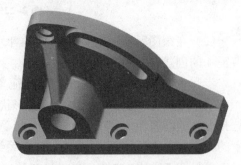

图 2-231　完成的倒圆角特征

步骤 15　保存并退出

在主菜单中单击【文件】→【保存】或快速访问工具栏中 🖫 按钮,保存当前模型文件,然后关闭当前工作窗口。

2.4.5 相关知识

2.4.5.1 筋特征

筋特征是一种增加产品强度和刚度的结构，常用来加固设计中的零件。它以薄壁加材料的形式连接到实体曲面上，是机械零件中的重要结构之一。利用【筋】工具可创建简单的或复杂的筋特征。

Creo 2.0 提供了两种筋特征的创建方法，分别是轨迹筋和轮廓筋。

（1）轨迹筋。

轨迹筋常用于加固塑料零件，通过在腔槽曲面之间草绘筋的轨迹线，或通过选取现有草绘来创建轨迹筋。图 2-232 是产品添加轨迹筋前后的图例。

（a）   （b）

图 2-232 轨迹筋特征

（a）添加轨迹筋之前；（b）添加轨迹筋之后

单击【模型】功能选项卡【工程】区域中的 筋 按钮，打开【轨迹筋】操作面板，如图 2-233 所示，该操作面板反映了轨迹筋创建的定型、定位方法及过程。

图 2-233 【轨迹筋】操作面板

① 设置筋的轨迹线。单击 放置 按钮，打开【放置】下滑面板。使用该下滑面板定义或编辑筋的轨迹线。单击 定义... 按钮，弹出【草绘】对话框设置草绘平面。如果为重定义该特征，则 定义... 按钮变为 编辑... 按钮，单击 编辑... 按钮可更改筋的轨迹线。

提示： a. 轨迹线的两端必须位于要连接的曲面上。

b. 草绘轨迹线时的草绘平面实际为筋的顶面，如图 2-234 所示。

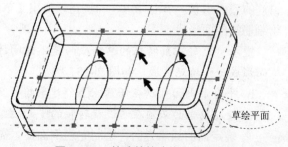

图 2-234 轨迹筋轨迹线及草绘平面

c. 筋加材料的方向要保证指向实体曲面。

② 设置筋的形状。筋的形状可通过操作面板上的按钮或【形状】下滑面板控制。

🔲 15.00 ▾：筋的宽度。

🔲 ：筋加材料的方向。需要保证加材料的方向指向实体曲面。

🔲 ：添加拔模。

🔲 ：在内部边上添加倒圆角。

🔲 ：在暴露边上添加倒圆角。

（2）轮廓筋。

轮廓筋是设计中连接到实体曲面的薄壁或腹板伸出项。一般通过定义两个垂直曲面之间的特征横截面来创建轮廓筋。

轮廓筋根据设计需要可以分为平直筋和旋转筋两种，如图 2-235 所示。

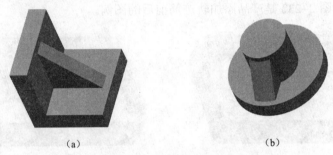

（a）　　　　　　　　　　（b）

图 2-235　轮廓筋的类型
（a）平直筋；　（b）旋转筋

单击【模型】功能选项卡 🔲 筋 ▾ 按钮中的 ▾，在下拉菜单中选中筋按钮 🔲，打开【轮廓筋】操作面板，如图 2-236 所示。该操作面板反映了轮廓筋创建的定型、定位方法及过程。轮廓筋特征的创建过程与拉伸特征基本相似。

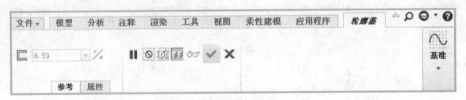

图 2-236　【轮廓筋】操作面板

① 设置筋的剖面。单击 参考 按钮，打开【参考】下滑面板。使用该下滑面板定义或编辑筋的截面形状。单击 定义... 按钮，弹出【草绘】对话框，设置草绘平面后进入草绘状态。绘制筋的剖面形状。

提示：a. 轮廓筋特征的草绘截面是不封闭的，且线段的两端必须位于要连接的曲面上，从而形成一个填充区域，如图 2-237 所示。

b. 平直筋剖面可以在任意点上创建草绘，只要草绘曲线端点连接到曲面上即可。

c. 旋转筋剖面必须在通过旋转轴的平面上绘制。

② 确定筋的加厚方向。绘制完筋剖面后，需要确定最后生成的筋特征位于草绘平面的哪一侧。缺省的材料侧为两侧，单击筋操作面板上 🔲 按钮可在三个材料侧选项间循环，如表

2-2 所示。

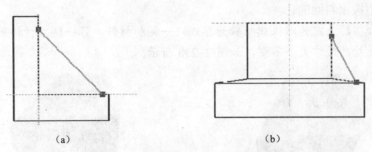

（a）　　　　　　　　　　　　　（b）

图 2-237　草绘线条端点与曲面连接

表 2-2　筋特征加厚方向设置

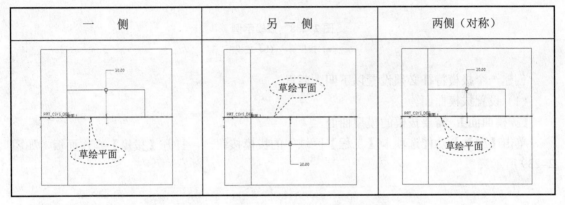

一　侧	另　一　侧	两侧（对称）

③ 设置筋的厚度及填充区域。

筋特征的厚度直接在操作面板上的厚度输入框中 ⫍ 25.0 ▼ 输入即可。

筋特征的材料填充区域设置，必须将绘图区域中的方向箭头指向要填充的草绘线侧，在多数情况下，接受缺省方向即可，如表 2-3 所示。

表 2-3　筋特征填充区域设置

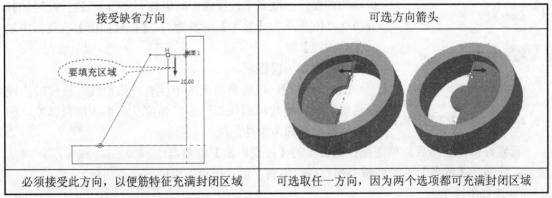

接受缺省方向	可选方向箭头
必须接受此方向，以便筋特征充满封闭区域	可选取任一方向，因为两个选项都可充满封闭区域

2.4.5.2　拔模特征

在铸件及模具设计和制造过程中，为了便于将工件从模具型腔中顺利取出，工件的某些竖直面必须与取件方向成一定夹角，这样形成的斜面称为拔模斜面。Creo 2.0 的拔模特征就是用来创建模型拔模斜面的。

提示：拔模实际上就是以拔模枢轴为界线，一侧加材料，另一侧减材料来形成斜度；拔模枢轴所在位置处的尺寸大小不变，如图 2-238 所示。

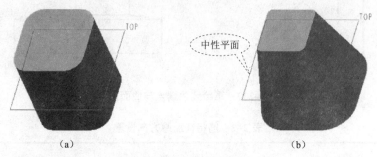

（a）　　　　　　　　　　　　　　　　（b）

图 2-238　拔模示例

（a）拔模前；（b）拔模后

创建一个拔模特征必须设置以下四大要素。

（1）设置拔模曲面。

【拔模曲面】：需要拔模的模型曲面。

单击【模型】功能选项卡【工程】区域中的拔模按钮 ，打开【拔模】操作面板，如图 2-239 所示。

图 2-239　【拔模】操作面板

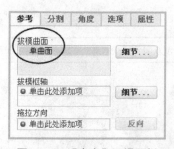

图 2-240　【参考】下滑面板

系统默认拔模曲面收集器激活。直接在绘图区域选取需要拔模的曲面，选取多个拔模曲面时需按下"Ctrl"键；此时如打开图 2-240 所示的【参考】下滑面板，【拔模曲面】收集器中显示【单曲面】。

（2）设置拔模枢轴。

【拔模枢轴】：拔模曲面上的中性直线或曲线。拔模时拔模面将绕其旋转使拔模面倾斜一定的角度从而形成拔模斜度，因此拔模枢轴又称为中性曲线。

设置好拔模曲面后，单击操作面板上的【拔模枢轴】收集器 ● 单击此处添加项 将其激活，或激活【参考】下滑面板中的对应收集器。设置拔模枢轴的方法有两种。

① 选择中性平面。

选择的中性平面必须与拔模面有交线（或延伸处有交线），此交线即为拔模枢轴。此时选中的中性平面进入到【拔模枢轴】收集器中，同时中性平面的外法线方向自动进入到【拖拉方向】收集器，并激活【拔模角度】输入框，如图 2-241 所示。

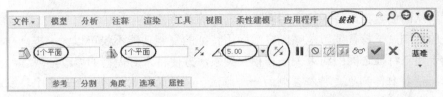

图 2-241 【拔模】操作面板

② 选择拔模枢轴。

直接在绘图区域选择拔模面上的单个曲线链作为拔模枢轴。该曲线进入到【拔模枢轴】收集器中，此时【拖拉方向】以及【拔模角度】选项待选，如图 2-242 所示。

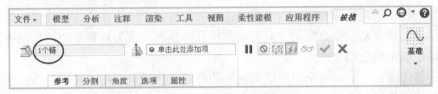

图 2-242 【拔模】操作面板

（3）设置拖拉方向。

【拖拉方向】（也称作拔模方向）：用于测量拔模角度的方向，通常为模具开模的方向，在绘图区域用紫红色箭头表示。

只在拔模枢轴选择单个曲线链的情况下需单独设置此项。设置好拔模曲面和拔模枢轴后，单击操作面板上的【拖拉方向】收集器 █ 单击此处添加项 █ 将其激活，或激活【参考】下滑面板中的对应收集器。在绘图区域选择平面（在这种情况下拖拉方向垂直于此平面）、直边、基准轴或坐标系的轴均可。选中拖拉方向后【拔模角度】输入框激活，此时的【拔模】操作面板如图 2-243 所示；单击【拖拉方向】收集器后的 ✕ 可切换拖拉方向。

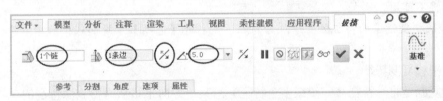

图 2-243 【拔模】操作面板

（4）设置拔模角度。

【拔模角度】：拔模方向与生成的拔模曲面之间的角度。如果拔模曲面被分割，则可为拔模曲面的每侧定义两个独立的角度；拔模角度必须在-30°～+30°范围内。

如前面三项均设置正确，【拔模角度】输入框将会被激活，在其中输入需要的拔模角度即可。

图 2-244 所示为拔模特征的四要素。

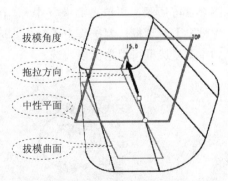

拔模角度
拖拉方向
中性平面
拔模曲面

图 2-244 拔模特征四要素

2.4.5.3 复制特征

特征的复制命令是把一个或多个特征复制到一个

新的位置，从而创建与原特征完全相同或相近似的新特征。

特征的复制属于特征编辑范畴，灵活应用特征的复制功能不仅可以大大提高建模效率，而且有助于建立特征之间的约束关系和相关关系，方便将来对模型的修改。

提示：a. 特征阵列也是特征复制的一种方法。特征的复制是将一个或多个特征在新位置上复制成一个新的特征；而特征的阵列是将一个特征在新的位置上复制成多个规则排列的新特征。

b. 复制出的特征与原特征之间既可以是【从属】关系又可以相互【独立】。

Creo 2.0 的特征复制包括镜像复制、平移复制、旋转复制和新参考复制。

（1）镜像复制特征。

镜像复制特征就是将源特征（一个或多个特征）相对于一个平面进行镜像从而得到源特征的一个副本。镜像复制命令常用于具有对称特征的模型，作为对称中心的平面可以是基准面，也可以是模型表面。

对特征镜像之前，必须先选取要镜像复制的特征，然后再单击【模型】功能选项卡【编辑】区域中的镜像复制按钮 ，打开【镜像】操作面板，如图 2-245 所示。在绘图区域选中镜像平面，单击操作面板中 按钮，完成镜像复制特征的创建。

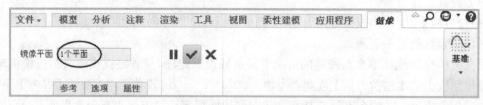

图 2-245 【镜像】操作面板

提示：a. 要镜像阵列，请选取阵列标题，而不要选取阵列成员，如果选取阵列成员，【镜像】工具将不可用。

b. 如果要使镜像的特征独立于原始特征，请打开【选项】下滑面板，然后清除"复制为从属项"。

（2）平移复制特征。

平移复制是将源特征（一个或多个特征）沿某一方向平移从而得到源特征的一个副本。

先选取要平移复制的特征，单击【模型】功能选项卡【操作】区域中的复制按钮 ，如图 2-246 所示；再单击 粘贴 中 ，在下拉菜单中单击【选择性粘贴】按钮 ，弹出【选择性粘贴】对话框，勾选其中【对副本应用移动/旋转变换】复选框，如图 2-247 所示；【从属副本】复选框可根据需要勾选。

图 2-246 【复制】【粘贴】命令

图 2-247 【选择性粘贴】对话框

单击 **确定** 按钮。打开【移动（复制）】操作面板，此操作面板的三大要素如图 2-248 所示。

图 2-248 【移动（复制）】操作面板

平移复制三要素：

① 移动类型：按下平移复制按钮（系统默认此按钮处于按下状态）。

② 移动方向：在绘图区域选中移动方向。可选择平面、边、轴线、坐标轴等。

③ 移动距离：在距离输入框中直接输入即可。

（3）旋转复制特征。

旋转复制是将源特征（一个或多个特征）沿某一转轴旋转从而得到源特征的一个副本。

其操作方法与平移复制基本相同。只是在【移动（复制）】操作面板上需要按下旋转复制按钮 ⟳，收集器中反映的是旋转中心线，输入框中输入的是旋转角度。

提示：平移复制与旋转复制可单独使用，也可以组合使用，可以是多个不同方向的平移组合复制，也可以是多个不同轴线的旋转组合复制，还可以是多个平移与旋转的组合复制。

平移/旋转组合复制特征的操作方法示例如下。

[案例]：使用特征复制命令创建图 2-249 所示的零件中的圆柱体 2。

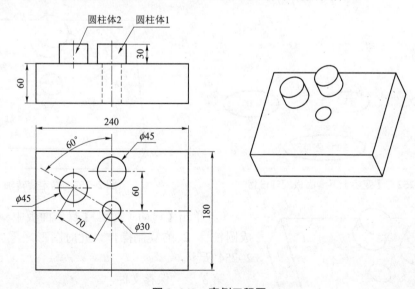

图 2-249 案例工程图

第 1 步 建立实体特征

使用拉伸命令先建立坯料、圆柱体 1 及孔特征，如图 2-249 所示。

第 2 步 利用特征复制命令复制圆柱体特征（尺寸不变）

① 在绘图区或模型树中选取圆柱体 1 拉伸特征，如图 2-250 所示。

② 单击【模型】功能选项卡【操作】区域中 🖺【复制】按钮，然后单击 🖺粘贴▼中▼，在下拉菜单中单击【选择性粘贴】按钮 🖺。系统弹出【选择性粘贴】对话框，勾选【对副本应用移动/旋转变换】复选框，单击 确定 按钮。系统打开【移动（复制）】操作面板，输入移动距离 10。

③ 在绘图区域选取如图 2-251 所示的面以确定移动方向，此时圆柱体 1 向模型外移动10mm。

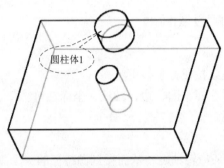

图 2-250　选取圆柱体 1

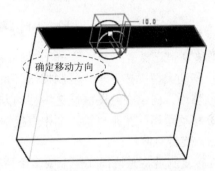

图 2-251　确定移动方向

④ 打开操作面板上的【变换】下滑面板，单击【新移动】选项，下滑面板中将增加一个【移动 2】选项，在【移动（复制）】操作面板中单击 ⚓ 按钮或在【设置】选项中选取【旋转】选项，并输入旋转角度"60"，如图 2-252 所示。

⑤ 在绘图区选取如图 2-253 所示的轴线以确定旋转轴。

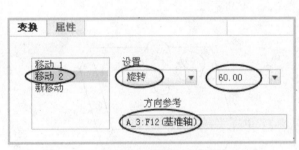

图 2-252　【变换】下滑面板旋转设置

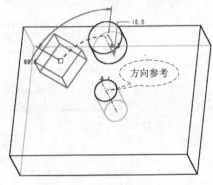

图 2-253　确定旋转轴

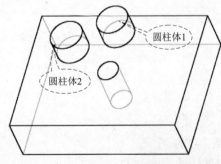

图 2-254　复制特征

⑥ 单击【移动（复制）】操作面板中 ✔ 按钮，完成圆柱体 2 的复制操作，此时图形区零件模型如图2-254 所示。

第 3 步　保存文件

单击主菜单中【文件】→【保存】或快速工具栏中按钮 🖫，保存当前模型文件，然后关闭当前工作窗口。

（4）特征的新参考复制。

使用新参考复制工具可以将源特征的所有参考全

部替换，如草图平面，几何约束参考，尺寸标注参考等，以在新的位置上复制出一个新的特征。

任何一个特征的建立首先要选择特征草绘或放置参考，这些参考可以是基准平面、边、轴线等。新参考方式复制要重新选择与原参考作用相同的参考用以特征的定位，例如，如果原特征是一个孔特征，而主参考是一个平面，次参考是主参考平面上的两条边线，则复制的孔特征需要重新选择一个新的平面作为主参考，同时要指定两条边来取代原来次参考的两条边用以孔的重新定位。

选中需要复制的特征后，单击【模型】功能选项卡【操作】区域中的复制按钮，单击【粘贴】中，在下拉菜单中单击【选择性粘贴】按钮，弹出【选择性粘贴】对话框。在其中勾选【高级参考配置】复选框，如图 2-255 所示。【从属副本】复选框可根据需要勾选，单击 确定 按钮。弹出【高级参考配置】对话框，如图 2-256 所示。

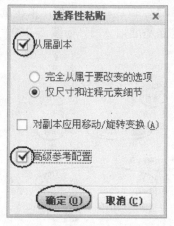
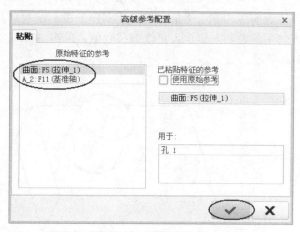

图 2-255 【选择性粘贴】对话框　　　　图 2-256 【高级参考配置】对话框

【高级参考配置】对话框中【原始特征的参考】收集器中反映的是源特征的所有参考。单击想要改变的参考，然后在绘图区域选中新的参考以替换收集器中选中的参考，直到新特征的所有定位参考完整，新的特征就将复制到一个新的位置上。

提示：新参考的类型应与源特征的对应参考形式相同，起同一个作用。即源特征以平面定位，替换参考也应是一个平面；源特征以边定位，替换参考也应是一条边。总之，新参考复制特征实际上是改变了源特征的定位参考。

2.4.5.4 基准轴特征

基准轴是设计其他特征时的参考中心线。创建的基准轴与创建特征时生成的轴不同，不依附于某个特征，而是以一个独立的特征出现在模型树上。

基准轴的创建方式如下：

（1）通过两点确定一条基准轴 A_2。

单击【模型】功能选项卡【基准】区域中 按钮，系统弹出【基准轴】对话框，如图 2-257 所示，【放置】栏处于待选状态。按住"Ctrl"键，再选取如图 2-258 箭头所指两点，单击 确定 按钮，建立基准轴 A_2。

图 2-257 【基准轴】对话框

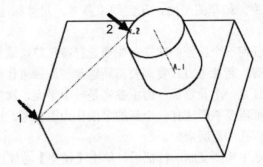

图 2-258 选取两点

（2）创建垂直于参考平面，通过两个偏移参考定位的基准轴 A_3。

单击【模型】功能选项卡【基准】区域中 / 按钮，系统弹出【基准轴】对话框，选取长方体上表面作为参考平面，单击【偏移参考】输入框，将其激活。按住 "Ctrl" 键，依次选取长方体前侧面和左侧面，更改偏移数值，单击 确定 按钮，建立基准轴 A_3，如图 2-259、图 2-260 所示。

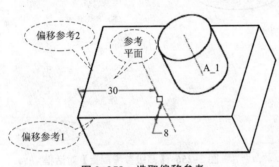

图 2-259 选取偏移参考

图 2-260 【基准轴】对话框

（3）创建垂直于参考平面且通过一点的基准轴 A_4。

单击【模型】功能选项卡【基准】区域中 / 按钮，选取长方体上表面作为参考平面，按住 "Ctrl" 键，选取图 2-261 箭头所指圆柱体上表面半圆弧的端点，单击 确定 按钮，建立基准轴 A_4。

（4）创建通过圆形曲面轴线的基准轴 A_5。

单击特征工具栏中 / 按钮，选取圆柱体表面作为参考面，单击 确定 按钮，建立基准轴 A_5，如图 2-262 所示。

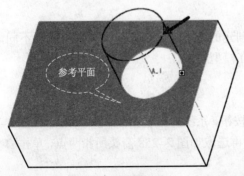

图 2-261 选取点

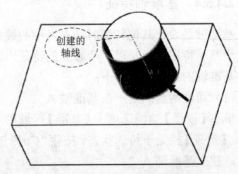

图 2-262 选取圆柱面

2.4.6　练习

（1）根据图 2–263 所示的工程图完成倾斜连接体零件的三维造型。

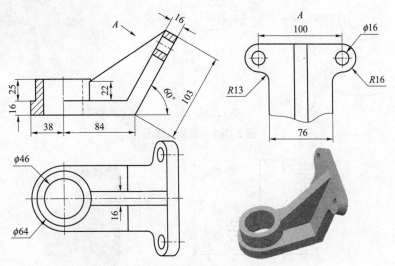

图 2–263　倾斜连接体工程图

（2）根据图 2–264 所示的工程图完成椭圆旋钮零件的三维造型。

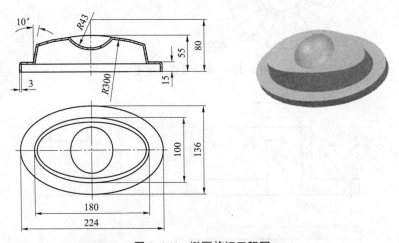

图 2–264　椭圆旋钮工程图

（3）根据图 2–265 所示的工程图完成泵盖零件的三维造型。
（4）根据图 2–266 所示的工程图完成旋转楼梯的三维造型。
（5）根据图 2–267 所示的工程图完成座体零件的三维造型。

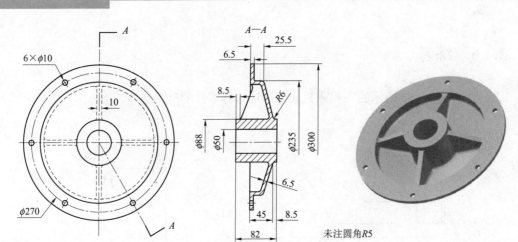

图 2-265　泵盖工程图

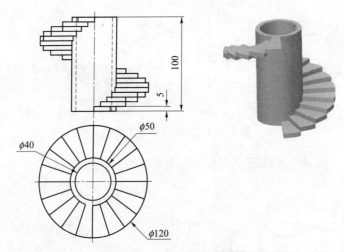

图 2-266　旋转楼梯工程图

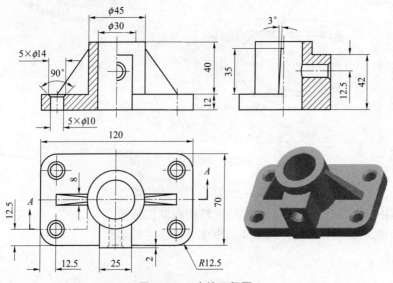

图 2-267　座体工程图

项目 3　曲面特征建模

曲面是构建复杂模型的重要特征。Creo 提供了强大的曲面设计功能，对于创建复杂曲面零件非常有用，例如汽车、飞机等具有漂亮外观和优良物理性能的表面结构通常都使用参数曲面来构建。本项目主要通过各种简单的实例操作来说明曲面特征的各种创建方法、操作方法以及由曲面特征构建实体特征的方法。

【学习目标】

（1）掌握拉伸、旋转、扫描、混合、填充等基本曲面的创建方法和技巧；

（2）掌握边界混合曲面的创建方法和技巧；

（3）掌握复制、修剪、合并、延伸、偏移等曲面操作的方法和技巧；

（4）掌握将曲面转化为实体的操作方法和技巧。

【学习任务】

任务 3.1　　　　　　　　任务 3.2　　　　　　　　任务 3.3

任务 3.1　顶盖三维建模——基准点、基准曲线、填充、边界混合、合并、加厚

3.1.1　学习目标

（1）了解曲面的概念以及曲面建模的主要步骤；

（2）掌握基准点、基准曲线的创建方法；

（3）熟练掌握边界混合曲面的成型方法；

（4）掌握填充曲面的方法；

（5）熟练掌握曲面合并的方法；

（6）掌握曲面加厚的方法。

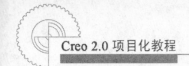
3.1.2 任务要求

根据图 3-1 所示的顶盖工程图，创建该零件的三维模型。

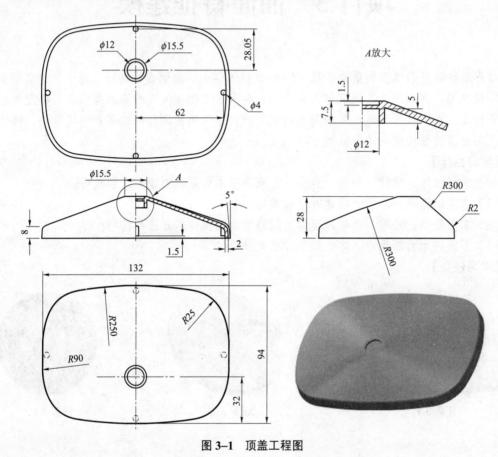

图 3-1 顶盖工程图

3.1.3 任务分析

该模型为薄壁壳体，下部为较规则的由 8 段圆弧组成的柱状倾斜曲面，上部为左右对称的不规则曲面，壳内顶端有一上下均有圆形凹槽的圆柱状实体，壳内底部均布四个小圆柱。顶盖模型的建模思路和步骤如图 3-2 所示。

3.1.4 任务实施

步骤 1　进入零件设计模块

新建一个【零件】类型的文件，将文件名称设定为"rw3-1"，选择设计模板后进入零件设计模块。

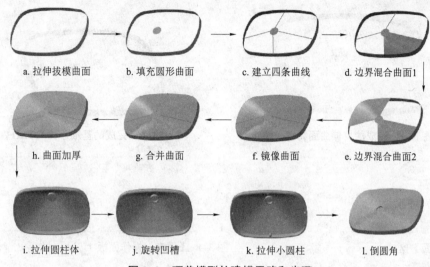

a. 拉伸拔模曲面
b. 填充圆形曲面
c. 建立四条曲线
d. 边界混合曲面1
h. 曲面加厚
g. 合并曲面
f. 镜像曲面
e. 边界混合曲面2
i. 拉伸圆柱体
j. 旋转凹槽
k. 拉伸小圆柱
l. 倒圆角

图 3–2　顶盖模型的建模思路和步骤

步骤 2　建立拉伸曲面特征

（1）单击【模型】功能选项卡【形状】区域中的拉伸按钮，打开【拉伸】操作面板，按下曲面按钮；选择基准平面 TOP 为草绘平面，其余接受系统的默认设置，进入草绘界面。绘制如图 3–3 所示的剖面；单击草绘面板中按钮，系统返回【拉伸】操作面板。

（2）单击【拉伸】操作面板上的选项按钮 选项 ，打开【选项】下滑面板，如图 3–4 所示。设置拉伸深度为“8”，勾选其中的【添加锥度】，并输入锥度为“–5”。单击【拉伸】操作面板中按钮，完成拉伸曲面的创建，如图 3–5 所示。

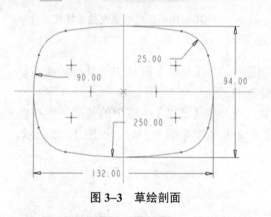

25.00
90.00
94.00
250.00
132.00

图 3–3　草绘剖面

选项
属性
深度
侧 1
盲孔
8.00
侧 2
无
封闭端
添加锥度
-5

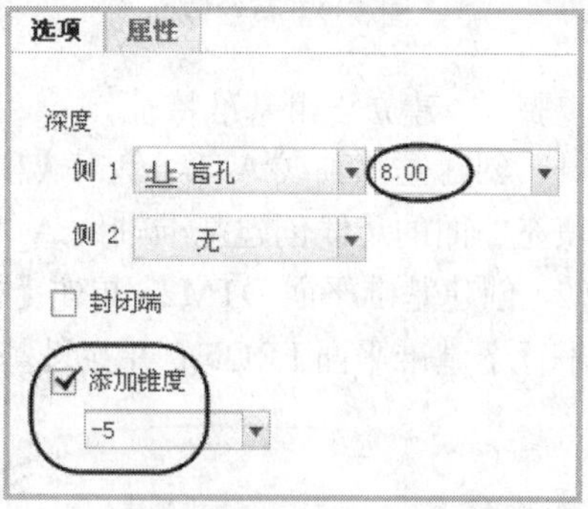

图 3–4　【选项】下滑面板

步骤 3　建立填充曲面特征

（1）单击【模型】功能选项卡【基准】区域中的基准平面按钮，系统弹出【基准平面】创建对话框，选择基准平面 TOP 为参考面，输入偏移距离为“28”，单击【基准平面】对话框中的 确定 按钮，完成基准平面 DTM1 的创建，如图 3–6 所示。

（2）单击【模型】功能选项卡【曲面】区域中的填充按钮 填充 ，如图 3–7 所示。打开【填充】操作面板，如图 3–8 所示。单击其上 参考 按钮，打开【参考】下滑面板。单击下滑面板上的 定义... 按钮，系统弹出【草绘】对话框。选基准平面 DTM1 为草绘平面，其余接受系统默认设置，进入草绘状态。

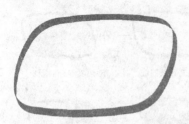

图 3-5　完成的拉伸曲面特征

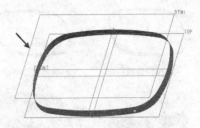

图 3-6　完成的基准平面 DTM1

图 3-7　【曲面】区域

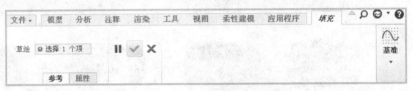

图 3-8　【填充】操作面板

（3）绘制如图 3-9 所示的截面，单击草绘面板中 ✔ 按钮，系统返回【填充】操作面板。单击【填充】操作面板中 ✔ 按钮，完成填充曲面的创建，如图 3-10 所示。

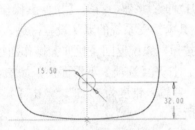

图 3-9　草绘截面

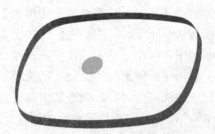

图 3-10　完成的填充曲面特征

步骤 4　建立一组基准特征

（1）创建基准轴线 A_1。单击【模型】功能选项卡【基准】区域中的基准轴线按钮 ✐，选取填充曲面的边线创建基准轴线 A_1，如图 3-11 所示。

（2）创建基准平面 DTM2。单击【模型】功能选项卡【基准】区域中的基准平面按钮 ▱，创建平行于基准平面 FRONT 并穿过基准轴线 A_1 的基准平面 DTM2，如图 3-12 所示。

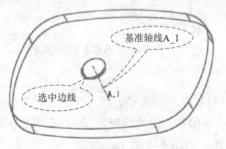

图 3-11　创建的基准轴 A_1

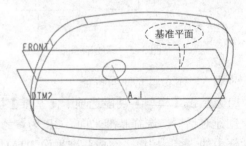

图 3-12　创建的基准平面 DTM2

（3）创建基准点。单击【模型】功能选项卡【基准】区域中的基准点按钮 ⁎⁎点，弹出【基准点】对话框，如图 3-13 所示。按住 "Ctrl" 键选择步骤 2 建立的拉伸曲面的上部边线和基准平面 DTM2 创建基准点 PNT0，同样的方法创建基准点 PNT1，如图 3-14 所示。

图 3-13　【基准点】对话框

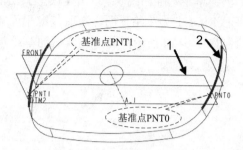

图 3-14　基准点 PNT0 和 PNT1

再用以上方法分别在拉伸曲面的上部边线与基准平面 RIGHT 的交点处建立基准点 PNT2 和 PNT3，以及填充曲面的边线与基准平面 RIGHT 的交点处建立基准点 PNT4 和 PNT5，如图 3-15 所示。

（4）通过点创建基准曲线 1 和基准曲线 2。单击【模型】功能选项卡【基准】下拉菜单中 ～曲线 按钮后的 ▸ ，如图 3-16 所示。在打开的菜单中选中 ～通过点的曲线 按钮，打开【曲线：通过点】操作面板，如图 3-17 所示。

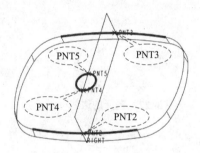

图 3-15　基准点 PNT2、PNT3 和 PNT4、PNT5

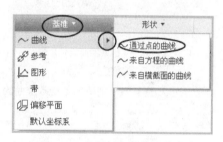

图 3-16　【通过点的曲线】命令

图 3-17　【曲线：通过点】操作面板

选取半圆弧的端点及基准点 PNT0，单击操作面板中 ✔ 按钮，完成基准曲线 1 的创建，如图 3-18 所示。同样的方法创建基准曲线 2，如图 3-19 所示。

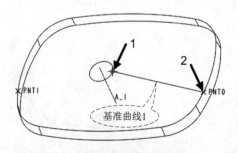

图 3-18　创建的基准曲线 1

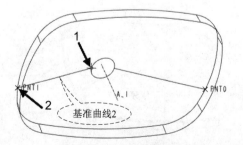

图 3-19　创建的基准曲线 2

（5）创建草绘基准曲线 3。单击【模型】功能选项卡【基准】区域中的草绘按钮 ∿，选取基准平面 RIGHT 为草绘平面，选取基准平面 TOP 为参考面，并使其正面向上，进入草绘状态后绘制如图 3-20 所示剖面，完成后的草绘基准曲线 3 如图 3-21 所示。

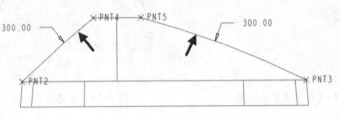

图 3-20　草绘剖面

（6）复制基准曲线 4 和基准曲线 5。选中如图 3-22 所示边线，单击【模型】功能选项卡【操作】区域中的复制按钮 ▣，再单击粘贴按钮 ▣，打开【曲线：复合】操作面板，如图 3-23 所示。

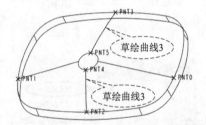

图 3-21　创建的草绘基准曲线 3

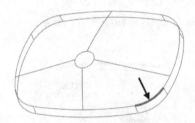

图 3-22　选择的边线

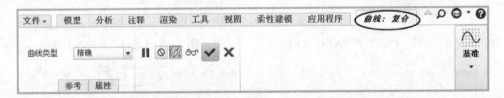

图 3-23　【曲线：复合】操作面板

按住"Shift"键，选择如图 3-24 所示的曲线，在控制点 1 处按住鼠标右键，选择【修剪位置】命令，再单击图中修剪位置 1 曲线，同样的方法将控制点 2 修剪到修剪位置 2。单击【曲线：复合】操作面板中 ✔ 按钮，完成复制曲线 4 的创建，如图 3-25 所示。同样的方法复制基准曲线 5，如图 3-26 所示。

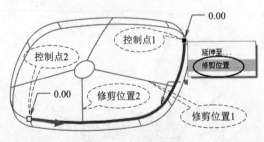

图 3-24　修剪位置

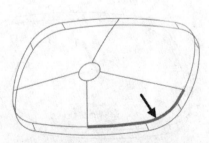

图 3-25　复制的基准曲线 4

步骤5 建立边界混合曲面特征

（1）单击【模型】功能选项卡【曲面】区域中边界混合按钮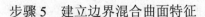，打开【边界混合】操作面板，如图3-27所示。

（2）按住"Ctrl"键选择如图3-28所示的曲线1和曲线2；在【边界混合】操作面板上激活第二方向收集器，再按住"Ctrl"键选择如图3-28所示的曲线3和曲线4。

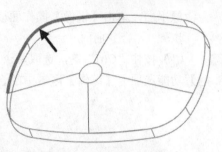

图3-26 复制的基准曲线5

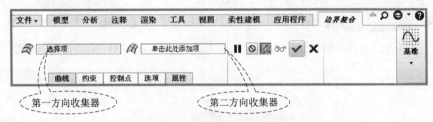

图3-27 【边界混合】操作面板

（3）单击【边界混合】操作面板中 ✓ 按钮，完成边界混合曲面特征1的创建，如图3-29所示。

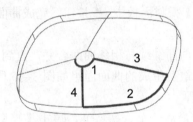

图3-28 选择的曲线

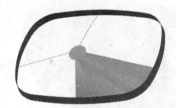

图3-29 完成的边界混合曲面1

（4）同样的方法，打开【边界混合】操作面板后，按住"Ctrl"键选择如图3-30所示的曲线1和曲线2，在操作面板上激活第二方向收集器，再按住"Ctrl"键选择如图3-30所示的曲线3和曲线4，单击【边界混合】操作面板中 ✓ 按钮，完成边界混合曲面特征2的创建，如图3-31所示。

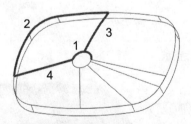

图3-30 选择的曲线

图3-31 完成的边界混合曲面2

步骤6 镜像复制曲面

按住"Ctrl"键，选中步骤5建立的边界混合曲面1和边界混合曲面2。单击【模型】功能选项卡【编辑】区域中的镜像按钮，打开【镜像】操作面板。选择基准平面RIGHT作为镜像平面，单击【镜像】操作面板中 ✓ 按钮，完成曲面的镜像复制，如图 3-32 所示。

步骤 7　合并曲面

（1）按住 "Ctrl" 键，选取两个相邻的曲面作为合并的对象，如图 3-33 所示。单击【模型】功能选项卡【编辑】区域中的合并按钮 ⬚，打开【合并】操作面板，如图 3-34 所示。

图 3-32　完成的镜像曲面

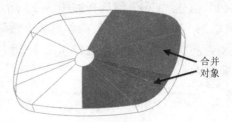

合并
对象

图 3-33　合并的两个曲面

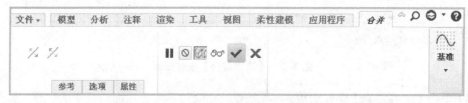

图 3-34　【合并】操作面板

（2）单击【合并】操作面板中 ✓ 按钮，完成曲面合并的操作。

（3）将已合并的曲面继续与相邻曲面合并，直到 6 个曲面全部合并完毕，最后生成的曲面面组如图 3-35 所示。

步骤 8　曲面加厚

在模型树中选中最后一个合并特征，单击【模型】功能选项卡【编辑】区域中的加厚按钮 ⬚，打开【加厚】操作面板，如图 3-36 所示。在厚度输入框中设置厚度为 "2"，单击切换按钮 ⬚，确保加厚方向向内侧。单击【加厚】操作面板中 ✓ 按钮，完成曲面的加厚，如图 3-37 所示。

图 3-35　合并的 6 个曲面

图 3-36　【加厚】操作面板

步骤 9　建立增加材料的拉伸特征 1

单击【模型】功能选项卡【形状】区域中的拉伸按钮 ⬚，打开【拉伸】操作面板。选取模型圆形顶面为草绘平面，其余接受系统默认设置。进入草绘状态，绘制如图 3-38 所示的截面，完成后返回【拉伸】操作面板。在【拉伸】操作面板中设置拉伸深度为 "7.5"，确认拉伸方向向内侧，单击操

图 3-37　曲面加厚

作面板中 ✔ 按钮，完成拉伸特征1的创建，如图3-39所示。

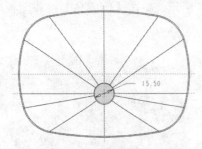

图3-38　草绘截面

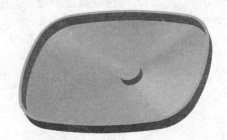

图3-39　完成的拉伸特征1

步骤10　建立去除材料的旋转特征

单击【模型】功能选项卡【形状】区域中的旋转按钮 ⊕，打开【旋转】操作面板。按下去除材料按钮 ◿。选取步骤4创建的基准平面DTM2为草绘平面，其余接受系统默认设置。进入草绘状态，绘制如图3-40所示的截面，完成后返回操作面板。确认减材料方向向内侧，单击操作面板中 ✔ 按钮，完成旋转减材料特征的创建，如图3-41所示。

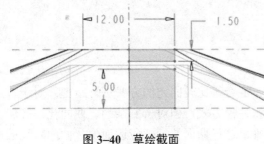

图3-40　草绘截面

图3-41　完成的旋转减材料特征

步骤11　建立增加材料的拉伸特征2

（1）创建基准平面DTM3。单击【模型】功能选项卡【基准】区域中的基准平面按钮 ◻，创建平行于基准平面TOP并向上偏移"1.5"的基准平面DTM3，如图3-42所示。

（2）单击【模型】功能选项卡【形状】区域中的拉伸按钮 ◻，打开【拉伸】操作面板。选取基准平面DTM3为草绘平面，设置视图方向为【反向】，其余接受系统默认设置，进入草绘状态。绘制4个对称的等直径圆，如图3-43所示。完成后返回【拉伸】操作面板。在【拉伸】操作面板中设置拉伸深度为 ⊟。确认拉伸方向向上。单击【拉伸】操作面板中 ✔ 按钮，完成拉伸特征2的创建，如图3-44所示。

图3-42　创建的基准平面DTM3

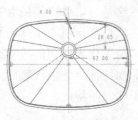

图3-43　草绘剖面

图3-44　完成的拉伸特征2

步骤12　建立倒圆角特征

单击【模型】功能选项卡【工程】区域中的倒圆角按钮，打开【倒圆角】操作面板。输入圆角半径为"2"，选择倒圆角的边，如图 3–45 所示。单击【倒圆角】操作面板中✔按钮，完成倒圆角特征的创建，如图 3–46 所示。

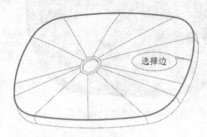

图 3–45　倒圆角的边

图 3–46　完成的倒圆角特征

步骤 13　保存并退出

在主菜单中单击【文件】→【保存】或快速访问工具栏中按钮，保存当前模型文件，然后关闭当前工作窗口。

3.1.5　相关知识

3.1.5.1　曲面特征简介

实体特征通常只能使用拉伸、旋转、扫描、混合等比较固定的方式进行造型。对于较规则的三维零件，实体特征提供了迅速方便的体积建模方式，但对于复杂的、曲面化程度较高的造型设计而言，仅用实体特征来建模会很困难，这样曲面特征便应运而生。曲面特征的造型方式非常弹性化，并且灵活多样，为表达实体模型提供了更加有效的工具。

（1）曲面特征的创建方式。

曲面特征的创建方式主要有两大类：直接创建曲面特征以及边界混合曲面特征。直接创建曲面特征的方式和实体特征创建方式基本相同，它包括拉伸、旋转、扫描、混合、填充等。边界混合曲面特征是通过基准点建立基准曲线，再由基准曲线形成一个曲面。

除此以外曲面特征还具有很强的可操作性。可以将曲面进行合并、裁剪、延伸等（实体特征无此特性）操作，最后将多个单一曲面合并成没有间隙的复杂曲面面组，再转化为实体模型，从而满足了复杂造型的设计要求。

（2）曲面的渲染。

曲面是没有厚度的几何特征，这是与实体特征最大的差别。在 Creo 2.0 默认设置时，实体渲染为灰色；曲面渲染为蓝色；线框显示时，实体为黑色线。而曲面特征的线框显示可以有两种颜色的线条：黄色和紫色。黄色代表曲面的边界线，也称为单侧边，即黄色边的一侧为此曲面特征，另一侧不属于此曲面特征。紫色代表曲面的内部线条或曲面的棱线，也称为双侧边，即该紫色边的两侧均属于此曲面特征。

（3）曲面建模的主要过程。

① 创建数个单独的曲面；

② 对曲面进行修剪、延伸、偏移等操作；

③ 将单独的各个曲面合并为一个整体曲面面组；

④ 将曲面或面组转化为实体模型。

3.1.5.2　基准点

基准点主要用来进行空间定位，也可用来辅助创建其他基准特征。创建基准点的方法有以下几种：

（1）创建一般基准点。

一般基准点运用最为广泛，使用非常灵活，创建的方法也很多。

① 曲面上的点。

单击【模型】功能选项卡【基准】区域中的基准点按钮 ，弹出【基准点】对话框。进行新点的设置，此时【参考】栏处于待选状态，如图 3-47 所示。

选取零件的上表面，该表面名称将进入到【参考】收集器中，再单击【偏移参考】收集器将其激活，按住"Ctrl"键，依次选取零件前侧面和右侧面，更改偏移数值，单击 确定 按钮，建立基准点 PNT0，如图 3-48、图 3-49 所示。

图 3-47　【基准点】对话框

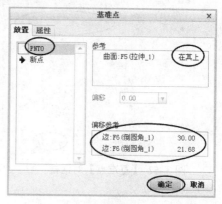

图 3-48　【基准点】对话框

② 曲线与曲线交点、曲线与曲面交点。

单击【模型】功能选项卡【基准】区域中的基准点按钮 ，弹出【基准点】对话框。按住"Ctrl"键，依次选取零件左上方圆角曲线和草绘曲线，单击 确定 按钮，建立基准点 PNT1，如图 3-50、图 3-51 所示。

③ 顶点。

单击【模型】功能选项卡【基准】区域中的基准点按钮 ，弹出【基准点】对话框。选取草绘曲线的右端点，单击 确定 按钮，建立基准点 PNT2，如图 3-52、图 3-53 所示。

④ 偏移某一坐标值。

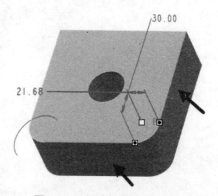

图 3-49　创建的基准点 PNT0

单击【模型】功能选项卡【基准】区域中的基准点按钮 ，弹出【基准点】对话框。选取坐标系 PRT_CSYS_DEF，此时坐标系的名称已进入到【参考】收集器中。单击坐标系名称后的【在其上】出现 按钮，单击此按钮并更改参考类型为【偏移】，如图 3-54（a）所示。

按住"Ctrl"键，选取零件右侧面，输入偏移值"60"，单击 确定 按钮，建立基准点 PNT3，如图 3-54（b）、图 3-55 所示。

图 3-50 【基准点】对话框

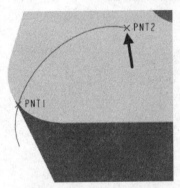

图 3-51 创建基准点 PNT1

图 3-52 【基准点】对话框

图 3-53 创建基准点 PNT2

（a）

（b）

图 3-54 【基准点】对话框

（a）参考类型下拉框；（b）偏移方向和距离

⑤ 三个曲面交点。

单击【模型】功能选项卡【基准】区域中的基准点按钮 ，弹出【基准点】对话框。按住"Ctrl"键，依次选取零件上表面，前侧面和右侧面，单击 确定 按钮，建立基准点 PNT4，如图 3-56 所示。

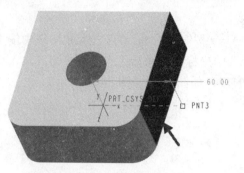

图 3-55 创建基准点 PNT3

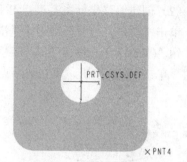

图 3-56 创建基准点 PNT4

⑥曲线上的点。

单击【模型】功能选项卡【基准】区域中的基准点按钮，弹出【基准点】对话框。选取零件右上方圆角曲线，设定偏移类型为【比率】，偏移量为"0.2"，偏移参考为曲线末端。单击 确定 按钮，建立基准点 PNT5，如图 3-57、图 3-58 所示。

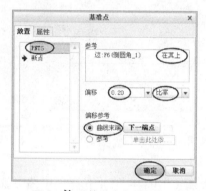

图 3-57 【基准点】对话框

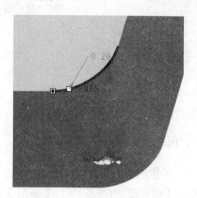

图 3-58 创建基准点 PNT5

⑦ 圆心点。

单击【模型】功能选项卡【基准】区域中的基准点按钮，弹出【基准点】对话框。选取零件中心圆孔的边界圆弧，更改参考类型为"居中"，单击 确定 按钮，建立基准点 PNT6，如图 3-59、图 3-60 所示。

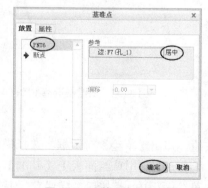

图 3-59 【基准点】对话框

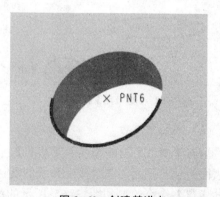

图 3-60 创建基准点 PNT6

（2）创建偏移坐标系基准点 PNT7、PNT8。

单击【模型】功能选项卡【基准】区域中 ⁙点▾ 按钮中的 ▾ ，在下拉菜单中选中偏移坐标系按钮 ⁙偏移坐标系 ，弹出【基准点】对话框。选中坐标系，激活【点】收集器，输入点的坐标值，单击 确定 按钮，建立基准点 PNT7、PNT8，如图 3-61、图 3-62 所示。

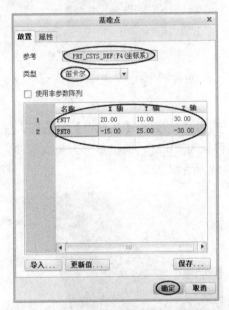

图 3-61 【基准点】对话框

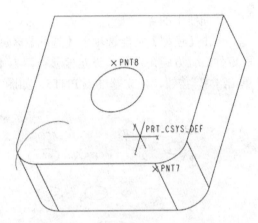

图 3-62 创建基准点 PNT7、PNT8

（3）创建域点。

单击【模型】功能选项卡【基准】区域中 ⁙点▾ 按钮中的 ▾ ，在下拉菜单中选中域点按钮 域 ，弹出【基准点】对话框。在绘图区域选中几何参考的任意点，系统将在鼠标当前位置创建一个基准点，单击 确定 按钮，建立基准点 FPNT0，如图 3-63、图 3-64 所示。

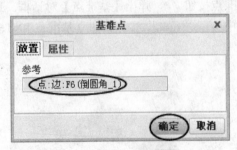

图 3-63 【基准点】对话框

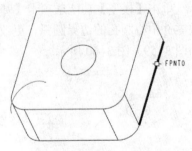

图 3-64 创建基准点 FPNT0

（4）草绘基准点。

单击【模型】功能选项卡【基准】区域中的 ∿ 按钮，弹出【草绘】对话框。选择模型的前表面为草绘平面，其余接受系统的默认设置，进入草绘界面。用草绘面板上【基准】区域中的【点】命令绘制如图 3-65 所示的草绘点，单击草绘面板中 ✔ 按钮，完成草绘基准点 PNT10、PNT11、PNT12 的创建，如图 3-66 所示。

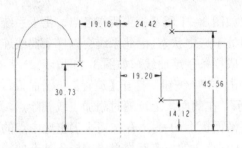

图 3-65　草绘点

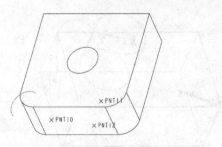

图 3-66　创建基准点 PNT10、PNT11、PNT12

3.1.5.3　基准曲线

基准曲线可用于创建曲面和其他特征，或作为扫描特征的轨迹线，作为建立圆角、拔模、骨架、折弯等特征的参考，还可以辅助创建复杂曲线。基准曲线的创建方法有很多，下面介绍几种常见的基准曲线创建方法。

（1）草绘基准曲线。

草绘基准曲线的方法与草绘其他特征相同。草绘曲线可以由一个或多个草绘段以及一个或多个开放或封闭的环组成，草绘基准曲线是平面曲线。

单击【模型】功能选项卡【基准】区域中的草绘按钮 $\sim$ ，系统弹出草绘对话框，选取长方体前表面为草绘平面，其余接受系统默认设置，进入草绘界面。绘制如图 3-67 所示的圆，单击草绘面板中 $\checkmark$ 按钮，完成草绘曲线绘制，如图 3-68 所示。

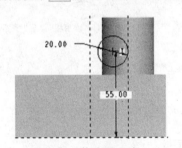

图 3-67　草绘圆尺寸

图 3-68　草绘曲线

（2）经过点创建基准曲线。

通过连接空间的一系列点来创建基准曲线。经过的点可以是基准点、模型的顶点、曲线的端点。

单击【模型】功能选项卡【基准】下拉菜单中 $\sim$ 曲线 按钮后的 ▶ ，如图 3-69 所示。在打开的菜单中选中 $\sim$ 通过点的曲线 按钮，打开【曲线：通过点】操作面板，如图 3-70 所示。

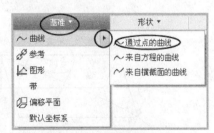

图 3-69　【通过点的曲线】命令

图 3-70　【曲线：通过点】操作面板

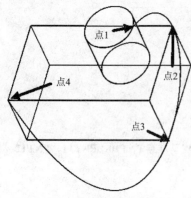

图 3-71　样条基准曲线

依次选取如图 3-71 所示箭头所指各点，由于系统默认样条曲线按钮处于选中状态，因此系统会以样条曲线连接选中的各点，形成样条基准曲线，如图 3-71 所示。

若此时单击 放置 按钮，打开【放置】下滑面板，如图 3-72（a）所示。在此面板上可随时添加点或删除点，并可以通过单击下滑面板上的 ⬆、⬇ 按钮来调整选中点的连接顺序。如将点 4 与点 3 的位置互换形成的样条基准曲线如图 3-73 所示。

如果在【放置】下滑面板中选择【直线】选项，则选中的各点以直线相连，并且每一个拐点处可以设置相同或不同的半径值，如图 3-72（b）、图 3-74 所示。

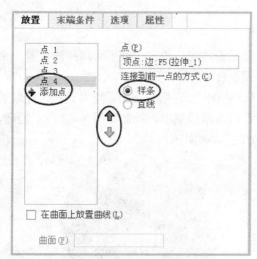

（a）

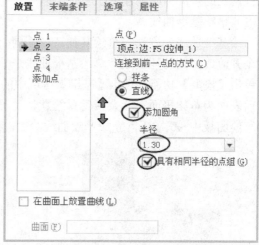

（b）

图 3-72　【放置】下滑面板

（a）样条线连接；（b）直线连接

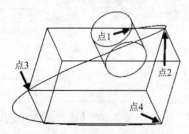

图 3-73　调整点顺序后的样条基准曲线

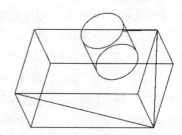

图 3-74　直线基准曲线

在样条线连接各点的条件下，打开【末端条件】下滑面板，可以调整基准曲线的起点、终点与周围曲线的连接方式。如图 3-75 所示有 4 种连接方式，系统默认为【自由】连接方式；如选择【相切】连接方式，则需要指定相切的曲线，如图 3-76 所示。

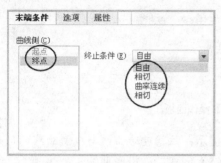

图 3-75　【末端条件】下滑面板

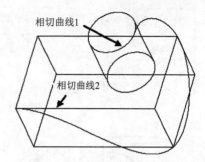

图 3-76　起始、终止点相切连接的曲线

（3）创建投影曲线。

将选中的或草绘的曲线投影到指定的曲面上形成的平面或空间的曲线。

单击【模型】功能选项卡【编辑】下拉菜单中的投影按钮 ，打开【投影曲线】操作面板，如图 3-77 所示。

图 3-77　【投影曲线】操作面板

单击图 3-78 所示的【参考】下滑面板，分别对投影链的各项进行定义。

选取想要投影的曲线，激活【曲面】收集器，选取圆柱前表面。激活【方向参考】收集器，选取投影方向。在操作面板中将投影方向定义为【沿方向】。单击操作面板中 按钮，完成投影曲线的建立，如图 3-79、图 3-80 所示。

图 3-78　【参考】下滑面板

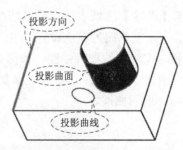

图 3-79　投影曲线三要素

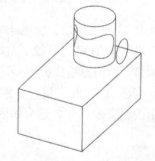

图 3-80　创建的投影曲线

（4）创建包络曲线。

包络曲线是将选定的或草绘的曲线印贴到指定的曲面上形成的平面或空间曲线。

单击【模型】功能选项卡【编辑】下拉菜单中的包络按钮 ，打开【包络】操作面板，如图 3-81 所示。

选中想要投影的曲线，系统自动指定投影目标。单击操作面板中 按钮，完成包络曲线的建立，如图 3-82 所示。

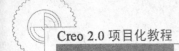

图 3-81　【包络】操作面板

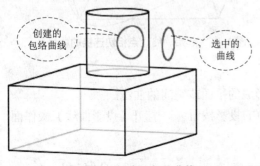

图 3-82　创建的包络曲线

提示：注意包络曲线与投影曲线的区别。

（5）创建二次投影曲线。

二次投影曲线是由两个视图分别作出两条二维曲线，将此两条二维曲线分别垂直其绘图平面拉伸出两个曲面，此两个曲面的交线即为二次投影曲线。

① 单击【模型】功能选项卡【基准】区域中的草绘按钮，系统弹出草绘对话框，选取基准平面 FRONT 为草绘平面，其余接受系统的默认设置，进入草绘界面。绘制如图 3-83 所示的半个椭圆，单击草绘面板中 ✔ 按钮，完成草绘曲线绘制，如图 3-84 所示。

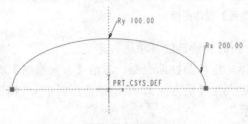

图 3-83　草绘半个椭圆

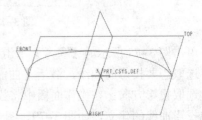

图 3-84　半个椭圆曲线

② 单击【模型】功能选项卡【基准】区域中的草绘按钮，系统弹出草绘对话框，选取基准平面 TOP 为草绘平面，其余接受系统的默认设置，进入草绘界面。绘制如图 3-85 所示圆弧。单击草绘面板中 ✔ 按钮，完成草绘曲线绘制，如图 3-86 所示。

③ 按住 "Ctrl" 键，分别选取刚建立的两条曲线，单击【模型】功能选项卡【编辑】区域中的相交按钮，建立如图 3-87 所示曲线。

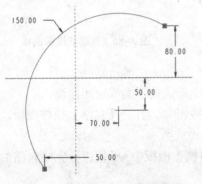

图 3-85　草绘圆弧

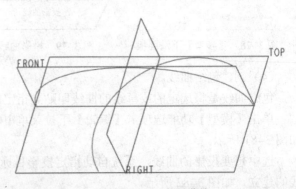

图 3-86　圆弧曲线

（6）以【从方程】的方式建立公式曲线。

是用数学方程的形式控制曲线形状的方法。需要选择坐标系，确定坐标系的类型。常用的坐标系有：笛卡尔坐标、柱坐标和球坐标。

单击【模型】功能选项卡【基准】下拉菜单中 ~曲线 按钮后的 ▸，在打开的菜单中选中 ~通过点的曲线 按钮，打开【曲线：从方程】操作面板，如图3-88所示。

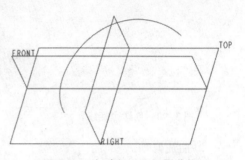

图3-87 创建的二次投影曲线

图3-88 【曲线：从方程】操作面板

选取系统默认"PRT_CSYS_DEF"坐标系，然后设置坐标系类型为【笛卡尔】，单击控制面板中的 方程... 按钮，弹出【方程】对话框，如图3-89所示。输入下列方程式：

x=50*t*cos(t*(5*360))
y=50*t*sin(t*(5*360))
z=0

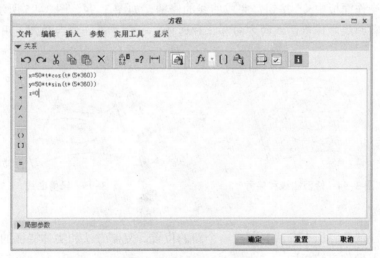

图3-89 【方程】对话框

单击【方程】对话框中的 确定 按钮，完成螺旋曲线创建，如图3-90所示。

（7）曲线的编辑操作。

① 相交曲线的创建。

相交曲线是在曲面与曲面、曲面与实体表面的相交处创建基准曲线的方法。

按住"Ctrl"键，分别选取两个曲面，单击【模型】功能选项卡【编辑】区域中的相交按钮 ⌐ ，即可完成相交曲线的建立，如图3-91、图3-92所示。

图 3-90　创建螺旋线

图 3-91　二个曲面

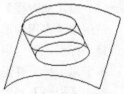

图 3-92　创建相交曲线

② 曲线修剪。

曲线的修剪是用参考对选中的曲线进行修剪，从而得到新曲线的方法。参考可以是基准点、基准平面、实体表面等。

先选中要修剪的曲线，单击【模型】功能选项卡【编辑】区域中的修剪按钮，打开【曲线修剪】操作面板，如图 3-93 所示。

图 3-93　【曲线修剪】操作面板

选择修剪参考 PNT0，单击【曲线修剪】操作面板上的方向切换按钮，调整保留曲线的方向。单击操作面板中✔按钮，完成曲线的修剪，如图 3-94、图 3-95 所示。

提示：修剪曲线时保留曲线的方向有三种选择：一侧、另一侧和两侧，用方向切换按钮控制。

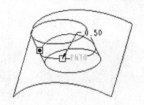

图 3-94　修剪曲线和参考

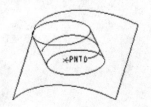

图 3-95　修剪曲线

③ 曲线复制。

曲线的复制就是将原有曲线复制在一个新的位置。复制方法和实体特征的【平移复制】和【旋转复制】操作方法相同。

曲线复制也可将实体的边线在原位置上复制成曲线。具体复制方法见任务 3.1 步骤 4 中第（6）点。

3.1.5.4　边界混合曲面特征

创建边界混合曲面特征时，首先要定义构成曲面的边界曲线，然后由这些边界曲线围成曲面特征。通过边界线可以建立与其相邻面相切、垂直或拥有相同曲率值的曲面。

提示：曲线、模型边、基准点、曲线或边的端点均可作为参考图元使用。

（1）创建单一方向上的边界混合曲面。

单击【模型】功能选项卡【曲面】区域中边界混合按钮，打开【边界混合】操作面板，系统默认【第一方向】收集器处于激活状态，如图 3-96 所示。

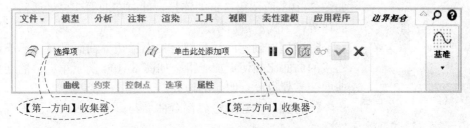

图 3-96 【边界混合】操作面板

按住"Ctrl"键，依次选取图 3-97 所示箭头所指的曲线 1、2、3，作为第一方向曲线。系统将这些曲线顺次连成光滑过渡的曲面。单击【边界混合】操作面板中 ✔ 按钮，完成边界混合曲面的创建，如图 3-98 所示。

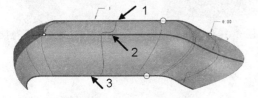

图 3-97 选取三条曲线

图 3-98 单一方向边界混合曲面

提示： 选取曲线时，不同的曲线选取顺序导致的曲面生成结果也会不同。

（2）创建两个方向上的边界混合曲面。

创建两个方向上的边界混合曲面时，除了指定第一方向的边界曲线外，还必须指定第二方向的边界曲线。

首先按住"Ctrl"键依次选取第一方向的边界曲线，如图 3-99 所示的曲线 1、2、3；然后激活【第二方向】收集器，按住"Ctrl"键依次选取曲线 4、5、6，作为第二方向曲线。单击【边界混合】操作面板中 ✔ 按钮，完成边界混合曲面的创建，如图 3-100 所示。

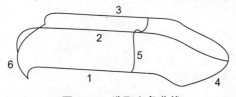

图 3-99 选取六条曲线

图 3-100 两个方向边界混合曲面

提示： 两个方向的边界混合曲面，其外部边界必须形成一个封闭的环，这意味着外部边界必须相交。

（3）设置边界条件。

在创建边界混合曲面时，如果新建曲面与已知曲面在边线处相连，则可以通过设置边界条件的方法设置两曲面在连接处的过渡方式，以得到不同的连接效果。

单击【边界混合】操作面板上的 约束 按钮，打开【约束】下滑面板，如图 3-101 所示。边界条件有以下四种：

图 3-101　【约束】下滑面板

【自由】：指新建曲面和相邻曲面间没有任何约束。如图 3-102 所示第二链的连接，此时在曲面交界处通常有明显的边界。

【相切】：新建的曲面沿边界与选定的参考边线或曲面相切。如图 3-103 所示第二链的连接，此时在曲面交界处通常没有明显的边界，为光滑过渡状态。

【曲率】：创建的边界混合曲面沿边界曲面具有曲率连续性，连接的曲面比相切更加光滑。如图 3-104 所示第二链的连接，在曲面交界处也没有明显的边界，为光滑过渡。

【垂直】：创建的边界混合曲面与参考边线或曲面垂直，如图 3-105 所示第二链的连接。

图 3-102　【自由】连接　　图 3-103　【相切】连接　　图 3-104　【曲率】连接　　图 3-105　【垂直】连接

3.1.5.5　填充曲面特征

填充曲面又称为平面型曲面、平整曲面，用于创建一个曲面两端的封口曲面。填充曲面可以通过草绘曲面的边界线来创建曲面，即以零件上的某一个平面或基准平面作为草绘平面，绘制曲面的边界线，即可生成需要的平面型曲面。

提示：填充特征的截面草图必须是封闭的。

填充曲面的操作方法和拉伸特征极为相似，只是没有深度参数。

单击【模型】功能选项卡【曲面】区域中的填充按钮 □填充，打开【填充】操作面板，如图 3-106 所示。进入草绘状态后，绘制填充曲面的形状，单击草绘面板中 ✔ 按钮，系统返回操作面板。单击【填充】操作面板中 ✔ 按钮，完成填充曲面的创建。

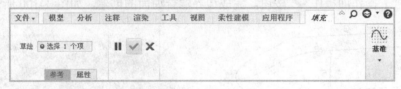

图 3-106　【填充】操作面板

3.1.5.6　曲面合并

将两个相邻或相交的曲面或面组合并成一个面组。这是曲面设计中的一个重要操作。

首先择取参与合并的两个曲面特征，然后单击【模型】功能选项卡【编辑】区域中的合并按钮 ⛛，打开【合并】操作面板，如图 3-107 所示。单击操作面板上的选项按钮 选项 ，打开的【选项】下滑面板中有两个单选项，表示了合并曲面的两种方式。

（1）相交合并。

合并的两曲面相交，合并后系统会自动去除多余的曲面。面板上两个 ✄ 按钮分别切换第一面组和第二面组的保留侧。曲面合并的结果可以有 4 种不同的选择，如图 3-108 所示。

图 3-107 【合并】操作面板

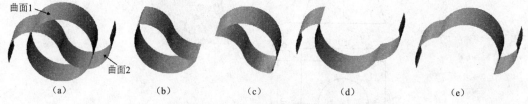

图 3-108 不同保留侧的曲面合并结果

(a) 合并前的两曲面；(b) 合并结果 1；(c) 合并结果 2；(d) 合并结果 3；(e) 合并结果 4

（2）连接合并。

合并的两曲面没有多余的部分，合并后直接将两个曲面变成一个曲面面组。合并结果只有一个，如图 3-109 所示。

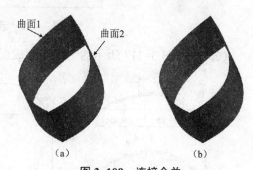

图 3-109 连接合并

(a) 合并前的两曲面；(b) 合并结果

3.1.5.7 曲面加厚

曲面是没有厚度的几何特征，可以通过加厚操作将其实体化。通常用于将曲面或面组特征生成实体薄壁，或者移除薄壁材料。

选取曲面或面组后，单击【模型】功能选项卡【编辑】区域中的加厚按钮 ，打开【加厚】操作面板，如图 3-110 所示。在厚度输入框中输入厚度值，若要移除材料，则应单击 按钮。图 3-111 所示为两种加厚效果。

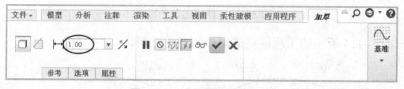

图 3-110 【加厚】操作面板

提示：单击 按钮可以切换加厚的方向。加厚方向有 3 种：一侧、另一侧和两侧对称。

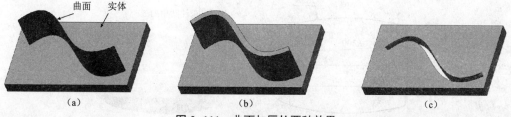

图 3-111 曲面加厚的两种效果

(a) 曲面与实体；(b) 生成薄壁实体；(c) 移除薄壁材料

3.1.6 练习

（1）根据图 3-112 所示的工程图完成天圆地方零件的三维造型。

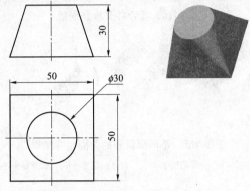

图 3-112 天圆地方零件工程图

（2）根据图 3-113 所示的工程图完成鼠标上盖的三维造型。

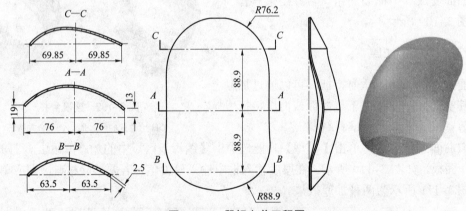

图 3-113 鼠标上盖工程图

（3）根据图 3-114 所示的工程图完成鼠标的三维造型。

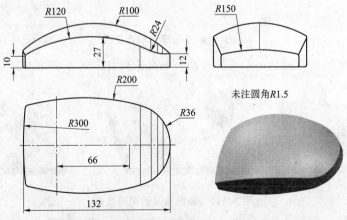

图 3-114 鼠标工程图

（4）根据图 3-115 所示的工程图完成幸运星的三维造型。

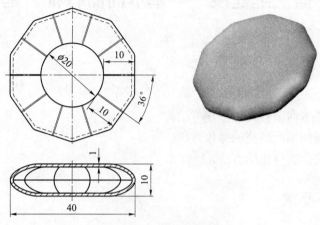

图 3-115 幸运星工程图

（5）根据图 3-116 所示的工程图完成果汁杯的三维造型。

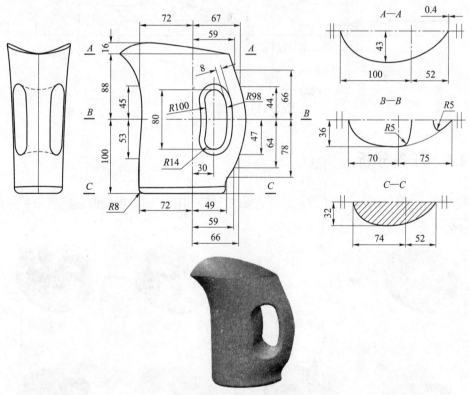

图 3-116 果汁杯工程图

任务 3.2 杯盖三维建模——基本曲面特征、延伸、实体化

3.2.1 学习目标

（1）熟练掌握基本曲面特征的创建方法；
（2）熟练掌握延伸曲面特征的操作方法；
（3）熟练掌握曲面实体化的方法。

3.2.2 任务要求

根据图 3-117 所示杯盖的工程图，创建该产品的三维模型。

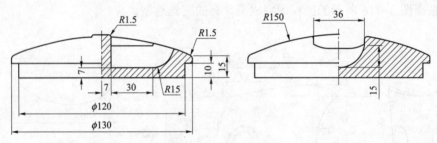

图 3-117 杯盖工程图

3.2.3 任务分析

该模型为一回转实体，其上开有两个左右对称的凹槽。杯盖模型的建模思路和步骤如图 3-118 所示。

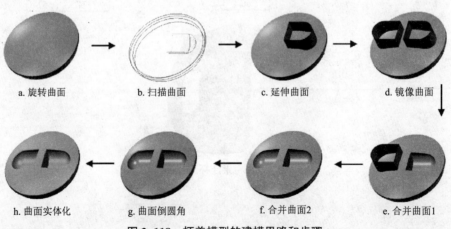

a. 旋转曲面　　b. 扫描曲面　　c. 延伸曲面　　d. 镜像曲面

h. 曲面实体化　　g. 曲面倒圆角　　f. 合并曲面2　　e. 合并曲面1

图 3-118 杯盖模型的建模思路和步骤

3.2.4 任务实施

步骤 1 进入零件设计模块

新建一个【零件】类型的文件，将文件名称设定为"rw3-2"，选择设计模板后进入零件设计模块。

步骤 2 建立旋转曲面特征

单击【模型】功能选项卡【形状】区域中的旋转 ⊕ 按钮，打开【旋转】操作面板，按下曲面按钮 ◻。选择基准平面 FRONT 为草绘平面，其余接受系统的默认设置，进入草绘界面。绘制如图 3-119 所示的剖面，完成后的旋转曲面特征如图 3-120 所示。

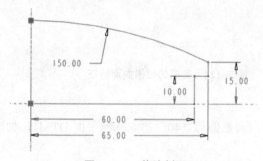

图 3-119 草绘剖面

图 3-120 完成的旋转曲面特征

步骤 3 建立扫描曲面

（1）单击【模型】功能选项卡【形状】区域中的扫描 ◻ 按钮，打开【扫描】操作面板，按下曲面按钮 ◻，如图 3-121 所示。

图 3-121 【扫描】操作面板

（2）单击【扫描】操作面板上的草绘曲线 ◠ 按钮。选择基准平面 FRONT 为草绘平面，其余接受系统的默认设置，进入草绘界面。绘制如图 3-122 所示的扫描轨迹线。单击草绘面板中 ✔ 按钮，系统返回【扫描】操作面板。

（3）单击操作面板上的 ☑ 按钮，绘制如图 3-123 所示的扫描剖面。单击草绘面板中 ✔ 按钮，系统返回操作面板。

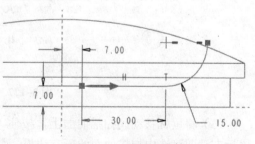

图 3-122 扫描轨迹线

（4）单击【扫描】操作面板中 ✔ 按钮，完成后的扫描曲面特征如图 3-124 所示。

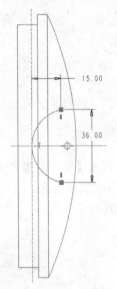

图 3–123　扫描剖面　　　　　　　图 3–124　完成的扫描曲面特征

步骤 4　建立延伸曲面特征

（1）创建基准平面。以 TOP 面为参考平面，向上偏移"40"建立基准平面 DTM1，如图 3–125 所示。

（2）将绘图区域下方如图 3–126 所示的【选择过滤器】设置为"几何"，在绘图区域选中步骤 3 建立的扫描曲面的任意边界（黄色边），单击【模型】功能选项卡【编辑】区域中的延伸 按钮，打开【延伸】操作面板，如图 3–127 所示。

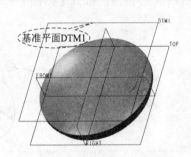

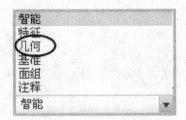

图 3–125　创建的基准平面 DTM1　　　　　图 3–126　【选择过滤器】

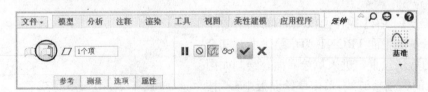

图 3–127　【延伸】操作面板

（3）将鼠标移动到扫描曲面上，按住"Shift"键扫描曲面的所有边线均预选加亮，单击鼠标左键即可选中扫描曲面的所有边界，如图 3–128 所示。

（4）按下【延伸】操作面板中 按钮，选择刚建立的基准平面 DTM1。单击【延伸】操作面板中 按钮，完成曲面的延伸操作，如图 3–129 所示。

图 3–128　延伸的边线　　　　图 3–129　完成的延伸曲面

步骤 5　建立镜像曲面特征

选中步骤 4 建立的延伸曲面，单击【模型】功能选项卡【编辑】区域中的镜像按钮，打开【镜像】操作面板。在绘图区域选中 RIGHT 基准平面，单击操作面板中按钮，完成镜像曲面特征的创建，如图 3–130 所示。

步骤 6　建立合并曲面特征

（1）按住"Ctrl"键选中步骤 4 建立的延伸曲面和步骤 2 建立的旋转曲面，单击【模型】功能选项卡【编辑】区域中的合并按钮，打开【合并】操作面板。单击【合并】操作面板上的两个按钮，确认两个曲面的保留侧正确，单击【合并】操作面板中按钮，完成合并曲面特征 1 的创建，如图 3–131 所示。

（2）按住"Ctrl"键选中刚才建立的合并曲面和步骤 5 建立的镜像曲面，用同样的方法合并两个曲面，合并的效果如图 3–132 所示。

图 3–130　完成的镜像曲面特征　　图 3–131　完成的合并曲面特征 1　　图 3–132　完成的合并曲面特征 2

步骤 7　建立倒圆角特征

单击【模型】功能选项卡【工程】区域中的倒圆角按钮，打开【倒圆角】操作面板。按住"Ctrl"键，在绘图区域选择要倒圆角的边，如图 3–133 所示；在操作面板上输入圆角半径为"1.5"。单击【倒圆角】操作面板中按钮，完成倒圆角特征的创建，如图 3–134 所示。

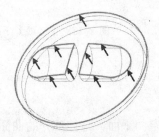

图 3–133　倒圆角的边　　　　图 3–134　完成的倒圆角特征

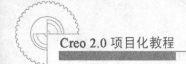

步骤 8　曲面实体化

选中创建的合并曲面，单击【模型】功能选项卡【编辑】区域中的实体化按钮 ，打开【实体化】操作面板，如图 3–135 所示。单击【实体化】操作面板中 按钮，完成曲面的实体化操作，如图 3–136 所示。

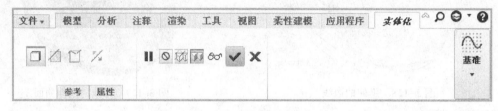

图 3–135　【实体化】操作面板

步骤 9　保存并退出

在主菜单中单击【文件】→【保存】或快速访问工具栏中 按钮，保存当前模型文件，然后关闭当前工作窗口。

图 3–136　完成的实体化特征

3.2.5　相关知识

3.2.5.1　基本曲面特征

构建基本曲面特征与构建基本实体特征的方法相似，主要是利用拉伸、旋转、扫描、混合、可变剖面扫描、扫描混合、螺旋扫描等功能命令来创建曲面特征；不同的是，创建曲面特征时系统默认封闭剖面创建的曲面端部保持开放，如图 3–137（a）所示。

若需要端部封闭，可单击操作面板上的 选项 按钮，打开【选项】下滑面板。勾选其中【封闭端】复选框，即可封闭特征的端部，创建出闭合的面组，如图 3–137（b）所示。此时的【选项】下滑面板如图 3–138 所示。

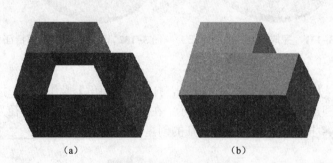

（a）　　　　　　　　　　（b）

图 3–137　使用【封闭端】前后的效果

（a）封闭前；（b）封闭后

图 3–138　【选项】下滑面板

3.2.5.2　曲面延伸

将曲面沿着某一边界延长一定的距离或延伸到指定的平面。延伸部分的曲面与原曲面类型可以相同，也可以不同。

提示：a. 延伸曲面必须先选择一条曲面的边界线，延伸命令才可用。

b. 延伸曲面只能延伸曲面的单侧边界，即线框显示时为黄色的边。

c. 若曲面有多条边界需要一次延伸，则需先选一条边界，待调出命令后再选其他各条边界。

d. 如果曲面的边界不好选择。可以将鼠标放在待选线上单击鼠标右键切换预选；或将绘图区域下方的选择过滤器设置为【几何】，以便于选择曲面的边界。

选择一条曲面的边界，单击【模型】功能选项卡【编辑】区域中的延伸按钮 ，打开【延伸】操作面板，如图 3–139 所示。

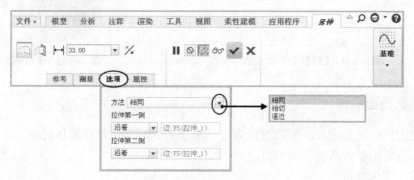

图 3–139　【延伸】操作面板

（1）设置延伸类型。

打开操作面板上【选项】下滑面板，可以看出延伸的类型有以下四种。

【相同】：延伸所得的曲面与原曲面类型相同，如图 3–140（b）所示。

【相切】：延伸所得曲面与原曲面相切，如图 3–140（c）所示。

【逼近】：系统创建延伸部分作为边界混成。常用于将曲面延伸至不在一条直边上的顶点时。

【方向】：将曲面的边延伸到指定的平面，延伸方向与此平面垂直，如图 3–140（d）所示。【延伸】操作面板中 即为方向延伸按钮。

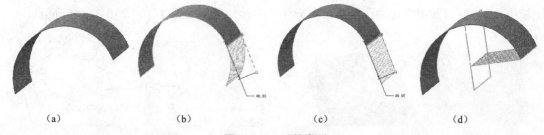

（a）　　　　　（b）　　　　　（c）　　　　　（d）

图 3–140　延伸类型

（a）原曲面；（b）相同延伸；（c）相切延伸；（d）方向延伸

提示：【相同】【相切】【逼近】三种延伸方式均需在操作面板上输入延伸距离；【方向】延伸不需要输入延伸距离，只需指定延伸平面即可。

（2）设置延伸距离。

延伸距离是指曲面延伸的长度。系统默认只有单一距离。若需要指定的边线上各点延伸的长度不同，可以单击 测量 按钮，打开【测量】下滑面板。在【点】收集器中单击鼠标右键可随时添加点或删除点、设置点的位置以及各点的延伸距离等参数，如图 3–141 所示。延伸效果如图 3–142 所示。

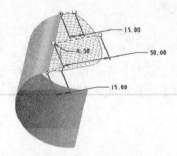

图 3–141 【测量】下滑面板   图 3–142 不同延伸距离效果

3.2.5.3 曲面实体化

曲面的实体化就是用曲面或面组作为边界来添加、删除或替换实体材料。可用于一个闭合的曲面，也可用于外凸包络的曲面。

（1）添加实体材料。

选中需要实体化的闭合的或外凸包络的曲面或面组，单击【模型】功能选项卡【编辑】区域中的实体化按钮 ，打开【实体化】操作面板，如图 3–143 所示。

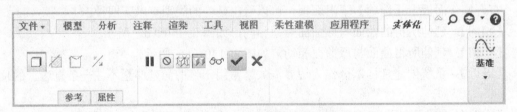

图 3–143 【实体化】操作面板

缺省的实体化工具为添加材料 ，如曲面实体化生成的结果唯一，则可以直接单击操作面板中 按钮，即可完成曲面的实体化操作。实体化效果如图 3–144、图 3–145 所示。

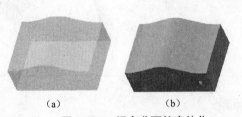

图 3–144 闭合曲面的实体化
(a) 实体化前；(b) 实体化后

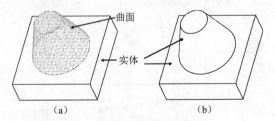

图 3–145 外凸包络曲面的实体化
(a) 实体化前；(b) 实体化后

提示：a. 只有两种曲面或面组才可以进行加材料实体化操作：完全闭合的曲面或面组；曲面所有边界全部位于实体表面或内部的曲面。

b. 对于闭合的曲面系统将直接在曲面内部加入材料形成实体；对于外凸包络曲面，系统将在曲面特征和实体表面之间填充材料形成实体。

（2）去除实体材料。

以曲面或面组作为边界去除实体中的部分材料。

选中用来减材料的曲面或面组，单击【模型】功能选项卡【编辑】区域中的实体化按钮 ⬚，打开【实体化】操作面板。按下操作面板上去除材料按钮 ◿，可以使用该曲面来去除实体材料，此时系统用玫红色箭头指示删除材料侧。单击 ✕ 按钮可调整保留材料侧，如图 3-146 所示。

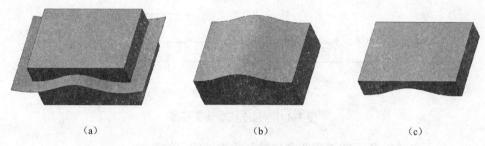

（a）　　　　　　　　　（b）　　　　　　　　　（c）

图 3-146　不同方向去除材料的效果

（a）曲面与实体；　（b）去除效果1；　（c）去除效果2

（3）替换实体材料。

用曲面特征或面组替换部分实体表面，使用该选项时曲面或面组的全部边界必须要位于实体表面。

选中用来替换的曲面或面组，单击【模型】功能选项卡【编辑】区域中的实体化按钮 ⬚，打开【实体化】操作面板。按下操作面板上替换实体材料按钮 ⬚，可以使用该曲面来替换实体表面。此时整个实体表面被曲面边界分为两部分，其中箭头指示的实体表面将由曲面替换，其余为最后保留的实体表面，如图 3-147 所示。

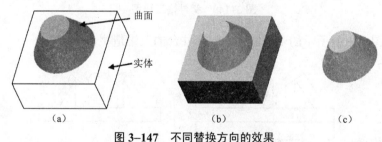

（a）　　　　　　　　　（b）　　　　　　　　　（c）

图 3-147　不同替换方向的效果

（a）曲面与实体；　（b）替换效果1；　（c）替换效果2

3.2.6　练习

（1）根据图 3-148 所示的工程图完成洗衣机旋钮的三维造型。

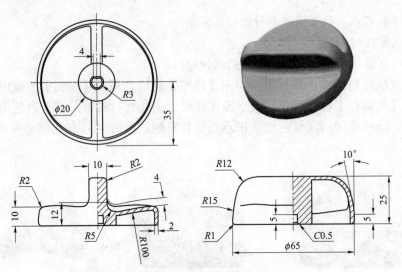

图 3-148 洗衣机旋钮工程图

（2）根据图 3-149 所示的工程图完成铲斗槽零件的三维造型。

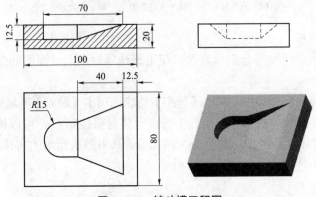

图 3-149 铲斗槽工程图

（3）根据图 3-150 所示的工程图完成异形柱台的三维造型。

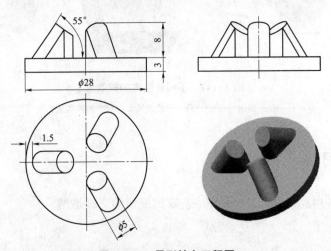

图 3-150 异形柱台工程图

（4）根据图 3-151 所示的工程图完成风扇叶片的三维造型。

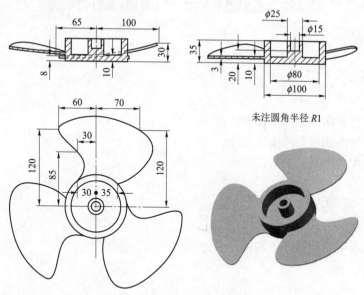

图 3-151　风扇叶片工程图

（5）根据图 3-152 所示的工程图完成瓶子的三维造型。

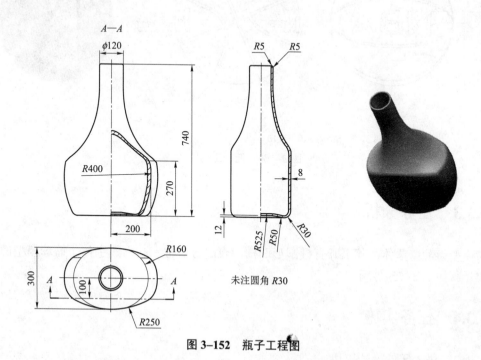

图 3-152　瓶子工程图

任务 3.3 篮球三维建模——曲面复制、修剪、偏移

3.3.1 学习目标

（1）熟练掌握曲面复制的操作方法；
（2）熟练掌握曲面修剪的操作方法；
（3）熟练掌握曲面偏移的操作方法。

3.3.2 任务要求

根据图 3–153 所示的篮球工程图，创建该产品的三维模型。

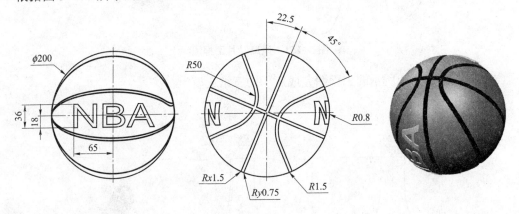

1. 均匀壁厚1.2
2. 文字凸出高度1.5，文字四周拔模斜度10°

图 3–153 篮球工程图

3.3.3 任务分析

该模型为薄壁球体，其上开有椭圆形凹槽，表面有对称、凸出的字体。篮球模型的建模思路和步骤如图 3–154 所示。

3.3.4 任务实施

步骤 1 进入零件设计模块

新建一个【零件】类型的文件，将文件名称设定为 "rw3-3"，选择设计模板后进入零件设计模块。

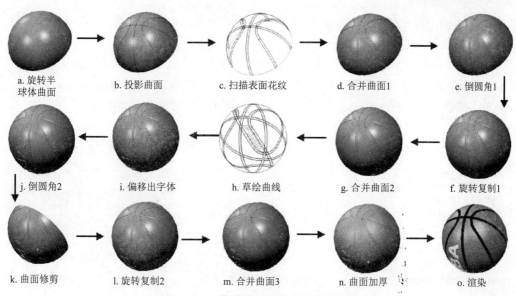

a. 旋转半
球体曲面　　　b. 投影曲面　　　c. 扫描表面花纹　　　d. 合并曲面1　　　e. 倒圆角1

j. 倒圆角2　　　i. 偏移出字体　　　h. 草绘曲线　　　g. 合并曲面2　　　f. 旋转复制1

k. 曲面修剪　　　l. 旋转复制2　　　m. 合并曲面3　　　n. 曲面加厚　　　o. 渲染

图 3-154　篮球模型的建模思路和步骤

步骤 2　建立旋转曲面特征

单击【模型】功能选项卡【形状】区域中的旋转按钮 ，打开【旋转】操作面板，按下曲面按钮 。选择基准平面 FRONT 为草绘平面，其余接受系统的默认设置，进入草绘界面。绘制如图 3-155 所示的剖面，完成后的旋转曲面特征如图 3-156 所示。

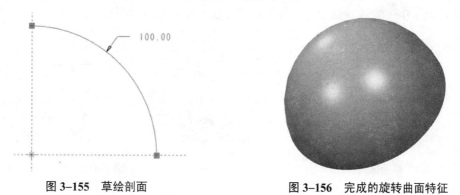

图 3-155　草绘剖面　　　　　　　　图 3-156　完成的旋转曲面特征

步骤 3　建立投影曲线

（1）单击【模型】功能选项卡【编辑】区域中的投影按钮 ，打开【投影曲线】操作面板，如图 3-157 所示。

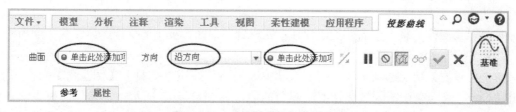

图 3-157　【投影曲线】操作面板

（2）单击【投影曲线】操作面板上【基准】下拉菜单中的草绘按钮 ，选择基准平面

TOP 为草绘平面，其余接受系统的默认设置，进入草绘界面。绘制如图 3-158 所示的剖面，完成后返回【投影曲线】操作面板。

（3）按住"Ctrl"键，选中刚创建的四条曲线，激活【曲面】收集器，选择步骤 2 建立的旋转曲面。再激活【方向】收集器，选择默认坐标系 PRT_CSYS_DEF 的 Y 坐标轴，如图 3-159 所示。单击操作面板上的 ✔ 按钮，完成投影曲线的创建，如图 3-160 所示。

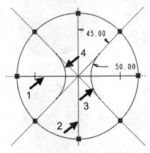

图 3-158　草绘剖面图

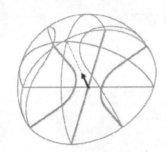

图 3-159　投影方向

图 3-160　完成的投影曲线特征

步骤 4　扫描花纹

单击【模型】功能选项卡【形状】区域中的扫描按钮 🗇，打开【扫描】操作面板。按下曲面按钮 🖸，选择步骤 3 建立的投影曲线中的一条作为扫描轨迹；单击 🗹 按钮进入草绘界面，绘制如图 3-161 所示截面，完成后返回【扫描】操作面板；单击【扫描】操作面板中 ✔ 按钮，完成后的扫描曲面特征如图 3-162 所示。

重复以上操作，完成其余 3 个扫描曲面特征的创建，如图 3-163 所示。

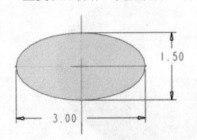

图 3-161　草绘截面

图 3-162　扫描特征

图 3-163　完成的四个扫描特征

步骤 5　建立合并曲面特征 1

按住"Ctrl"键选中步骤 2 建立的旋转曲面和步骤 4 建立的一个扫描曲面，单击【模型】功能选项卡【编辑】区域中的合并按钮 🖸，打开【合并】操作面板。单击【合并】操作面板上的两个 🖾 按钮，确认两个曲面的保留侧正确。单击【合并】操作面板中 ✔ 按钮，完成两个曲面的合并。

重复以上操作，将 5 个曲面全部合并。完成合并曲面特征 1 的操作，如图 3-164 所示。

步骤 6　建立倒圆角特征 1

单击【模型】功能选项卡【工程】区域中的倒圆角按钮 🖸，打开【倒圆角】操作面板。按住"Ctrl"键，在绘图区域选择要倒圆角的边，如图 3-165 所示。在操作面板上输入圆角半径为"1.5"。单击【倒圆角】操作面板中 ✔ 按钮，完成倒圆角特征的创建，如图 3-166 所示。

图 3-164　合并五个曲面的效果

图 3-165　倒圆角的边

图 3-166　完成的倒圆角特征

步骤 7　建立旋转复制曲面特征 1

（1）将绘图区域底部的【选择过滤器】设置为【几何】，如图 3-167 所示。

（2）选择整个面组作为复制对象，单击【模型】功能选项卡【操作】区域中的复制按钮，再单击选择性粘贴按钮，打开【移动（复制）】操作面板。

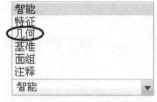
图 3-167　【选择过滤器】

（3）单击【移动（复制）】操作面板上的按钮，在绘图区域选中默认坐标系 PRT-CSYS_DEF 的 Z 轴，如图 3-168 所示，在面板上输入旋转角度"180"。

（4）在绘图区域空白处按住鼠标右键，在弹出的快捷菜单中选取【新移动】命令，再次按下【移动（复制）】操作面板上的按钮，选中默认坐标系 PRT_CSYS_DEF 的 Y 轴，如图 3-169 所示，在面板上输入旋转角度"90"。

图 3-168　选 Z 轴为旋转轴

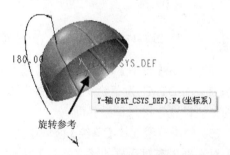
图 3-169　选 Y 轴为旋转轴

（5）单击【移动（复制）】操作面板上的【选项】按钮，打开【选项】下滑面板，取消其上的【隐藏原始几何】复选框。

（6）单击【移动（复制）】操作面板中按钮，完成复制曲面特征 1 的创建，如图 3-170 所示。

步骤 8　建立合并曲面特征 2

按住"Ctrl"键依次选取两个半球面组作为合并对象，单击【模型】功能选项卡【编辑】区域中的合并按钮，打开【合并】操作面板，单击操作面板中按钮，完成两个曲面的合并，合并效果如图 3-171 所示。

步骤 9　建立草绘曲线特征

（1）建立基准平面 DTM1。单击【模型】功能选项卡【基准】区域中的按钮，弹出【基准平面】创建对话框。按住"Ctrl"键，选取基准平面 FRONT 和基准轴 A_1 作为参考，如图 3-172 所示。输入旋转角度"22.5"，完成穿过基准轴 A_1 与基准平面 FRONT 夹角 22.5°

的基准平面 DTM1 的创建，如图 3-173 所示。

图 3-170　复制曲面的效果

图 3-171　合并后的面组

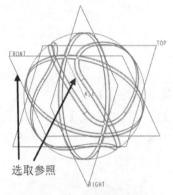

图 3-172　选取参考

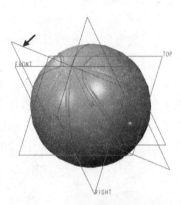

图 3-173　创建的基准平面 DTM1

（2）单击【模型】功能选项卡【基准】区域中的草绘按钮 ，弹出【草绘】对话框。选择基准平面 DTM1 为草绘平面，选择基准平面 TOP 为参考面，并使其正面向右，其余接受系统的默认设置，进入草绘界面。

（3）单击草绘面板【草绘】区域中的文本按钮 ，确定创建文本的位置后，系统弹出【文本】对话框。在对话框的【文本行】中输入"NBA"，其余参数设置如图 3-174 所示，单击文本对话框的 确定 按钮，返回到草绘界面。

（4）标注文本的尺寸如图 3-175 所示。单击草绘面板中 按钮，完成草绘曲线特征的创建，如图 3-176 所示。

图 3-174　【文本】对话框

图 3-175　草绘文字图形

图 3-176　完成的草绘曲线

步骤10 建立偏移曲面特征

（1）选择球体表面。单击【模型】功能选项卡【编辑】区域中的偏移按钮，打开【偏移】操作面板，如图3-177所示。

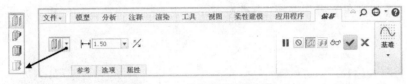

图3-177 【偏移】操作面板

（2）单击【偏移】操作面板上 按钮中，在下拉菜单中选择拔模偏移按钮；再单击 **参考** 按钮，打开【参考】下滑面板。单击下滑面板上的 **定义...** 按钮，弹出【草绘】对话框。选择基准平面DTM1为草绘平面，单击【草绘】对话框中的 **反向** 按钮，其余接受系统的默认设置，进入草绘界面。

（3）在草绘面板【草绘】区域中选取投影按钮，在弹出的【类型】对话框中选取【环】选项，如图3-178所示；然后依次选取字母中每个封闭环的任意边，系统将自动选取到整个封闭环作为草绘截面，如图3-179所示，完成后退出草绘界面返回【偏移】操作面板。

（4）在【偏移】操作面板上输入偏移距离为"1.5"，斜度"10"；单击 按钮确保偏移方向向外；单击操作面板中 按钮，完成偏移曲面特征的创建，如图3-180所示。

图3-178 【类型】对话框

图3-179 草绘的偏移区域

图3-180 完成的偏移曲面

步骤11 建立倒圆角特征2

（1）单击【模型】功能选项卡【工程】区域中的倒圆角按钮，打开【倒圆角】操作面板，在操作面板上输入圆角半径为"0.8"。

（2）选择步骤10偏移曲面的一个棱边，如图3-181所示。再按住"Shift"键，将鼠标移动到刚选取的棱边附近，系统将以浅绿色加亮显示出该边所在的曲面环，单击鼠标左键，然后松开"Shift"键，系统将自动选取到整个曲面环，如图3-182所示。

图3-181 选取的棱边

图3-182 选取的整个曲面环

（3）再按住"Ctrl"键选取另一个文字的棱边作为参考，然后仿照上面曲面环的选取方式选取到整个环。如此依次选取直到选完曲面所有的边（对于单个棱边可以直接按住"Ctrl"键进行选取），选取的结果如图 3-183 所示。

（4）单击【倒圆角】操作面板中 ✔ 按钮，完成倒圆角特征 2 的创建，如图 3-184 所示。

图 3-183　选取的结果

图 3-184　完成的倒圆角特征

步骤 12　建立修剪曲面特征

（1）选择球体表面。单击【模型】功能选项卡【编辑】区域中的修剪按钮 ⬚，打开【曲面修剪】操作面板，如图 3-185 所示。

图 3-185　【曲面修剪】操作面板

（2）选择基准平面 DTM1，单击【曲面修剪】操作面板上的 ⬚ 按钮，确认保留有偏移曲面的一侧，如图 3-186 所示。单击【曲面修剪】操作面板中 ✔ 按钮，完成曲面的修剪，如图 3-187 所示。

步骤 13　建立旋转复制曲面特征 2

（1）选择修剪的整个面组作为复制对象，单击【模型】功能选项卡【操作】区域中的复制按钮 ⬚，再单击选择性粘贴按钮 ⬚，打开【移动（复制）】操作面板。

（2）单击【移动（复制）】操作面板上的 ⬚ 按钮，在绘图区域选中基准轴 A_1，如图 3-188 所示；在操作面板上输入旋转角度"180"。

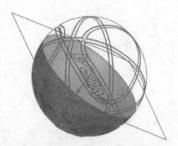

图 3-186　保留曲面的侧

图 3-187　完成的修剪曲面特征

图 3-188　选取旋转轴

（3）单击【移动（复制）】操作面板上的 选项 按钮，打开【选项】下滑面板。取消其上的【隐藏原始几何】复选框，单击操作面板中 ✔ 按钮，完成复制曲面特征 2 的创建，如图 3–189 所示。

步骤 14　建立合并曲面特征 3

按住"Ctrl"键依次选取两个半球面组作为参考，单击【模型】功能选项卡【编辑】区域中的合并按钮 ⬚，打开【合并】操作面板，单击操作面板中 ✔ 按钮，完成两个曲面的合并，如图 3–190 所示。

步骤 15　建立加厚曲面特征

选取合并曲面特征 3，单击【模型】功能选项卡【编辑】区域中的加厚按钮 ⬚，打开【加厚】操作面板，输入厚度"1.2"，单击操作面板中 ✔ 按钮，完成曲面的加厚，如图 3–191 所示。

图 3–189　复制曲面特征 2　　　图 3–190　完成的合并曲面特征 3　　　图 3–191　完成的加厚特征

步骤 16　模型渲染

（1）选取篮球花纹的任意曲面为种子曲面，再按住"Shift"键选取球体的表面作为边界曲面，如图 3–192 所示；然后松开"Shift"键，系统将自动选取到全部花纹曲面，如图 3–193 所示。

图 3–192　种子曲面和边界曲面　　　　图 3–193　完成选取的曲面

（2）单击【视图】选项卡【模型显示】区域中的外观库按钮 外观库，如图 3–194 所示。打开【外观库】下拉菜单，如图 3–195 所示。

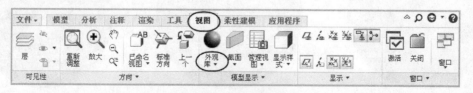

图 3–194　【视图】选项卡

（3）单击【外观库】下拉菜单中的更多外观按钮 更多外观... ，弹出【外观编辑器】对话框，如图 3-196 所示。

（4）单击【外观编辑器】对话框中的颜色按钮，弹出【颜色编辑器】对话框。将颜色设置为黑色，如图 3-197 所示。单击【颜色编辑器】中 确定 按钮，系统返回【外观编辑器】对话框。

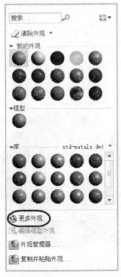

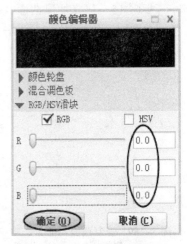

图 3-195 【外观库】下拉菜单　　图 3-196 【外观编辑器】对话框　　图 3-197 【颜色编辑器】对话框

（5）单击【外观编辑器】对话框中的 确定 按钮，完成篮球花纹的渲染，如图 3-198 所示。

（6）选择篮球的外表曲面，单击外观库按钮 外观库，在打开的【外观库】下拉菜单中另选一种颜色，完成外表面的渲染。

（7）选择偏移出的字体曲面为种子曲面，然后按住"Shift"键选取球体的表面作为边界曲面，如图 3-199 所示；松开"Shift"键，系统将自动选取到凸出字体的全部曲面；再按住"Ctrl"键选择另一侧的字体表面为种子曲面，然后按住"Shift"键选取球体的表面作为边界曲面；松开"Shift"键，两侧字体的全部曲面均被选中。

（8）单击外观库按钮 外观库，在打开的【外观库】下拉菜单中再选一种颜色，完成两侧凸出字体的渲染。最后渲染的效果如图 3-200 所示。

图 3-198 篮球花纹渲染效果　　图 3-199 字体曲面的选择　　图 3-200 篮球最后的渲染效果

步骤 17　保存并退出

在主菜单中单击【文件】→【保存】或快速访问工具栏中 按钮，保存当前模型文件，然后关闭当前工作窗口。

3.3.5　相关知识

3.3.5.1　曲面复制

复制创建曲面特征，即从实体或曲面上复制出与被选取曲面有相同造型的曲面。Creo 2.0 提供了多种曲面的复制方法。

提示：复制曲面必须先选中需要复制的曲面或实体表面，复制命令才可用。

（1）复制曲面。

通过复制现有实体表面或曲面来创建一个新的曲面特征，新曲面特征与原实体表面或曲面特征位置重合。这种曲面的复制方法在模具设计中定义分型面时特别有用。

选取实体表面或曲面，再单击【模型】功能选项卡【操作】区域中的复制按钮 ，单击粘贴按钮 ，打开【曲面：复制】操作面板，如图 3–201 所示。

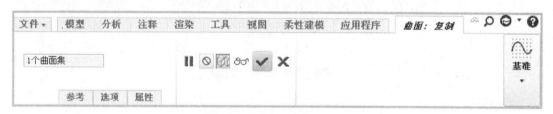

图 3–201　【曲面：复制】操作面板

单击【曲面：复制】操作面板中 选项 按钮，打开【选项】下滑面板，如图 3–202 所示。该下滑面板中给出了三种曲面复制的方式。

① 按原样复制所有曲面。

复制出的曲面与所选择的实体表面或者曲面位置重合，并且形状和大小完全相同，如图 3–203 所示。

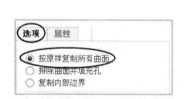

图 3–202　【选项】下滑面板

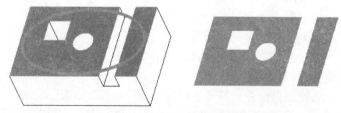

图 3–203　按原样复制所有曲面的效果

② 排除曲面并填充孔。

复制出的曲面与所选择的实体表面或者曲面位置重合，并且在复制曲面的同时可以排除曲面上某一封闭环内的曲面或者将曲面上的孔填充，如图 3–204 所示。复制内部边界。

③ 复制出的曲面与所选择的实体表面或者曲面位置重合，但是仅复制指定边界内的曲

面，用于复制原始曲面的一部分，如图 3-205 所示。

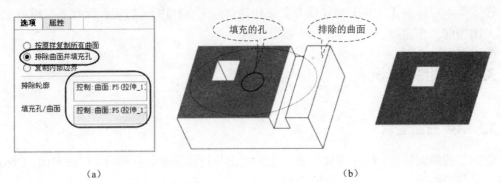

（a）   （b）

图 3-204　排除曲面并填充孔的效果

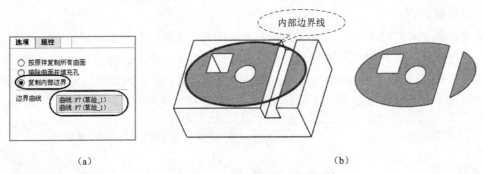

（a）   （b）

图 3-205　复制内部边界的效果

（2）移动复制曲面。

通过移动或旋转的方式，将现有曲面复制到一个新的位置，生成一个新曲面；复制出的曲面与原曲面形状和大小完全相同。

曲面的移动复制方法与实体特征的移动复制方法相同，在此不再赘述。

3.3.5.2　曲面修剪

曲面的修剪是指裁去指定曲面上多余的部分以获得理想大小和形状的曲面。曲面的修剪有许多方法，既可以使用已有的基准平面、基准曲线或曲面来修剪，也可以使用拉伸、旋转等三维建模方法来修剪。

（1）新建一个曲面来修剪现有曲面。

通过拉伸、旋转、扫描、混合等特征创建方法新建一个曲面来修剪现有曲面。以拉伸为例说明它们相似的操作方法。

选择拉伸命令，打开【拉伸】操作面板，如图 3-206 所示。按下曲面按钮◻和去除材料按钮◿，并选择被修剪曲面，如图 3-207 所示；然后进入草绘界面创建一个拉伸曲面（操作

图 3-206　【拉伸】操作面板

方法与实体拉伸特征相同），完成后返回【拉伸】操作面板；单击第二个 ✗ 按钮以定义修剪掉的曲面侧。修剪掉的曲面侧有三种选择：一侧裁剪、另一侧裁剪和两侧都不裁剪，如图3-208所示。

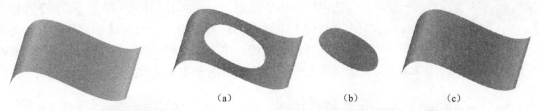

图3-207　待修剪的曲面　　　　　　　　　图3-208　新建曲面修剪效果
(a)修剪一侧；(b)修剪另一侧；(c)两侧均不修剪

在【拉伸】操作面板上如按下 ☐ 按钮，则为带状曲面修剪，修剪效果如图3-209所示；此时可在操作面板上输入带状曲面的宽度以控制修剪效果。

提示：a. 新建的"修剪"曲面只用于修剪，而不会出现在模型中。

b. 两侧都不裁剪的效果看起来与修剪前的曲面一致，实际上此时的曲面已变成了两个。

（2）使用现有曲面修剪另一个曲面。

选中被修剪的曲面，如图3-210所示。单击【模型】功能选项卡【编辑】区域中的修剪按钮 ⬚，打开【曲面修剪】操作面板，如图3-211所示；再选择修剪曲面，单击保留侧切换按钮 ✗，切换保留侧即可完成曲面修剪操作，如图3-212所示。

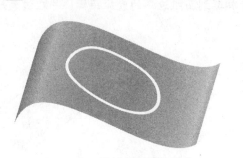
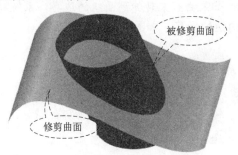

图3-209　带状曲面修剪效果　　　　　　　图3-210　待修剪的曲面

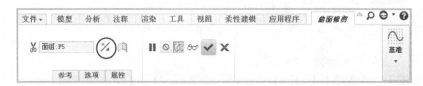

图3-211　【曲面修剪】操作面板

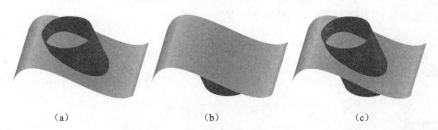

图3-212　现有曲面修剪效果
(a)一侧修剪；(b)另一侧修剪；(c)两侧均不修剪

图 3-213　待修剪的曲面

提示：也可以使用基准平面来修剪现有曲面，方法与此相同。

（3）以曲面上的基准曲线来修剪曲面。

选中被修剪的曲面，如图 3-213 所示。单击【模型】功能选项卡【编辑】区域中的修剪按钮 🔲，打开【曲面修剪】操作面板；再选择修剪曲线，单击保留侧切换按钮 ✂，切换保留侧即可完成曲面修剪操作，如图 3-214 所示。

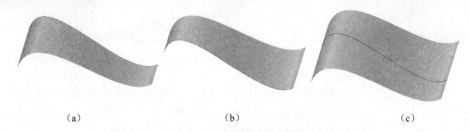

（a）　　　　　　　　　　（b）　　　　　　　　　　（c）

图 3-214　基准曲线修剪效果

（a）一侧修剪；　（b）另一侧修剪；　（c）两侧均不修剪

提示：a. 修剪面组的曲线可以是基准曲线，或者是模型内部曲面的边线，或者是实体模型边的连续链。

b. 用于修剪的基准曲线应该位于要修剪的面组上。

c. 如果曲线未延伸到面组的边界，系统将计算其到面组边界的最短距离，并在该最短距离方向继续修剪，如图 3-215 所示。

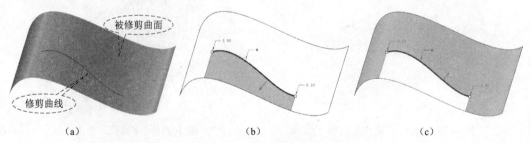

（a）　　　　　　　　　　（b）　　　　　　　　　　（c）

图 3-215　延伸曲线修剪效果

（a）待修剪曲面；　（b）一侧修剪；　（c）另一侧修剪

（4）以顶点倒圆角来修剪一个曲面。

单击【模型】功能选项卡【曲面】区域的下拉菜单，选择【顶点倒圆角】命令，如图 3-216 所示；打开【顶点倒圆角】操作面板，如图 3-217 所示；选择需要倒圆角的顶点，输入圆角半径即可完成曲面顶点的修剪，如图 3-218 所示。

图 3-216　【曲面】下拉菜单　　　　　　　图 3-217　【顶点倒圆角】操作面板

（a）　　　　　　　　　　　　　　　（b）

图 3-218　顶点倒圆角

（a）倒圆角前；（b）倒圆角后

提示： 这是一个修剪曲面顶点的方法。

3.3.5.3　曲面偏移

通过对现有曲面或实体表面进行偏移来创建一个曲面特征，偏移时可以指定距离、方式和参考曲面。

提示： 偏移曲面必须先选中需要偏移的曲面或实体表面，偏移命令才可用。

选中曲面或实体表面，单击【模型】功能选项卡【编辑】区域中的偏移按钮，打开【偏移】操作面板，如图 3-219 所示。

图 3-219　【偏移】操作面板

单击【偏移】操作面板上按钮中，打开下拉菜单，可以看出偏移的类型有 4 种。

（1）标准偏移。

标准偏移是从一个实体表面创建偏移的曲面，或者从一个曲面创建偏移的曲面。

在【偏移】操作面板上单击标准偏移按钮，输入偏移距离，用按钮调整偏移方向，建立的标准偏移曲面特征如图 3-220、图 3-221 所示。

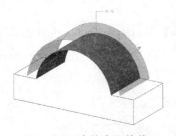

图 3-220　实体表面偏移

图 3-221　曲面面组偏移

此时单击【偏移】操作面板上的 选项 按钮，打开【选项】下滑面板。系统提供了 3 种偏移方式，如图 3-222 所示。

【垂直于曲面】：沿参考曲面的法线方向进行偏移，是系统默认的偏移方式。

【自动拟合】：由系统估算出最佳的偏移方向和缩放比例，向曲面的法线方向生成与原曲面外形相仿的结果，但不能保证各方向都为均匀偏移。

【控制拟合】：向用户指定的坐标系及轴向进行偏移。

在【选项】下滑面板上勾选【创建侧曲面】复选框，可以在偏移的同时创建侧曲面，如图 3-223 所示。

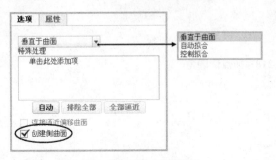

图 3-222 【选项】下滑面板

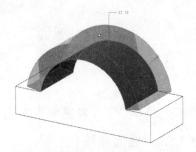

图 3-223 偏移时创建侧曲面

（2）拔模偏移。

拔模偏移就是将指定曲面的局部进行偏移，同时在侧面产生一定的拔模角度。拔模偏移特征可用于实体表面或曲面面组。

在【偏移】操作面板上单击拔模偏移按钮 ，此时操作面板上除了可以输入偏移距离和方向外，还可以输入偏移曲面的拔模角度，如图 3-224 所示。

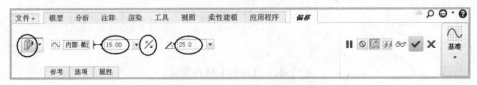

图 3-224 【偏移】操作面板

单击【偏移】操作面板上的 参考 按钮，打开【参考】下滑面板，如图 3-225 所示。单击其上 定义... 按钮，设置草绘平面进入草绘。绘制想要偏移的区域，完成后退出草绘界面；在操作面板上输入偏移的距离、拔模角度并确定偏移方向，即可完成拔模偏移操作。

提示：a. 此时的草绘平面需选择与偏移曲面有投影关系的平面。

b. 草绘的剖面必须是一个或多个封闭的图形。

单击【偏移】操作面板上 选项 按钮，打开【选项】下滑面板，可以设置偏移出的曲面侧面垂直于【曲面】还是垂直于【草绘】平面，如图 3-226 所示。拔模偏移生成的曲面效果如图 3-227 所示。

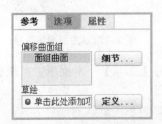

图 3-225 【参考】下滑面板

图 3-226 【选项】下滑面板

（a）　　　　　　　　　　　　　　（b）

图 3-227　拔模偏移效果

（a）侧曲面垂直于曲面；（b）侧曲面垂直于草绘

（3）展开偏移。

展开偏移就是将指定曲面的局部进行偏移。展开偏移特征可用于实体表面或曲面面组，在【偏移】操作面板上的按钮是 ▥ 。

展开偏移的操作方法与拔模偏移相似，只是没有拔模角度。进入草绘的方式是通过单击【偏移】操作面板上 **选项** 按钮，打开【选项】下滑面板，再单击其上 **定义...** 按钮来设置，如图 3-228 所示。偏移出的侧曲面同样有垂直于曲面和垂直于草绘平面两种，展开偏移生成的曲面效果如图 3-229 所示。

图 3-228　【选项】下滑面板

（a）　　　　　　　　　　　　　　（b）

图 3-229　展开偏移效果

（a）侧曲面垂直于曲面；（b）侧曲面垂直于草绘

（4）曲面替换。

曲面替换就是使用曲面、面组或基准平面来替换实体表面，曲面替换只能用于实体表面。

选中被替换的实体表面，单击【模型】功能选项卡【编辑】区域中的偏移按钮 ▧ ，打开【偏移】操作面板。单击曲面替换 ▧ 按钮，再选中要替换的曲面，如图 3-230 所示，完成曲面替换特征的操作。

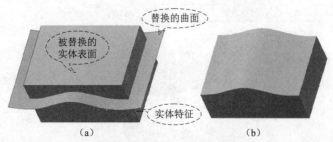

（a）　　　　　　　　　　　　　　（b）

图 3-230　曲面替换效果

（a）替换前；（b）替换后

3.3.6 练习

（1）根据图 3–231 所示的工程图完成水槽的三维造型。

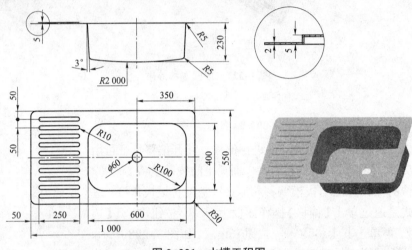

图 3–231 水槽工程图

（2）根据图 3–232 所示的工程图完成吹风盖的三维造型。

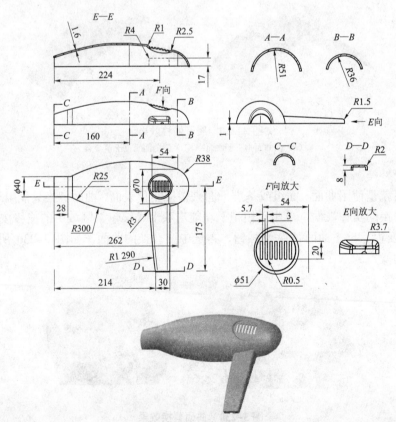

图 3–232 吹风盖工程图

项目4 产品装配

一个产品往往是由多个零件或组件装配而成的,在分别完成每个零件的建模之后,再将其按照一定的装配关系组装从而形成产品。Creo的组件模块,可以轻松地解决组装问题,并能够及早发现元件配合之间存在的问题,检查零件之间的干涉现象和组件体的运动情况是否符合设计要求等,从而得到一个符合设计要求的整体模型。

【学习目标】

(1)掌握装配设计的一般原理及基本步骤;

(2)掌握组装元件的约束类型及装配环境下元件移动的方法;

(3)掌握在装配环境下零件的创建及操作方法;

(4)掌握建立组装模型分解图的技巧及装配干涉的检查方法。

【学习任务】

任务 4.1

任务 4.2

任务 4.1 连杆轴组件装配——装配概述、 常用约束、移动元件、允许假设

4.1.1 学习目标

(1)掌握装配设计的一般原理及基本步骤;

(2)掌握零件在空间的常用约束定位形式;

(3)掌握装配环境下元件的移动方法及允许假设的条件。

4.1.2 任务要求

制作连杆轴组件中各零件的三维模型并进行装配,连杆轴组件各零件的结构及尺寸如图4-1~图4-3所示;连杆轴组件的装配如图4-4所示。

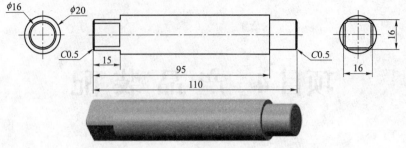

图 4-1 轴工程图

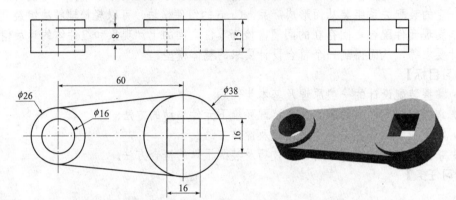

图 4-2 连杆工程图

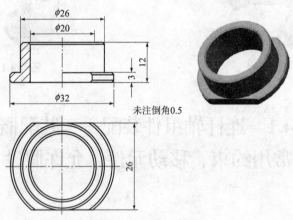

图 4-3 轴套工程图

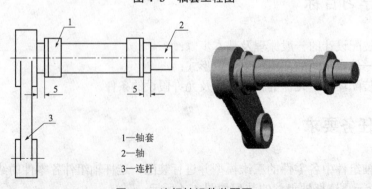

1—轴套
2—轴
3—连杆

图 4-4 连杆轴组件装配图

4.1.3 任务分析

该组件由轴、连杆和两个轴套4个零件组成。轴左侧为方形，与连杆的方孔装配在一起，两个轴套相向安装且切过的平面方向向上，如图4-4所示。连杆轴组件的装配思路和步骤如图4-5所示。

a. 装配轴　　　　　b. 装配连杆　　　　　c. 装配轴套1　　　　　d. 装配轴套2

图4-5　连杆轴组件的装配思路和步骤

4.1.4 任务实施

步骤1　建立各零件三维模型

步骤2　进入装配模块

（1）启动 Creo 2.0 后，单击快速工具栏中 按钮或单击下拉菜单中【文件】→【新建】，系统弹出【新建】对话框，如图4-6所示。在【类型】栏中选取【装配】，在【子类型】栏中选取【设计】选项，在名称编辑框中输入"rw4-1"，同时取消【使用默认模板】选项，单击【新建】对话中的 确定 按钮。

（2）系统弹出【新文件选项】对话框，如图4-7所示。在【模板】分组框中选取【mmns_asm_design】选项，单击 确定 按钮，进入装配设计模块。此时系统自动产生三个相互垂直的装配基准平面 ASM_TOP、ASM_FRONT、ASM_RIGHT 和一个装配坐标系 ASM_DEF_CSYS，如图4-8所示。

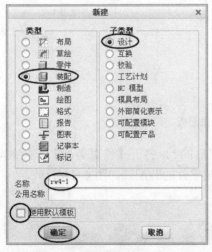

图4-6　【新建】对话框

图4-7　【新文件选项】对话框

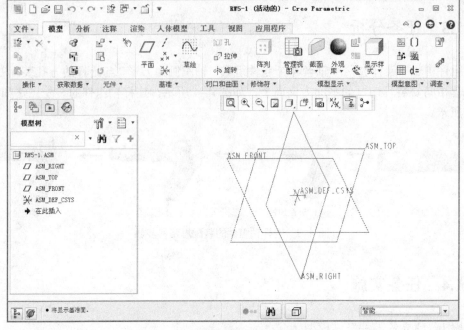

图 4-8　Creo 2.0 装配设计模块主界面

步骤 3　装配基础零件——轴

（1）单击【模型】功能选项卡【元件】区域中的组装按钮，弹出【打开】对话框，找到步骤 1 建立的轴零件，单击【打开】对话框的　**打开**　按钮，系统打开【元件放置】操作面板，如图 4-9 所示。此时轴零件在绘图区域中显示，如图 4-10 所示。

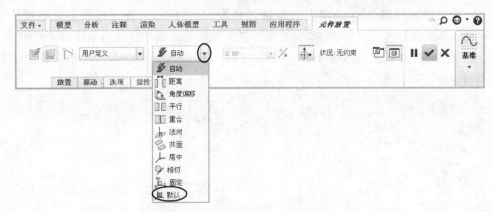

图 4-9　【元件放置】操作面板

（2）单击【元件放置】操作面板上　**自动**　按钮后的，打开【约束类型】下拉菜单。选取默认选项，单击操作面板中✔按钮，完成轴零件的装配，如图 4-11 所示。

图 4-10　显示的轴零件

图 4-11　轴定位结果

步骤4　装配第二个零件——连杆

（1）单击【模型】功能选项卡【元件】区域中的组装按钮，弹出【打开】对话框，找到步骤1建立的连杆零件，单击　打开　按钮，打开【元件放置】操作面板。

（2）单击【元件放置】操作面板中　自动　按钮后的▾，打开【约束类型】下拉菜单，选取⊥重合选项，在绘图区域选中如图 4-12 所示的两轴线。两轴线重合后结果如图 4-13 所示。

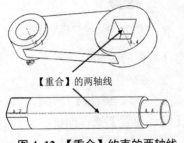

【重合】的两轴线

图 4-12　【重合】约束的两轴线

图 4-13　【重合】约束的结果

（3）单击【元件放置】操作面板中　放置　按钮，打开【放置】下滑面板，单击其上的【新建约束】，选择【约束类型】为⊥（重合），如图 4-14 所示。在绘图区域选中如图 4-15 所示的两平面，再单击【放置】下滑面板中的　反向　按钮。两平面重合后结果如图 4-16 所示。

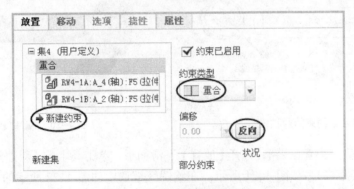

图 4-14　【放置】下滑面板

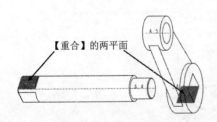

【重合】的两平面

图 4-15　【重合】约束的两平面

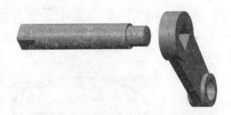

图 4-16　【重合】约束的结果

（4）单击【元件放置】操作面板中　放置　按钮，打开【放置】下滑面板，单击其上的【新建约束】，选择【约束类型】为⊥（重合），在绘图区域选中如图 4-17 所示的两平面。两平面重合后结果如图 4-18 所示。

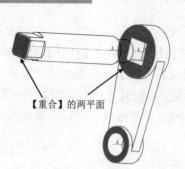

图 4–17 【重合】约束的两平面

图 4–18 连杆定位结果

（5）单击【元件放置】操作面板中 ✔ 按钮，完成连杆零件的装配。

步骤 5 装配第三个零件——轴套

（1）单击【模型】功能选项卡【元件】区域中的组装按钮，弹出【打开】对话框，找到步骤 1 建立的轴套零件，单击 **打开** 按钮，打开【元件放置】操作面板。

（2）单击【元件放置】操作面板上 **自动** 按钮后的，打开【约束类型】下拉菜单。选取（重合）选项，在绘图区域选中如图 4–19 所示的两轴线。两轴线重合后结果如图 4–20 所示。

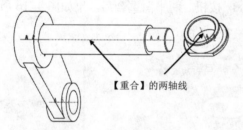

图 4–19 【重合】约束的两轴线

图 4–20 【重合】约束的结果

（3）单击面板上 **放置** 按钮，打开【放置】下滑面板，单击其上的【新建约束】，选择【约束类型】为（距离），如图 4–21 所示，在绘图区域选中如图 4–22 所示的两平面；再单击【放置】下滑面板中的 **反向** 按钮，输入偏移距离为"5"，取消【允许假设】复选框。两平面实行【距离】约束后的结果如图 4–23 所示。

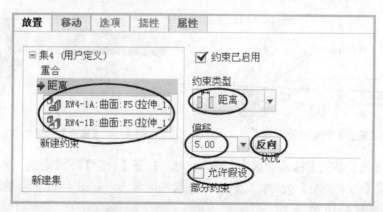

图 4–21 【放置】下滑面板

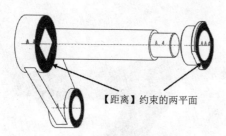

图4-22　【距离】约束的两平面

图4-23　【距离】约束的结果

（4）单击【元件放置】操作面板上 放置 按钮，打开【放置】下滑面板，单击其上的【新建约束】，选择【约束类型】为 ⅠⅠ（平行），在绘图区域选中如图4-24所示的两平面。两平面实行【平行】约束后的结果如图4-25所示。

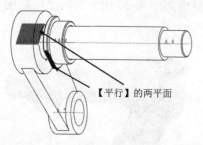

图4-24　【平行】约束的两平面

图4-25　轴套定位结果

提示：图4-24中水平的平面如不好选取，可将鼠标放在平面上方并单击鼠标右键切换预选，直到切换到所需要的几何图素，再单击鼠标左键确定选择。

（5）单击【元件放置】操作面板中 ✔ 按钮，完成轴套零件的装配。

步骤6　装配第四个零件——轴套

（1）单击【模型】功能选项卡【元件】区域中的组装按钮 🔧，弹出【打开】对话框，找到步骤1建立的轴套零件，单击 打开 按钮，打开【元件放置】操作面板。

（2）单击【元件放置】操作面板上 ⚡ 自动 按钮后的 ▾，打开【约束类型】下拉菜单。选取 Ⅰ（重合）选项，在绘图区域选中如图4-26所示的两轴线，再单击【放置】下滑面板中的 反向 按钮。两轴线重合后结果如图4-27所示。

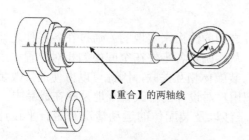

图4-26　【重合】约束的两轴线

图4-27　【重合】约束的结果

（3）单击【元件放置】操作面板上 放置 按钮，打开【放置】下滑面板，单击其上的【新建约束】，选择【约束类型】为 ⅡⅠ（距离），在绘图区域选中如图4-28所示的两平面；输入偏移距离为"-5"，取消下滑面板中 □允许假设 复选框。两平面实行【距离】约束后结果如图

4-29 所示。

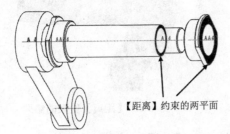

图 4-28 【距离】约束的两平面

图 4-29 【距离】约束的结果

（4）单击【元件放置】操作面板上 放置 按钮，打开【放置】下滑面板，单击其上的【新建约束】，选择约束类型为 ⅠⅭ（平行），在绘图区域选中如图 4-30 所示的两平面。两平面平行后结果如图 4-31 所示。

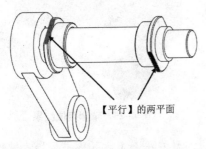

图 4-30 【平行】约束的两平面

图 4-31 轴套定位结果

（5）单击【元件放置】操作面板中 ✔ 按钮，完成轴套零件的装配。

步骤 7 保存并退出

在主菜单中单击【文件】→【保存】或快速访问工具栏中 🖫 按钮，保存当前装配文件，然后关闭当前工作窗口。

4.1.5 相关知识

4.1.5.1 装配概述

零件的装配是通过定义参与装配的各个零件之间的约束来实现的。通过在各零件之间建立一定的连接关系，并对其相互位置进行约束，从而确定各零件在空间中的相对位置关系。Creo 2.0 建立在单一的数据库基础之上，零件与装配体相互关联，因此可以方便地修改装配体中的零件模型或整个装配体的结构，系统会把用户对设计的修改直观地反映在成品中。

通过装配设计可以检查零件之间是否存在干涉以及装配体的运动情况是否合乎设计要求，从而为产品的修改和优化提供理论依据。

（1）装配流程。

① 新建装配文件。进入装配设计模块。

② 装入基础零件。先调入已设计好的基础零件，再选择基础零件的约束类型。通常基础零件的约束类型选择 🖳 默认、🖳 固定 或零件的三个正交平面与装配环境中的 3 个正交的基准平面 ASM_TOP、ASM_FRONT、ASM_RIGHT 重合以实现完全约束放置。

③ 装入其他零件。调入已设计好的其他零件,再选择其他零件的约束类型,直到完全约束。

(2)装配组件模型树的使用。

组件模型树是一个方便装配的操作环境,它能够显示组件的装配过程,还可以通过模型树中节点的各种信息,清晰地观察组件中的各零件的装配顺序、名称和关系等信息,同时又可以直接在组件模型树中进行各种操作。

在组件模型树中可以对各个组件进行编辑操作。首先选中要编辑的组件,然后单击鼠标右键,弹出【编辑组件】快捷菜单,如图4-32所示。用户可以根据不同的需要对各个组件进行各种编辑操作,如:修改组件或组件中的任意零件、打开零件模型、重定义零件约束、创建装配特征等。

(3)【元件】区域中的常用命令。

进入装配设计模块后,在【模型】功能选项卡中新增了【元件】区域,如图4-33所示。

组装:将已有的元件(零件、子装配或骨架模型)装配到装配环境中。

创建:在装配环境中创建不同类型的元件。

重复:使用现有的约束信息在装配中添加一个当前选中零件的新实例。

包括:在活动组件中包括未放置的元件。

封装:将元件不加装配约束地放置在装配环境中。

挠性:向所选的组件添加挠性元件(如弹簧)。

图4-32 【编辑组件】快捷菜单

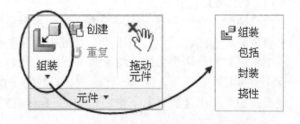

图4-33 【模型】功能选项卡【元件】区域

(4)【元件放置】下滑面板。

调入元件后,系统打开【元件放置】下滑面板,如图4-34所示。

图4-34 【元件放置】下滑面板

▷：装配约束与机构连接转化按钮。

⬦：动态轴按钮。不完全约束状态下可以拖动、旋转元件。

⬕：指定约束时在单独的窗口中显示元件。

⬚：指定约束时在装配窗口中显示元件。

状况:无约束：约束状态显示。

提示： 约束状态实为元件在空间自由度的状态。元件在空间如无任何约束则应有 x、y、z 轴 3 个方向的移动和绕 3 个轴的转动，共 6 个自由度。约束状态显示区显示了 3 种约束状态。

a. 无约束：元件未加入任何约束，处于自由状态。此时在模型树中，元件的左侧会显示一个小矩形，如图 4-35 所示。

b. 部分约束：在两个元件间加入了一定的约束，但是还有某方向上的运动尚未被限定，这种元件的约束状态称为部分约束。同样，在模型树中元件左侧会显示如图 4-35 所示的小矩形。

c. 完全约束：当元件在 3 个方向上的移动和转动均被限制后，其空间位置关系就完全确定了，这种元件的约束状态称为完全约束。此时，元件左侧的小矩形消失。

4.1.5.2 装配约束

零件的装配过程就是添加约束条件限制零件自由度的过程。单击【元件放置】下滑面板上 ⬦ 自动 ▾ 按钮后的 ▾，打开【约束类型】下拉菜单，如图 4-36 所示，可以看到 Creo 2.0 提供了以下 11 种约束进行零件间的装配。

图 4-35 无约束及部分约束

图 4-36 【约束类型】下拉菜单

（1）【距离】约束。

两个装配元件中的点、线和平面之间使用距离值进行约束定义。约束对象可以是元件中的平整表面、边线、顶点、基准点、基准平面和基准轴。

当约束对象是两平面时，两平面平行，如图 4-37 所示。当约束对象是两直线时，两直线平行；当约束对象是一直线与一平面时，直线与平面平行；当距离为零时，所选对象将重合、共线或共面。单击【放置】下滑面板中的 反向 按钮可以使两平面的法线方向反向。

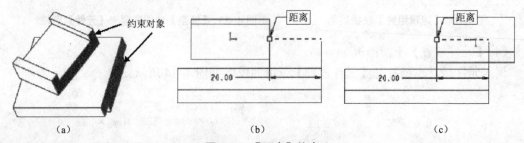

图 4-37 【距离】约束

（a）约束前；（b）约束后；（c）【反向】约束后

（2）【角度偏移】约束。

两个装配元件中的平面之间的角度使用角度值进行约束定义，如图 4-38 所示。【角度偏移】约束也可以约束线与线、线与面之间的角度。该约束通常需要与其他约束配合使用，才能准确定位角度。

图 4-38 【角度偏移】约束

（a）约束前；（b）约束后；（c）【反向】约束后

（3）【平行】约束。

【平行】约束使两个装配元件中的平面平行，如图 4-39 所示；也可以约束线与线、线与面平行。

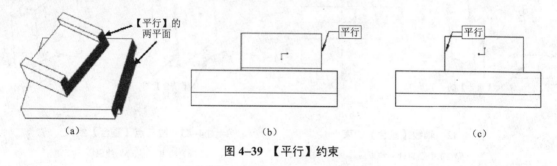

图 4-39 【平行】约束

（a）约束前；（b）约束后；（c）【反向】约束后

（4）【重合】约束。

【重合】约束使两个装配元件中的点、线、面重合，是装配约束中使用最多的一种约束。

① "面与面"重合。

当约束对象是两平面或基准平面时，两零件的朝向可以通过 **反向** 按钮来切换，如图 4-40 所示。

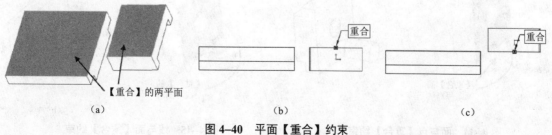

图 4-40 平面【重合】约束

（a）约束前；（b）约束后；（c）【反向】约束后

当约束对象是具有中心线的圆柱面时，圆柱面的中心线将重合，如图 4-41 所示。

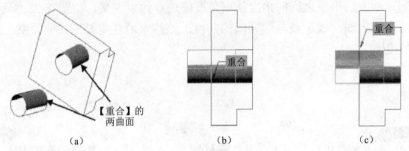

图 4-41 柱面【重合】约束

(a) 约束前； (b) 约束后； (c) 【反向】约束后

② "线与线"重合。

当约束对象是直线或基准轴时，直线或基准轴相重合，如图 4-42 所示。

③ "线与点"重合。

当约束对象是一条直线和一个点时，该直线和点相重合，如图 4-43 所示。

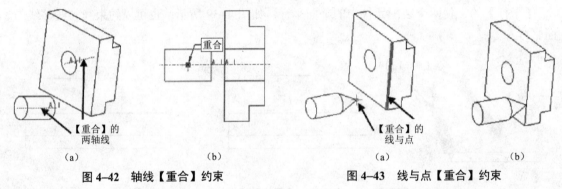

图 4-42 轴线【重合】约束

(a) 约束前； (b) 约束后

图 4-43 线与点【重合】约束

(a) 约束前； (b) 约束后

④ "面与点"重合。

当约束对象是一个曲面和一个点时，该曲面和点相重合，如图 4-44 所示。

⑤ "线与面"重合。

当约束对象是一个曲面和一条边线时，该曲面和边线相重合，如图 4-45 所示。

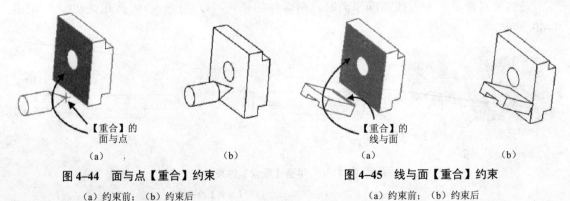

图 4-44 面与点【重合】约束

(a) 约束前； (b) 约束后

图 4-45 线与面【重合】约束

(a) 约束前； (b) 约束后

⑥ "坐标系" 重合。

当约束对象是两个元件的坐标系时，两坐标系重合。即两个坐标系中的 X 轴、Y 轴和 Z 轴分别重合，此时元件完全约束，如图 4-46 所示。

⑦ "点与点" 重合。

当约束对象是两个点时，此两点重合。点可以是顶点或基准点。

（5）【法向】约束。

【法向】约束使两个装配元件中的直线或平面垂直，如图 4-47 所示。

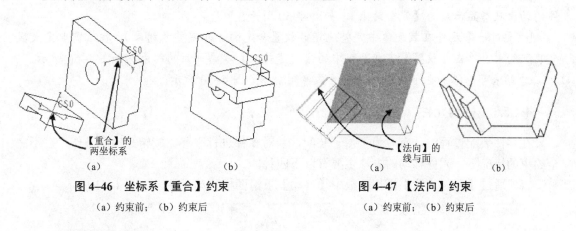

图 4-46 坐标系【重合】约束   图 4-47 【法向】约束

（a）约束前；（b）约束后   （a）约束前；（b）约束后

（6）【共面】约束。

【共面】约束使两个装配元件中的两条直线或基准轴处于同一平面，如图 4-48 所示。

（7）【居中】约束。

用【居中】约束可以控制两坐标系的原点相重合，但各坐标轴不重合，因此两零件可以绕重合的原点进行旋转。当选择两柱面【居中】时，两柱面的中心轴将重合，约束的效果如柱面【重合】。

（8）【相切】约束。

【相切】约束使两个装配元件中的曲面相切，如图 4-49 所示。

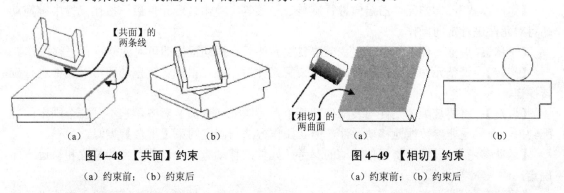

图 4-48 【共面】约束   图 4-49 【相切】约束

（a）约束前；（b）约束后   （a）约束前；（b）约束后

（9）【固定】约束。

【固定】约束将元件固定在图形区的当前位置。系统会以目前的显示状态，自动给所要装配的零件增加约束条件，使其装配状态为完全约束。当向装配环境中引入第一个元件时，也可对该元件实施这种约束形式。

（10）【默认】约束。

【默认】约束将元件上的默认坐标系与装配环境的默认坐标系重合。实际上就是用坐标系【重合】方式将元件完全约束。当向装配环境中引入第一个元件时，通常实施这种约束形式。

（11）【自动】约束。

【自动】约束是系统默认的约束方式，它能自动根据情况采用适合的约束类型进行装配，但对于复杂的装配则常常判断不准。

提示：a. Creo 2.0 在元件装配时，必须将原件完全约束。即打开【放置】下滑面板，元件的约束状态显示应为【完全约束】，如图 4-50 所示。

b. 要对一个元件在装配体中完整地指定放置和定向（即完整的约束），往往需要定义数个装配约束。单击【放置】下滑面板中的【新建约束】以添加新的约束，如图 4-50 所示。

c. 约束可以添加也可以用右键快捷菜单删除，如图 4-50 所示。

4.1.5.3 移动元件

在零件装配过程中，有时为了便于装配，要对零件进行平移、旋转等辅助操作，在不完全约束的情况下，元件移动的方法主要有以下四种。

（1）通过【元件放置】操作面板中【移动】下滑面板移动元件，如图 4-51 所示。

图 4-50 【放置】下滑面板

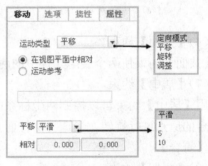

图 4-51 【移动】下滑面板

【定向模式】：调整元件沿定向进行旋转、平移等。单击装配元件后，按住鼠标中键拖动即可对元件进行定向操作。

【平移】：调整元件沿参考平移。单击装配元件后，拖动鼠标即可对元件进行平移操作。

【旋转】：调整元件沿参考旋转。单击装配元件后，按住鼠标左键拖动即可对元件进行旋转操作。

【调整】：将要装配的元件与装配体的某个参考图元（平面）对齐。它不是一个固定的装配约束，而只是非参数性地移动元件，但其操作方法与固定约束【重合】类似。

【运动参考】：设置调整元件移动的参考，元件的移动方向由运动参考的位置和轨迹方向确定。

【平移】：设置调整元件移动的速度，包括平滑、常数（1、5、10）或者输入数值确定移动速度。

【相对】：罗列出调整元件移动位置的平移或旋转数值。

（2）使用键盘快捷键移动元件。

按住键盘上的"Ctrl+Alt"键，同时按住鼠标右键并拖动鼠标，可以在视图平面内平移元件。

按住键盘上的"Ctrl+Alt"键，同时按住鼠标左键并拖动鼠标，可以在视图平面内旋转元件。

按住键盘上的"Ctrl+Alt"键，同时按住鼠标中键并拖动鼠标，可以全方位旋转元件。

（3）使用动态轴移动元件。

按下【元件放置】操作面板上的动态轴按钮 ⊕，要约束的元件中会显示图 4-52 所示的动态轴系统。拖动动态轴中的元素，即可移动元件。动态轴中的元素默认显示为红、蓝、绿三色，当显示为灰色时，表示元件在此方向上受到约束或不能移动。

（4）打开辅助窗口移动元件。

按下【元件放置】操作面板上的按钮 回 即可打开一个包含要装配元件的辅助窗口，如图 4-53 所示。在此窗口中可单独对要装配的元件进行缩放（滚动中键）、旋转（中键）和平移（"Shift"键+鼠标中键），更加便于将要装配的元件调整到方便选取装配约束参考的位置。

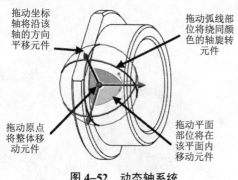

拖动坐标轴将沿该轴的方向平移元件

拖动弧线部位将绕同颜色的轴旋转元件

拖动原点将整体移动元件

拖动平面部位将在该平面内移动元件

图 4-52　动态轴系统

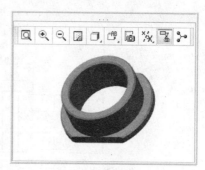

图 4-53　辅助窗口

4.1.5.4　允许假设

在装配过程中，Creo 2.0 会自动启用"允许假设"功能，通过假设存在某个装配约束，使元件自动地被完全约束，从而帮助用户高效率地装配元件。☑允许假设 复选框位于【元件放置】操作面板的【放置】下滑面板中，如图 4-54 所示。

在装配时，只要能够做出假设，系统将自动选中 ☑允许假设 复选框。"允许假设"的设置是针对具体元件的，例如回转体类的零件系统往往会自动选择"允许假设"选项。当系统假设的约束不符合设计意图时，可取消选中 □允许假设 复选框，再添加和明确定义另外的约束，使元

图 4-54　【放置】下滑面板

件重新完全约束。如果不定义另外的约束，用户可以使元件在"假定"位置保持包装状态，也可以将其拖出假定的位置，使其在新位置上保持包装状态，当再次选中 ☑允许假设 复选框时，元件会自动回到假设位置。

提示：无论哪种移动方法，元件只能在无约束或部分约束状态下移动。

4.1.6　练习

制作万向轮各零件的三维模型并进行组件装配，万向轮组件的装配如图 4-55 所示；各零件的结构及尺寸如图 4-56～图 4-59 所示。

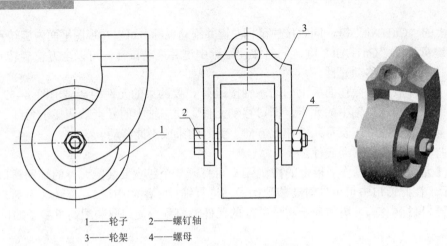

1——轮子　2——螺钉轴
3——轮架　4——螺母

图 4-55　万向轮组件装配图

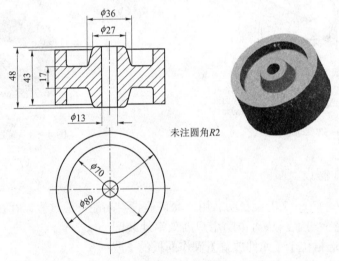

未注圆角R2

图 4-56　轮子工程图

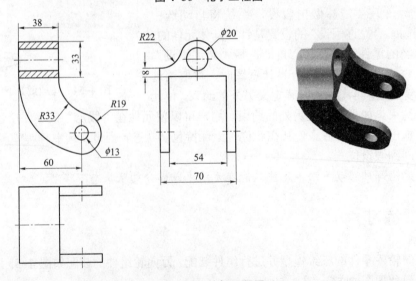

图 4-57　轮架工程图

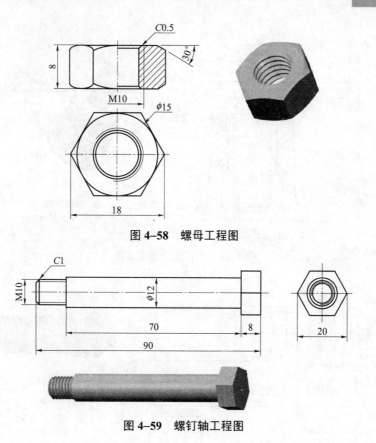

图 4-58 螺母工程图

图 4-59 螺钉轴工程图

任务 4.2 千斤顶产品装配——装配模型分解、装配干涉和间隙、装配环境下零件的创建及装配修改、装配体中"层"的操作

4.2.1 学习目标

（1）了解并掌握装配分解图的创建方法；
（2）了解并掌握装配环境下的建模及装配修改的方法；
（3）了解装配干涉和间隙的检查方法；
（4）了解装配体中"层"的操作方法。

4.2.2 任务要求

制作千斤顶产品各零件的三维模型并进行产品装配，千斤顶产品的装配如图 4-60 所示；千斤顶产品各零件的结构及尺寸如图 4-61～图 4-65 所示。

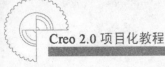
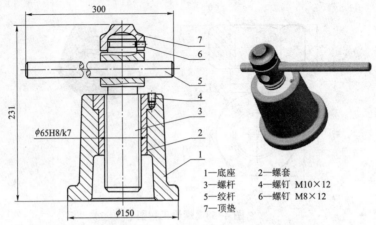

1—底座　　2—螺套
3—螺杆　　4—螺钉 M10×12
5—绞杆　　6—螺钉 M8×12
7—顶垫

图 4-60　千斤顶产品装配图

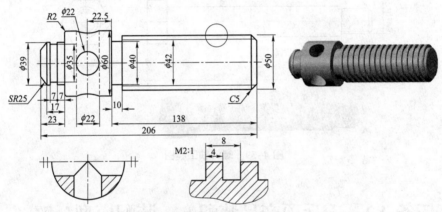

图 4-61　螺杆工程图

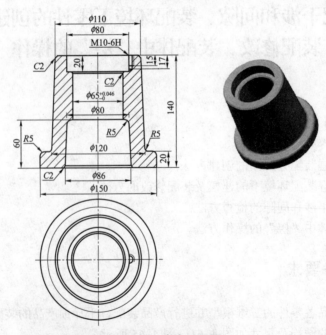

图 4-62　底座工程图

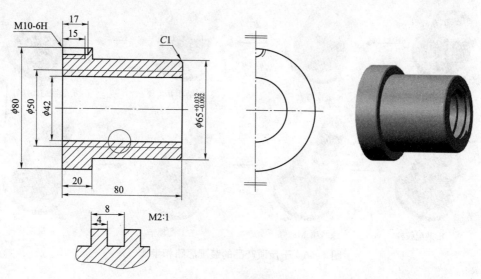

图 4-63　螺套工程图

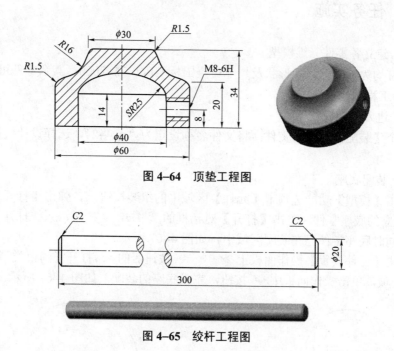

图 4-64　顶垫工程图

图 4-65　绞杆工程图

4.2.3　任务分析

　　该千斤顶产品由底座、螺套、螺杆、顶垫、绞杆和两个标准螺钉 7 个零件组成。其中 M10×12 的螺钉用于底座和螺套的环向定位，所以底座和螺套装配好后需要配钻定位孔并攻丝；M8×12 的螺钉用于顶垫和螺杆的定位。千斤顶产品的装配思路和步骤如图 4-66 所示。

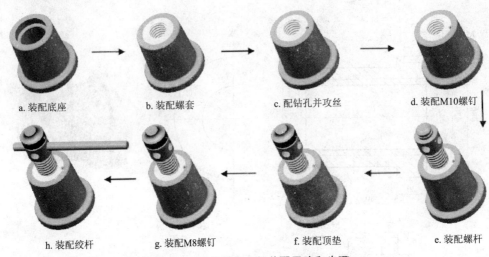

a. 装配底座　　　　b. 装配螺套　　　　c. 配钻孔并攻丝　　　　d. 装配M10螺钉

h. 装配绞杆　　　g. 装配M8螺钉　　　f. 装配顶垫　　　e. 装配螺杆

图 4-66　千斤顶产品的装配思路和步骤

4.2.4　任务实施

步骤 1　建立各零件三维模型

两个螺钉均为标准件，其形状及尺寸可查国标 GB/T 75–2000；其余零件可按图 4–61 至图 4–65 所示工程图建模。

步骤 2　进入装配模块

新建一个【装配】类型的文件，将文件名称设定为"rw4–2"，选择设计模板后进入装配设计模块。

步骤 3　装配底座

（1）单击【模型】功能选项卡【元件】区域中的组装按钮，弹出【打开】对话框，找到步骤 1 建立的底座零件，单击【打开】对话框的 **打开** 按钮，系统打开【元件放置】操作面板，同时底座零件已在装配区域中，如图 4–67 所示。

（2）单击【元件放置】操作面板上 *自动* 按钮后的，打开【约束类型】下拉菜单。选取 默认 选项，单击操作面板中 ✔ 按钮，完成底座的装配，如图 4–68 所示。

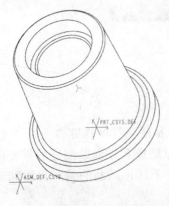

图 4-67　调入底座

图 4-68　底座定位的结果

步骤4　装入螺套

（1）单击【模型】功能选项卡【元件】区域中的组装按钮，弹出【打开】对话框，找到步骤1建立的螺套零件，单击【打开】对话框的 ▊▊打开▊▊ 按钮，系统打开【元件放置】操作面板。

（2）在【元件放置】操作面板中单击 ▊放置▊ 按钮，打开【放置】下滑面板，在【约束类型】下拉框中选择 ▊工▊（重合）选项，选择图4-69所示的两轴线。两轴线重合后结果如图4-70所示。

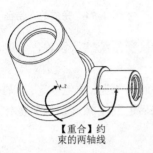

图4-69　【重合】约束的两轴线

图4-70　两轴线重合的结果

（3）在【放置】下滑面板中单击【新建约束】，在【约束类型】下拉框中选择 ▊工▊（重合）选项，选择图4-71所示的两平面，再单击下滑面板中的 ▊反向▊ 按钮，螺套为完全约束状态，结果如图4-72所示。

图4-71　【重合】约束的两平面

图4-72　螺套定位结果

步骤5　钻M10螺孔

（1）单击【模型】功能选项卡【切口和曲面】区域中的 ▊▊ 按钮，在打开的【孔】操作面板中按下 ▊∪▊ 按钮，输入孔的直径为"8.376"，孔深度为"17"。

（2）单击【孔】操作面板中 ▊放置▊ 按钮，打开【放置】下滑面板。选取底座的上表面作为孔特征的放置平面，选取【径向】定位方式，在【偏移参考】收集器中选取中心轴线，输入定位尺寸"40"，再按住"Ctrl"键同时选取基准面ASM_FRONT，输入定位尺寸"0"，如图4-73所示。

（3）单击【孔】操作面板上 ▊✓▊ 按钮，完成孔特征的创建，如图4-74所示。

（4）在【模型】功能选项卡中打开【切口和曲面】下拉菜单，选取【螺旋扫描】命令，如图4-75所示。系统打开【螺旋扫描】操作面板，在操作面板上单击 ▊▊ 按钮，系统弹出【草绘】对话框。

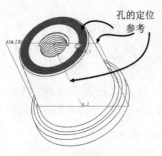

图 4-73 孔放置　　　　　　　　　图 4-74 完成的孔特征

（5）选取 ASM_FRONT 基准面为草绘平面，其余接受系统默认设置，绘制如图 4-76 所示扫描轨迹，完成后回到【螺旋扫描】操作面板。

（6）单击【螺旋扫描】操作面板上的 ✍ 按钮，系统再次进入草绘状态，以扫描轨迹的起始点为参考绘制如图 4-77 所示的扫描截面形状，完成后返回【螺旋扫描】操作面板。

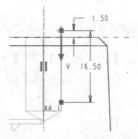

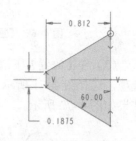

图 4-75 【切口和曲面】下拉菜单　　图 4-76 螺旋扫描轨迹　　图 4-77 螺旋扫描截面

（7）在操作面板上输入螺纹节距"1.5"，单击【螺旋扫描】操作面板上的完成按钮 ✔，系统弹出【相交元件】对话框，如图 4-78 所示，单击其上 自动添加 和 ≡ 按钮，再单击 确定 按钮，完成该螺纹孔特征创建，如图 4-79 所示。

图 4-78 【相交元件】对话框　　　　图 4-79 完成的螺旋扫描特征

步骤 6　装入 M10 螺钉

（1）单击【模型】功能选项卡【元件】区域中的组装按钮 ，弹出【打开】对话框，找到步骤1建立的 M10×12 螺钉零件，单击【打开】对话框的 **打开** 按钮，系统打开【元件放置】操作面板。

（2）在【元件放置】操作面板中单击 **放置** 按钮，打开【放置】下滑面板，在【约束类型】下拉框中选择 **工**（重合）选项，选择图 4-80 所示的两轴线。两轴线重合后结果如图 4-81 所示。

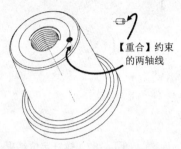

图 4-80 【重合】约束的两轴线　　　　　图 4-81 两轴线重合的结果

（3）在【放置】下滑面板中单击【新建约束】，在【约束类型】下拉框中选择 **工**（重合）选项，选择图 4-82 所示的两平面，再单击下滑面板中的 **反向** 按钮，螺钉为完全约束状态，结果如图 4-83 所示。

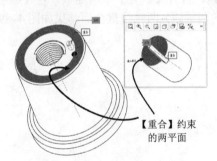

图 4-82 【重合】约束的两平面　　　　　图 4-83 螺钉定位结果

步骤7　装入螺杆

（1）单击【模型】功能选项卡【元件】区域中的组装按钮 ，弹出【打开】对话框，找到步骤1建立的螺杆零件，单击【打开】对话框的 **打开** 按钮，系统打开【元件放置】操作面板。

（2）在操作面板中单击 **放置** 按钮，打开【放置】下滑面板，在【约束类型】下拉框中选择 **工**（重合）选项，选择图 4-84 所示的两轴线，再单击下滑面板中的 **反向** 按钮。两轴线重合后结果如图 4-85 所示。

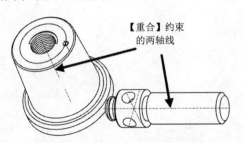

图 4-84 【重合】约束的两轴线　　　　　图 4-85 两轴线重合的结果

（3）在【放置】下滑面板中单击【新建约束】，在【约束类型】下拉框中选择（距离）选项，选择图 4–86 所示的两平面，再输入两平面的距离“60”。螺杆为完全约束状态，结果如图 4–87 所示。

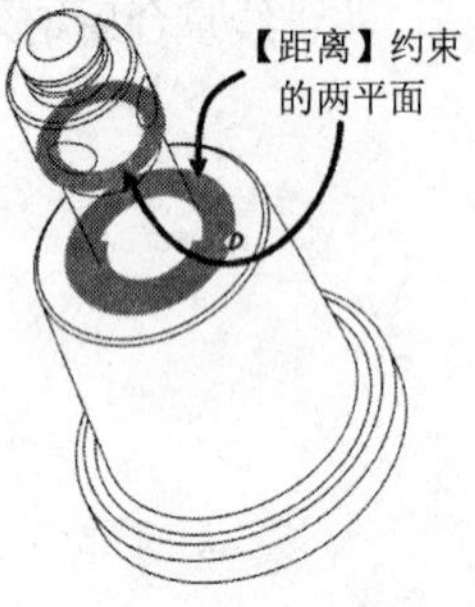

图 4–86 【距离】约束的两平面

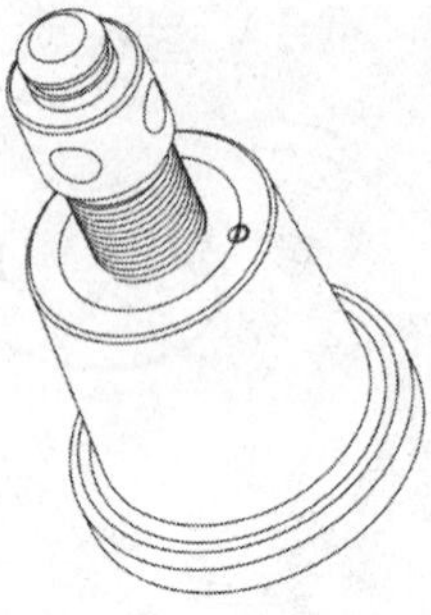

图 4–87 螺杆定位结果

步骤 8 装入顶垫

（1）单击【模型】功能选项卡【元件】区域中的组装按钮，弹出【打开】对话框，找到步骤 1 建立的顶垫零件，单击【打开】对话框的 打开 按钮，系统打开【元件放置】操作面板。

（2）在【元件放置】操作面板中单击 放置 按钮，打开【放置】下滑面板，在【约束类型】下拉框中选择（重合）选项，选择图 4–88 所示的两轴线。两轴线重合后结果如图 4–89 所示。

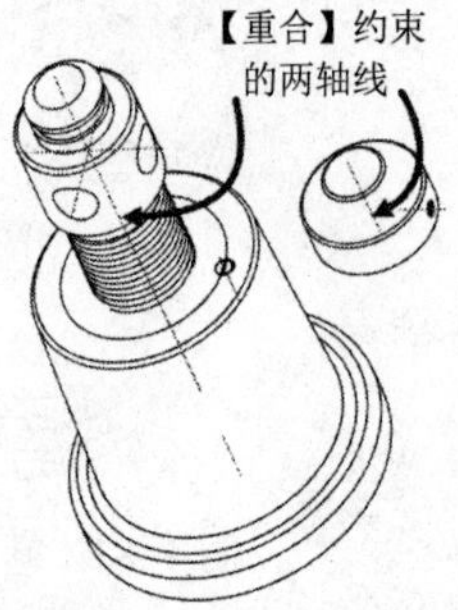

图 4–88 【重合】约束的两轴线

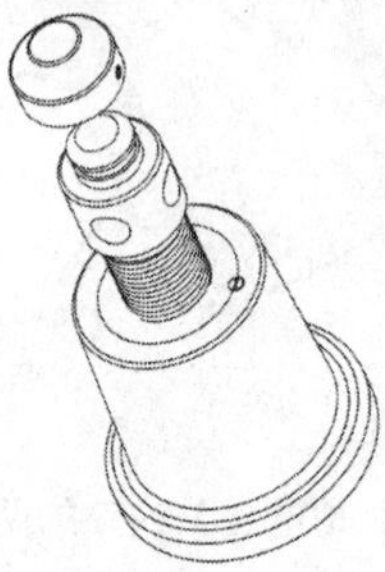

图 4–89 两轴线重合的结果

（3）在【放置】下滑面板中单击【新建约束】，在【约束类型】下拉框中选择（距离）选项，选择图 4–90 所示的两平面，再输入两平面的距离“2.5”，顶垫为完全约束状态，结果如图 4–91 所示。

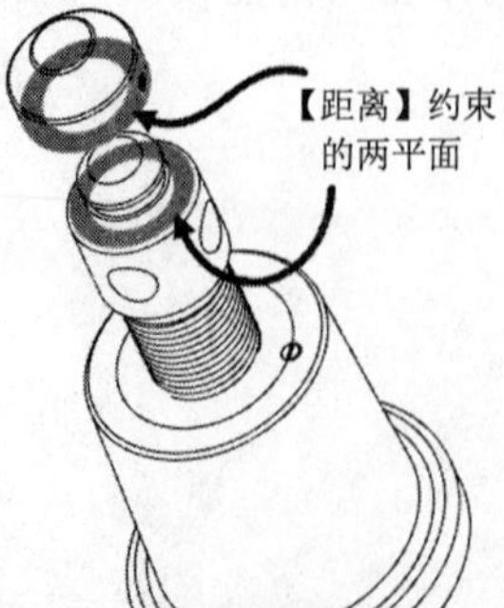

图 4–90 【距离】约束的两平面

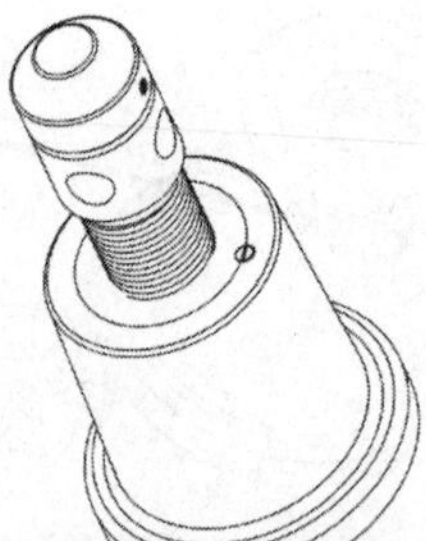

图 4–91 顶垫定位结果

步骤9 装入 M8 螺钉

（1）单击【模型】功能选项卡【元件】区域中的组装按钮，弹出【打开】对话框，找到步骤 1 建立的 M8×12 螺钉零件，单击【打开】对话框的 打开 按钮，系统打开【元件放置】操作面板。

（2）在【元件放置】操作面板中单击 放置 按钮，打开【放置】下滑面板，在【约束类型】下拉框中选择 （重合）选项，选择图 4-92 所示的两轴线。两轴线重合后结果如图 4-93所示。

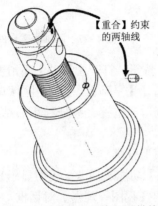

图 4-92 【重合】约束的两轴线　　　　　图 4-93 两轴线重合的结果

（3）在【放置】下滑面板中单击【新建约束】，在【约束类型】下拉框中选择 （距离）选项，选择图 4-94 所示的两平面，输入两平面的距离"30.5"，再单击下滑面板中的 反向 按钮。螺钉约束后结果如图 4-95 所示。

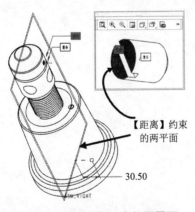

30.50

图 4-94 【距离】约束的两平面　　　　　图 4-95 螺钉定位结果

步骤10 装入绞杆

（1）单击【模型】功能选项卡【元件】区域中的组装按钮，弹出【打开】对话框，找到步骤 1 建立的绞杆零件，单击【打开】对话框的 打开 按钮，系统打开【元件放置】操作面板。

（2）在【元件放置】操作面板中单击 放置 按钮，打开【放置】下滑面板，在【约束类型】下拉框中选择 （重合）选项，选择图 4-96 所示的两轴线。两轴线重合后结果如图 4-97

所示。

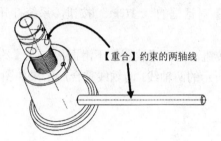

图 4-96 【重合】约束的两轴线

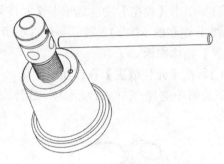

图 4-97 两轴线重合的结果

图 4-98 绞杆定位结果

（3）单击 移动 按钮，打开【移动】下滑面板。在【运动类型】下拉框中选择【平移】，在绘图区域单击鼠标左键并拖动，将绞杆放到适当位置，绞杆约束后结果如图 4-98 所示。

步骤 11　装配模型分解

（1）单击【模型】功能选项卡【模型显示】区域中的视图管理按钮 🔩，弹出【视图管理器】对话框，如图 4-99 所示。选择其上 分解 活页选项，单击 新建 按钮，输入新建分解名称 fenjie1，按鼠标中键确认后单击 属性>> 按钮，切换至分解视图的属性页面，如图 4-100 所示。

图 4-99 【视图管理器】对话框

图 4-100 分解视图【属性】页面

（2）单击【属性】页面上的编辑位置按钮 ⚙，打开【分解工具】操作面板，如图 4-101 所示。按住 "Ctrl" 键选中图 4-102 所示的顶垫和 M8 螺钉零件，零件上显示移动方向箭头，如图 4-103 所示。

（3）选中向上的方向箭头拖动鼠标向上，顶垫和 M8 螺钉随着鼠标一起移动，当移动到适当的位置时，松开鼠标，顶垫和 M8 螺钉被移动到新的位置，如图 4-104 所示。

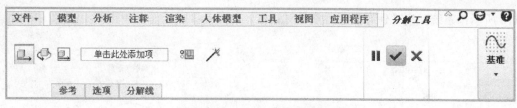

图 4-101 【分解工具】操作面板

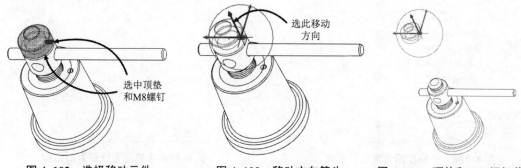

图 4-102 选择移动元件　　　图 4-103 移动方向箭头　　　图 4-104 顶垫和 M8 螺钉移动

（4）重新选中 M8 螺钉零件并选择向水平移动的方向箭头拖动鼠标向右，M8 螺钉随鼠标一起水平移动，当移动到适当的位置时，松开鼠标，M8 螺钉被移动到新的位置，如图 4-105 所示。

（5）重新选择螺杆，再按住 "Ctrl" 键选择绞杆，参考移动顶垫和 M8 螺钉的方法移动螺杆和绞杆，移动效果如图 4-106 所示。

（6）重新选择螺套，再按住 "Ctrl" 键选择 M10 螺钉，参考移动顶垫和 M8 螺钉的方法移动螺套和 M10 螺钉，移动效果如图 4-107 所示。

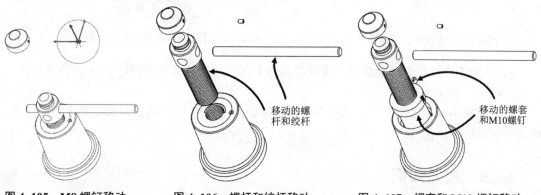

图 4-105 M8 螺钉移动　　　图 4-106 螺杆和绞杆移动　　　图 4-107 螺套和 M10 螺钉移动

（7）单击【分解工具】操作面板上的✔按钮，完成各零件的分解，系统返回【视图管理器】对话框，此时各零件的名称已进入到【项】收集器中，如图 4-108 所示。

（8）单击【视图管理器】对话框上的 <<... 按钮，返回到【视图管理器】的垂直视图页面，如图 4-109 所示。

（9）单击【视图管理器】中 编辑 ▾ 按钮，在打开的下拉菜单中选择【保存】命令，如图

4–110 所示；系统弹出【保存显示元素】对话框，如图 4–111 所示；单击其上 确定 按钮，保存当前分解。

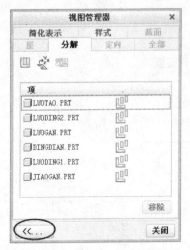

图 4–108 分解视图【属性】页面

图 4–109 【视图管理器】对话框

图 4–110 【编辑】下拉菜单

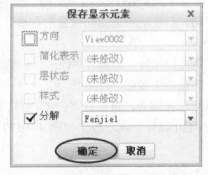

图 4–111 【保存显示元素】对话框

（10）单击【模型】功能选项卡【模型显示】区域中的分解图按钮，关闭当前分解。

步骤 12   保存并退出

在主菜单中单击【文件】→【保存】或快速访问工具栏中 按钮，保存当前装配文件，然后关闭当前工作窗口。

4.2.5   相关知识

4.2.5.1   装配模型分解

对于由多个零件组成的产品而言，从产品的外形上有时很难看清楚它的零件组成和结构关系。为了方便表达产品结构，需要创建装配体模型的分解图。在分解图中，只是改变了组件的显示位置，并不改变元件间实际的设计距离。

分解图的创建方法通常有两种：一是系统默认的装配分解图，二是设计者按自己的需要自行建立的装配分解图，后者往往更符合设计者意图。

（1）系统默认的装配分解图。

打开装配组件，如图 4-112 所示。单击【模型】功能选项卡【模型显示】区域中的【分解图】按钮 ，可以打开或关闭系统默认的装配分解图。系统默认的装配分解图如图 4-113 所示。

图 4-112 装配组件

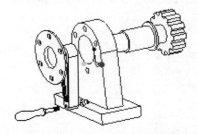

图 4-113 系统默认的装配分解图

在系统默认的分解图中，各零件间的相对位置往往不是按设计者的意图显示，故实际意义不大。通常，由设计者自行创建分解图，零件间的相对显示位置可按设计者意图设置。

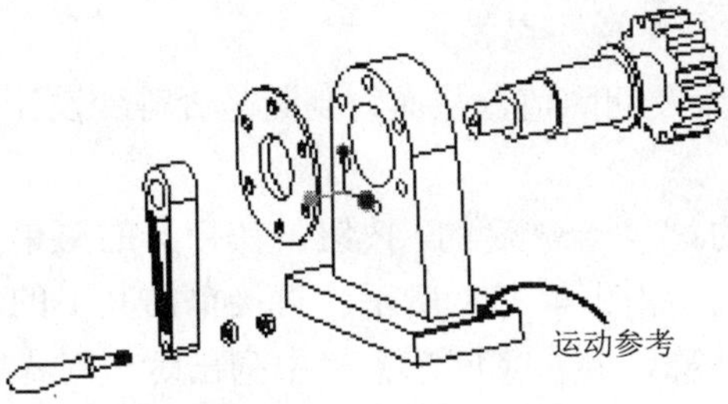

（2）自行建立的装配分解图。

自行建立的装配分解图的具体操作步骤如任务 4.2 步骤 11 装配模型分解。用这种方法可将模型按需要进行分解，如图 4-114 所示。

自行建立的装配分解图保存后就成为新的系统默认分解图，此时若单击【模型】功能选项卡【模型显示】区域中的【分解图】按钮 ，打开的就是用户自行建立的装配分解图。

图 4-114 自行生成的分解图

单击【模型】功能选项卡【模型显示】区域中的【编辑位置】按钮 ，将打开系统默认的分解图，同时打开【分解工具】操作面板，如图 4-115 所示。

图 4-115 【分解工具】操作面板

 ： 平移元件；

 ： 旋转元件；

 ： 视图平面内移动元件；

 ： 创建修饰偏移线，以说明分解元件的运动；

 ： 切换选定元件的分解状态。

提示：自行建立的装配分解图一定要保存，否则，下次无法打开。保存分解图的方法如任务 4.2 步骤 11 的（9）。

4.2.5.2　装配干涉和间隙

（1）装配干涉。

装配干涉可以检查已装配的零件或组件之间有无干涉。完成装配后或在装配过程中，可以随时选择【分析】功能选项卡【检查几何】区域中的【全局干涉】按钮 全局干涉，如图 4-116 所示，弹出【全局干涉】对话框，如图 4-117 所示。

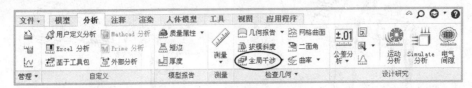

图 4-116　【分析】功能选项卡

直接单击【全局干涉】对话框上的 ，如果对话框的零件收集器中没有出现任何内容，而在信息栏中显示"没有零件"，则表示没有零件干涉；如有干涉，则在零件收集器中会列出干涉编号、相关干涉零件的名称、干涉的体积。针对出现的干涉进行分析，确认是否有必要重新装配以消除干涉。

（2）装配间隙。

装配间隙可以寻找和估算出元件间间隙所在的位置及间隙值，从而为判断是否符合设计条件提供依据。

选择【分析】功能选项卡【检查几何】区域中的 全局干涉 后的 按钮，在打开的菜单中选择 全局间隙 命令。系统弹出【全局间隙】对话框，如图 4-118 所示。直接单击其上的 ，在零件收集器中会列出编号和相关零件的名称，并在【间隙】栏中列出这一对零件的间隙值。

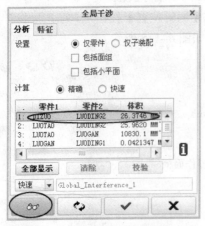

图 4-117　【全局干涉】对话框

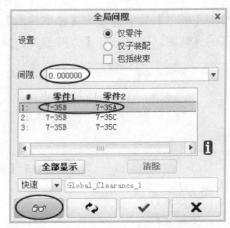

图 4-118　【全局间隙】对话框

4.2.5.3　装配环境下零件的创建及装配修改

（1）在装配环境下创建零件。

通常的装配中，都是首先完成模型的建模，然后按照特定的装配顺序将这些模型组装成整机。在生产实际中，有时需要添加一些细部元件，有时需要创建一些大型的组件。这时如果采用传统的装配设计方法，则对模型的一些局部尺寸难以把握，造成最后装配时各元件间有干涉的情况发生；而如果在装配环境下直接创建一些细部零件则可以在组件模式中针对各个元件间的连接情况和尺寸设计其余元件，避免尺寸不协调的情况发生。

在装配环境下，单击【模型】功能选项卡【元件】区域中的 图创建 按钮，弹出【元件创建】对话框。在其中设置元件的类型和子类型并输入元件的名称，如图4-119所示。单击 确定 按钮，弹出【创建选项】对话框，如图4-120所示，在其上选择创建方法为【创建特征】，单击 确定 按钮后，系统将进入三维建模界面，用户可以用基础建模环境中的各种方法，如拉伸、旋转、扫描、混合以及孔等来创建三维模型。

创建零件后，在模型树中的组件标识上按住鼠标右键，在弹出的快捷菜单中选取【激活】选项，如图4-121所示，即可重新回到装配设计界面进行装配设计。

图4-119 【元件创建】对话框

图4-120 【创建选项】对话框

图4-121 【模型树】

（2）装配修改。

完成元件装配后，往往会因为各种原因而需要修改，常用的装配修改主要涉及：装配件的修改（即位置定义和约束的修改）和元件本身的修改。

装配件的修改可在组件的模型树中，先选取要修改位置的原件，按住鼠标右键，在弹出的快捷菜单中选取【编辑定义】选项。重新调出【元件放置】操作面板，对装配位置、约束进行修改。

元件本身的修改方式有以下三种：

① 在单独的窗口修改。

在组件的模型树中，先选取要修改的元件，按住鼠标右键，在弹出的快捷菜单中选取【打开】选项，单独打开一个窗口进行元件的修改。

② 在激活状态下修改。

在组件的模型树中，先选取要修改的元件，按住鼠标右键，在弹出的快捷菜单中选取【激活】选项，直接在装配模式下修改，修改完毕后再将组件激活。组件激活的方式如图4-121所示。

③ 显示所有特征修改。

单击模型树上的【设置】按钮 ，在打开的菜单中选择 树过滤器(F) 选项，如图4-122所示；系统弹出【模型树项】对话框，如图 4–123 所示。在其上【显示】栏中勾选【特征】复选框，单击 确定 按钮。此时每个元件中的特征都将在模型树中显示；选取要修改的特征，按住鼠标右键，在弹出的快捷菜单中选取【编辑定义】选项，可对特征进行修改，如图 4–124 所示。

图 4–122 【设置】下拉菜单

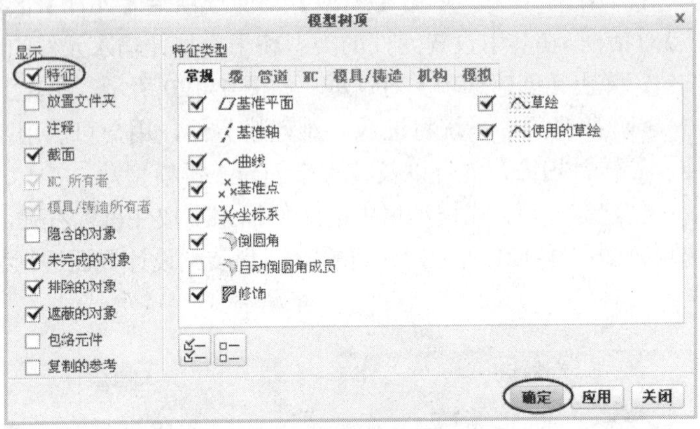

图 4–123 【模型树项】对话框

4.2.5.4 装配体中"层"的操作

当向装配体中引入更多的元件时，屏幕中的基准平面、基准轴等太多，这就要用"层"的功能，将暂时不用的基准元素遮蔽起来。

可以对装配体中的各元件分别进行层的操作。其操作步骤如下：单击模型树上的显示按钮 ，在打开的菜单中选择【层树】选项，如图 4–125 所示；此时在导航区显示装配层树，如图 4–126 所示；从装配层树下拉列表框中选取元件，此时该元件的所有层显示在层树中，如图 4–127 所示。可对该元件的层进行诸如隐藏、新建层以及设置层的属性等操作。

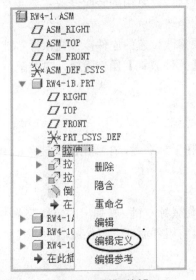

图 4–124 【模型树】

图 4–125 【显示】下拉菜单

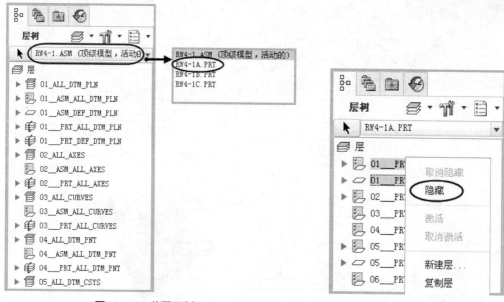

图 4-126　装配层树

图 4-127　元件层树

4.2.6　练习

（1）制作阀门产品各零件的三维模型并将它们按照图 4-128 进行装配，同时创建其分解图。阀门产品各零件的结构及尺寸如图 4-129～图 4-134 所示。

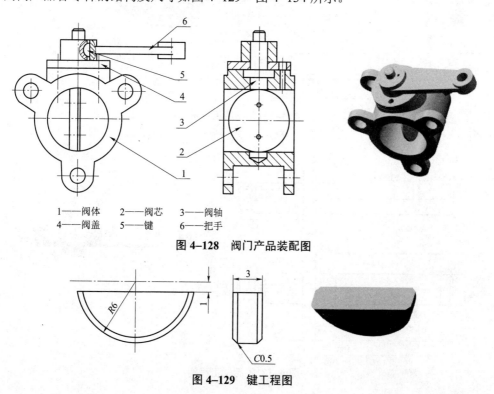

1——阀体　　2——阀芯　　3——阀轴
4——阀盖　　5——键　　6——把手

图 4-128　阀门产品装配图

图 4-129　键工程图

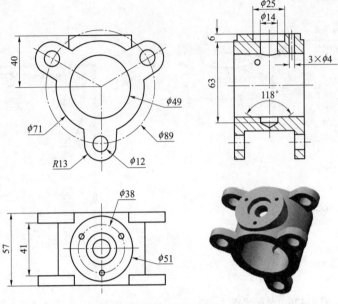

图 4-130 阀体工程图

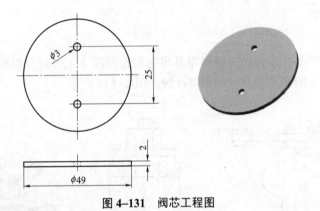

图 4-131 阀芯工程图

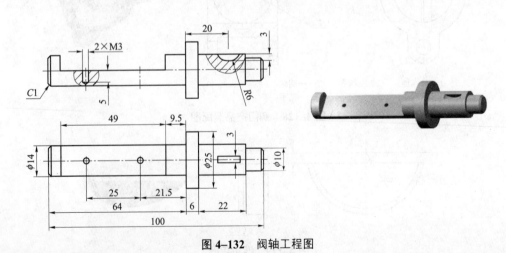

图 4-132 阀轴工程图

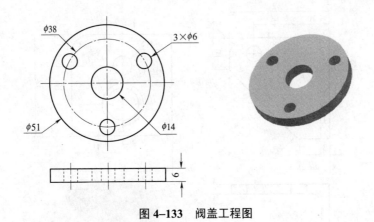

图 4-133 阀盖工程图

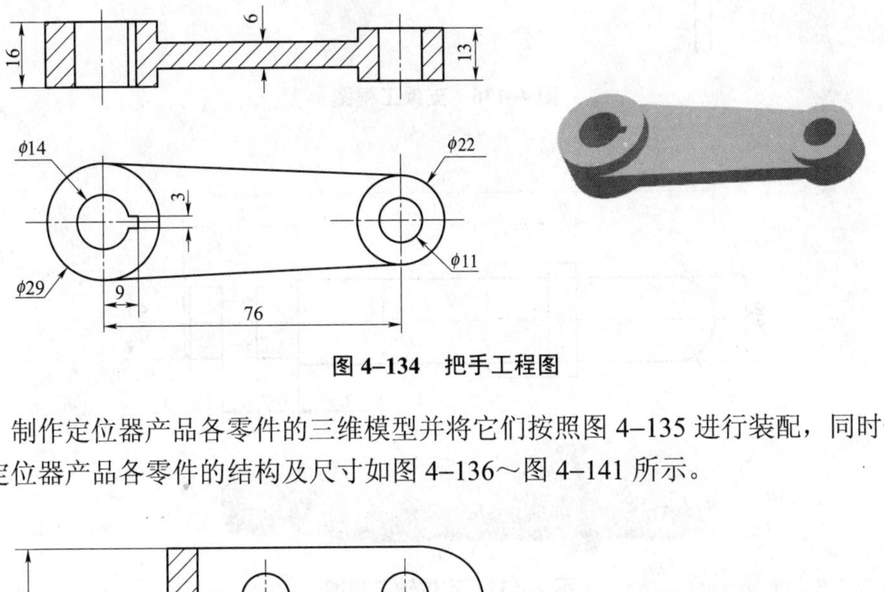

图 4-134 把手工程图

（2）制作定位器产品各零件的三维模型并将它们按照图 4-135 进行装配，同时创建其分解图。定位器产品各零件的结构及尺寸如图 4-136～图 4-141 所示。

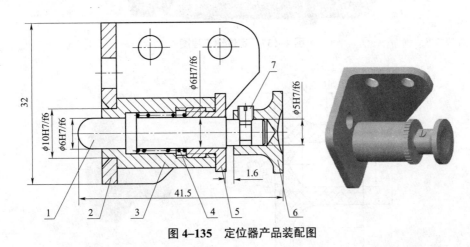

图 4-135 定位器产品装配图

1—定位轴；2—支架；3—套筒；4—压簧；5—压盖；6—把手；7—螺钉 M3×4（GB/T 75-2000）

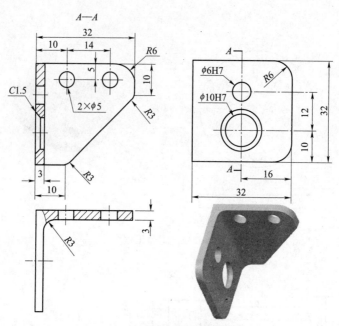

图 4-136 支架工程图

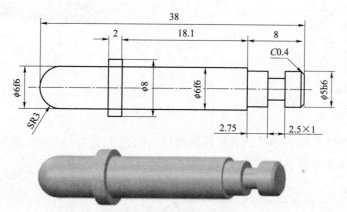

图 4-137 定位轴工程图

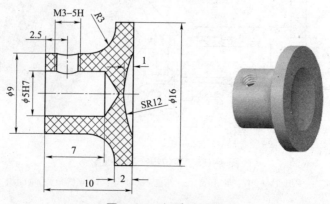

图 4-138 把手工程图

展开长度	164.85
旋向	右旋
有效圈数	$n=5$
总圈数	$n1=7.5$

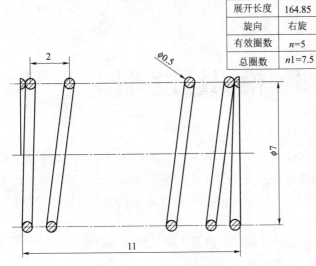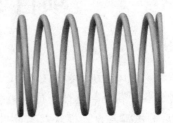

图 4–139 压簧工程图

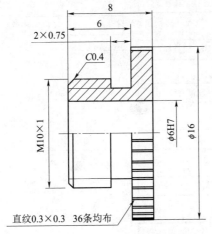

图 4–140 压盖工程图

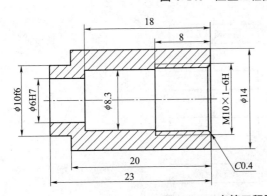

图 4–141 套筒工程图

项目5 模具设计

随着以 Creo 为代表的 CAD/CAM 软件的飞速发展，计算机辅助设计与制造越来越广泛地应用到各行各业，设计人员可根据零件图及工艺要求，使用 CAD 模块对零件进行实体造型，然后利用模具设计模块对零件进行模具设计。本项目主要通过典型任务操作，说明用 Creo 软件进行模具设计的一般操作流程。

利用 Creo 2.0 模具设计模块实现塑料模具设计的基本流程如图 5-1 所示。

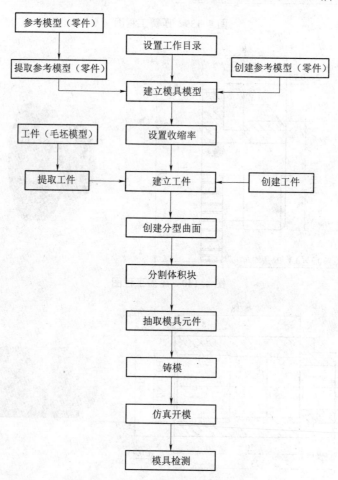

图 5-1　Creo 2.0 模具设计基本流程

【学习目标】
（1）掌握 Creo 2.0 模具设计模块的一般操作流程；
（2）掌握分型面创建的一般方法。

【学习任务】

任务 5.1

任务 5.2

任务 5.1　塑料水杯模具设计——砂芯模具设计

5.1.1　学习目标

（1）掌握 Creo 2.0 模具模型的创建方法；

（2）掌握 Creo 2.0 收缩率的设置步骤；

（3）掌握 Creo 2.0 分型面的创建方法；

（4）掌握 Creo 2.0 模具元件的创建步骤；

（5）掌握 Creo 2.0 铸模的创建方法；

（6）掌握 Creo 2.0 模具仿真开模步骤。

5.1.2　任务要求

根据图 5-2 所示的塑料水杯工程图，用 Creo 2.0 软件完成塑料水杯的三维建模及模具设计。

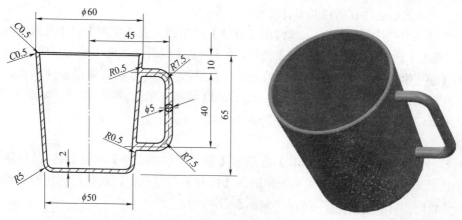

图 5-2　塑料水杯工程图

5.1.3 任务分析

本任务根据塑料水杯工程图，通过创建模具模型、设置收缩率、创建分型曲面、创建模具元件、创建铸模、模具仿真开模等步骤，最终完成塑料水杯的模具设计，思路和步骤如图5-3所示。

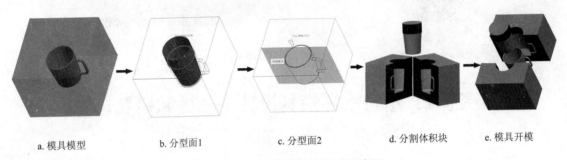

a. 模具模型　　　b. 分型面1　　　c. 分型面2　　　d. 分割体积块　　　e. 模具开模

图5-3　塑料水杯模具设计思路和步骤

5.1.4 任务实施

步骤1　建立工作目录

启动 Creo 2.0 后，单击主菜单中 按钮，系统弹出【选择工作目录】对话框，选取【选择工作目录】菜单栏中 组织 下拉菜单中【新建文件夹】选项，弹出【新建文件夹】对话框，在【新建文件夹】编辑框中输入文件夹名称"rw5-1"，单击 确定 按钮，并在【选择工作目录】对话框中单击 确定 按钮。

步骤2　完成塑料水杯三维建模

根据图5-2塑料水杯工程图要求，在 Creo 2.0 零件设计模块中完成产品三维建模，零件名称设置为"rw5-1"。

步骤3　进入 Creo 2.0 的模具设计模块

单击快速工具栏中 按钮，系统弹出【新建】对话框。在【类型】栏中选取【制造】选项，在【子类型】栏中选取【模具型腔】选项，在【名称】编辑文本框中输入文件名"rw5-1"，同时取消【使用默认模板】选项前面的勾选记号，单击 确定 按钮，如图5-4所示。系统弹出【新文件选项】对话框，选用【mmns_mfg_mold】模板，单击 确定 按钮，如图5-5所示，系统进入 Creo 2.0 模具设计模块，如图5-6所示。

步骤4　装配参考模型

（1）打开参考模型。单击【模具】选项卡【参考模型和工件】区域中的 参考模型 按钮，在下拉菜单中选择 组装参考模型 命令，在系统弹出的【打开】对话框中，选择已创建的零件造型文件"rw5-1.prt"，单击 打开 按钮，如图5-7所示。

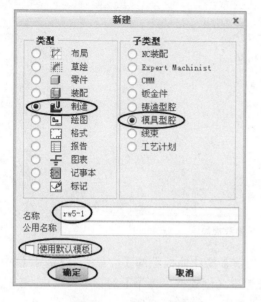

图 5-4　【新建】对话框

图 5-5　【新文件选项】对话框

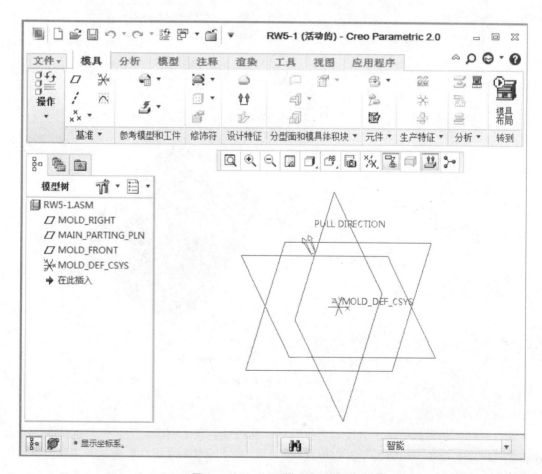

图 5-6　Creo 2.0 模具设计界面

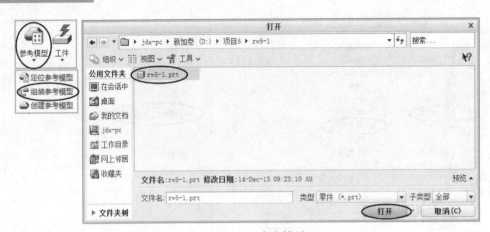

图 5-7　打开参考模型

（2）放置参考模型。在系统弹出的【元件放置】操作面板上的【约束类型】选择框中选择 ⏚ 默认 选项，单击操作面板中 ✔ 按钮，系统弹出【创建参考模型】对话框，单击 确定 按钮，完成参考模型和缺省模具基准面及坐标系的装配，如图 5-8 所示。

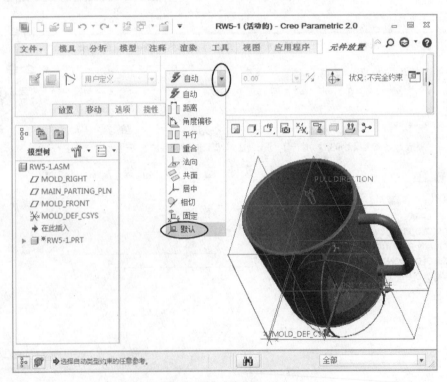

图 5-8　放置参考模型

步骤 5　设置收缩

塑料制件从热模具中取出并冷却至室温后，其尺寸会发生缩减，为了补偿这种变化，故要在参考模型上增加一个收缩量，收缩量=收缩率×尺寸。单击【模具】选项卡【修饰符】区域中的 🗄 收缩 ▾ 按钮，选择 🗄 按比例收缩 选项，系统弹出【按比例收缩】对话框，如图 5-9 所示。在【公式】选项中选择 1+ S 选项，【坐标系】选项选择绘图区域中系统默认坐标系

MOLD_DEF_CSYS，在【收缩率】对话框中输入塑件收缩率（如 0.006），单击对话框中✔按钮完成模型收缩率设置。右击【模型树】中参考模型"RW5-1_REF.PRT"，在弹出的快捷菜单中选择【重新生成】选项，完成模型更新，如图 5-10 所示。

图 5-9 【按比例收缩】对话框

图 5-10 模型更新

步骤 6 创建工件

工件是一个能够完全包容参考模型的组件，通过分型曲面等特征可以将其分割成型腔或型芯等成型零件。

（1）进入工件特征创建。单击【模具】选项卡【参考模型和工件】区域中 ⏟工件 按钮，在下拉菜单中选择 🗔创建工件 命令。系统弹出【元件创建】对话框，在【名称】文本框中输入"rw5-1wrk"，单击 确定 按钮。系统弹出【创建选项】对话框，选取【创建特征】，单击 确定 按钮，如图 5-11 所示，系统进入特征创建界面。

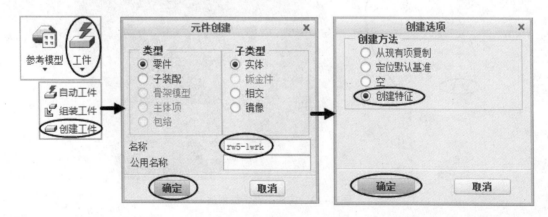

图 5-11 进入工件特征创建

（2）草绘截面。单击【模具】选项卡【形状】区域中的 ⬚按钮，打开【拉伸】操作面板，选择 MOLD_FRONT 基准平面为草绘面，其余接受系统默认设置，进入草绘状态；绘制如图 5-12 所示的矩形，单击草绘工具栏中✔按钮，返回【拉伸】操作面板。

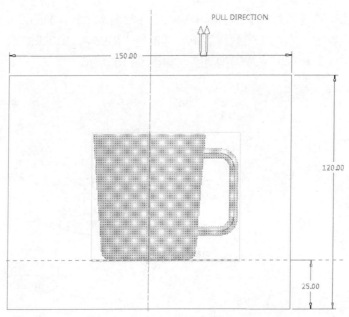

图 5-12　草绘截面

（3）完成工件特征创建。使用双向对称拉伸方式 ⊟-，输入深度值"150"，单击【拉伸】操作面板中 ✔ 按钮；在模型树中右键单击第一个组件"RW5-1.ASM"，在弹出的快捷菜单中选择【激活】命令，完成工件特征创建，如图 5-13 所示。

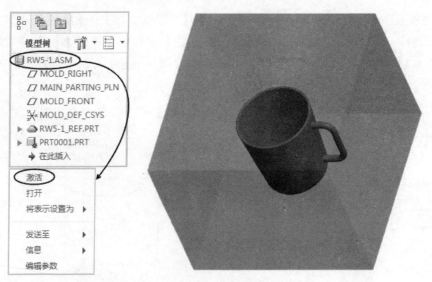

图 5-13　完成工件特征创建

步骤 7　创建分型曲面

模具的分型面是打开模具、取出塑件的面。分型面可以是平面，也可以是曲面，可以与开模方向平行，也可以与之垂直。

（1）进入分型面创建界面。单击【模具】选项卡中【分型面和模具体积块】区域中的 ▱ 按钮，打开【分型面】操作面板；右键单击【模型树】中工件"RW5-1WRK.PRT"，在弹出的快捷菜单中选择【遮蔽】命令，将工件遮蔽。

（2）创建砂芯分型面。

① 复制曲面。选取塑料水杯内壁底面作为种子面，按下"Ctrl+C"键及"Ctrl+V"键（也可在【模具】选项卡【操作】区域中单击 按钮以及 按钮），然后按住"Shift"键不放，选取塑料水杯上部外倒角表面为边界面，如图 5-14 所示；松开"Shift"键，整个塑料水杯的内表面及上表面被全部选中。单击操作面板中 ✔ 按钮，完成曲面复制，如图 5-15 所示。

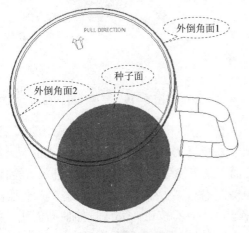

图 5-14 种子面和边界面

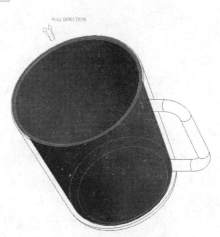

图 5-15 完成的复制曲面

② 延伸曲面。取消工件遮蔽，选取复制曲面半圆弧边界曲线，如图 5-16 所示，单击【分型面】操作面板中 延伸 按钮，在系统弹出的【延伸】操作面板中单击将曲面延伸至参考平面按钮 ，选择工件上表面，该半圆弧边界曲线将延伸至工件上表面，如图 5-17 所示；同理，选取复制曲面另一半圆弧边界曲线，如图 5-18 所示，同样的操作将另一半圆弧边界曲线延伸至工件上表面，如图 5-19 所示。

单击【分型面】操作面板上的 ✔ 按钮，完成砂芯分型面的创建。

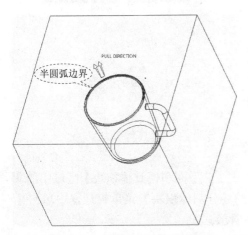

图 5-16 复制曲面半圆弧边界

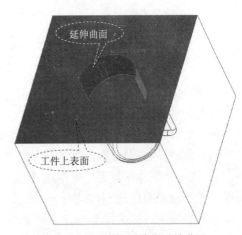

图 5-17 半圆弧边界延伸曲面

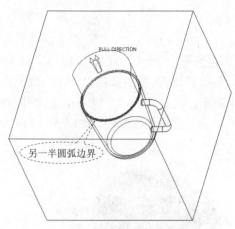

图 5-18　复制曲面另一半圆弧边界

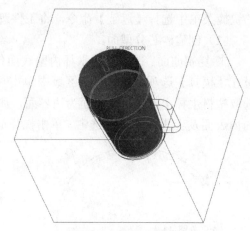

图 5-19　完成的延伸曲面

（3）创建型芯分型面。单击【模具】选项卡中【分型面和模具体积块】区域中的 按钮，打开【分型面】操作面板；单击【分型面】操作面板上【形状】区域中的拉伸按钮 ，打开【拉伸】操作面板。选取工件的右侧面为草绘平面，其余接受系统默认设置，进入草绘状态。绘制如图 5-20 所示的直线，单击草绘工具栏中 按钮，完成截面绘制；单击"拉伸到选定"按钮 ，并选择工件左侧面，单击【拉伸】操作面板 按钮，完成拉伸曲面创建，如图 5-21 所示。单击【分型面】操作面板上的 按钮，完成型芯分型面的创建。

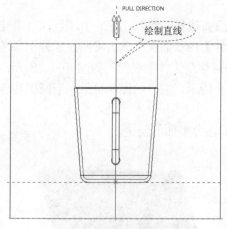

图 5-20　绘制直线

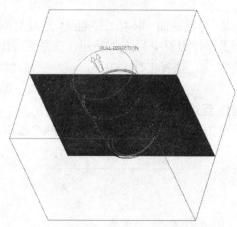

图 5-21　完成的型芯分型面

步骤 8　分割体积块

有了工件和分型面，便可以利用分型曲面将工件拆分为数个模具体积块。

（1）分割砂芯体积块。

① 进入分割体积块界面。单击【模具】选项卡中【分型面和模具体积块】区域中的 按钮，在下拉菜单中选择 命令，在弹出的【分割体积块】菜单管理器中单击【两个体积块】→【所有工件】→【完成】，如图 5-22 所示。

② 选取分型面。系统弹出【分割】对话框和【选择】对话框，如图 5-23 所示；选取前面创建的砂芯分型面，如图 5-24 所示；在【选取】对话框中单击 确定 按钮，在【分割】对话框中单击 确定 按钮。

图 5-22 分割体积块菜单管理器

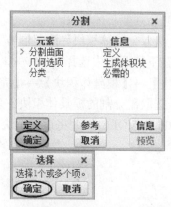

图 5-23 【分割】和【选择】对话框

③ 砂芯体积块分割。系统弹出【属性】对话框，同时图形窗口中工件外面部分加亮显示，在文本框中输入加亮显示体积块的名称：MOLD_VOL_1，单击 确定 按钮，如图 5-25 所示；系统再次弹出【属性】对话框，同时图形窗口中另一部分工件加亮显示，在文本框中输入加亮显示体积块的名称：MOLD_VOL_2，单击 确定 按钮，如图 5-26 所示。

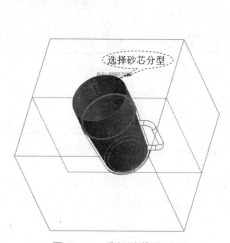

图 5-24 选择砂芯分型面

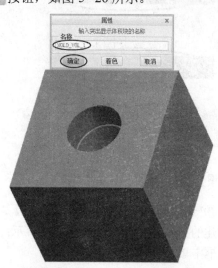

图 5-25 MOLD_VOL_1 高亮显示

图 5-26 MOLD_VOL 2 高亮显示

（2）分割型芯体积块。

① 进入分割体积块界面。单击【模具】选项卡中【分型面和模具体积块】区域中的 按钮，在下拉菜单中选择 体积块分割 命令，在弹出的【分割体积块】菜单管理器中单击【两个体积块】→【模具体积块】→【完成】，如图 5-27 所示。

② 选取需分割的模具体积块。系统弹出【搜索工具:1】对话框，在找到的模具体积块中选取 MOLD_VOL_1，并将该体积块调入已选择项中，如图 5-28 所示。

图 5-27　分割体积块菜单管理器

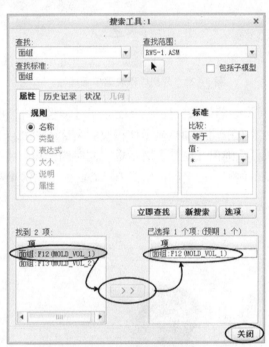

图 5-28　选取需分割的体积块

③ 选取分型面。系统弹出【分割】对话框和【选择】对话框，如图 5-29 所示；选取前面创建的型芯分型面，如图 5-30 所示；在【选择】对话框中单击 确定 按钮，在【分割】对话框中单击 确定 按钮。

图 5-29　【分割】和【选择】对话框

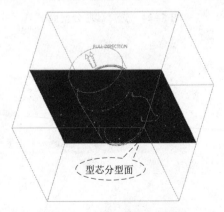

图 5-30　选择型芯分型面

④ 型芯体积块分割。系统弹出【属性】对话框，同时图形窗口中工件外面部分加亮显示，

在文本框中输入加亮显示体积块的名称：MOLD_VOL_3，单击 **确定** 按钮，如图5-31所示；系统再次弹出【属性】对话框，同时图形窗口中另一部分工件加亮显示，在文本框中输入加亮显示体积块的名称：MOLD_VOL_4，单击 **确定** 按钮，如图5-32所示。

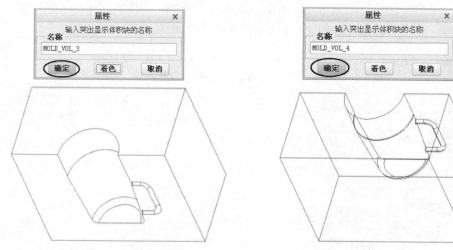

图5-31 体积块MOLD_VOL_3　　　　　图5-32 体积块MOLD_VOL_4

步骤9 抽取模具元件

单击【模具】选项卡【元件】区域中 模具元件 按钮，在下拉菜单中选择 型腔镶块 命令，系统弹出【创建模具元件】对话框；单击对话框中 ▤（全选）按钮，选中图框内所有体积块，单击 **确定** 按钮完成模具元件抽取，如图5-33所示。

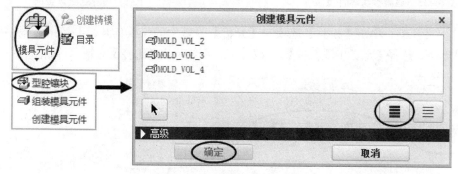

图5-33 抽取模具元件

步骤10 铸模

单击【模具】选项卡【元件】区域中 创建铸模 按钮，在屏幕上方的文本框中输入"rw5-1molding"，作为铸模成形零件的名称，两次单击 ✔ 按钮即可生成铸模零件，如图5-34所示。

图5-34 生成铸模

步骤 11　仿真开模

（1）遮蔽参考零件、工件及分型面。单击【视图】选项卡【可见性】区域中 模具显示 按钮，系统弹出【遮蔽-取消遮蔽】对话框。单击 元件 按钮，选取参考零件和工件，单击 遮蔽 按钮，如图 5-35 所示；再单击 分型面 按钮，选取两个分型面，单击 遮蔽 按钮，如图 5-36 所示；单击 关闭 按钮，完成遮蔽。

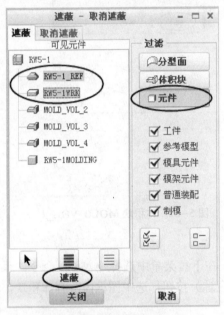

图 5-35　遮蔽参考零件及工件

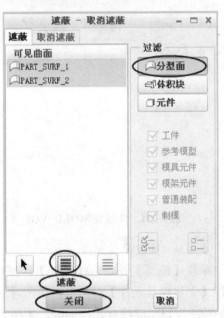

图 5-36　遮蔽分型面

（2）定义开模。单击【模具】选项卡【分析】区域中的【模具开模】按钮 ，在弹出的菜单管理器中，选择【定义步骤】→【定义移动】，系统弹出【选择】对话框，如图 5-37 所示。

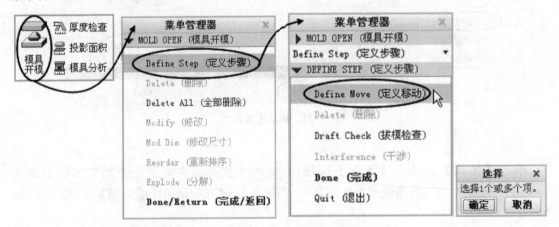

图 5-37　定义开模

（3）移动砂芯元件。选取砂芯为移动件，在【选择】菜单中单击 确定 按钮，如图 5-38 所示；选取顶面为参考移动方向，如图 5-39 所示，输入移动量为"100"；单击 按钮，完成移动量输入。

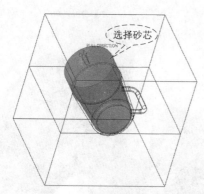

图 5-38　选取砂芯元件

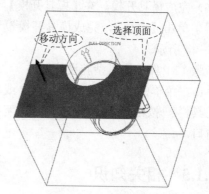

图 5-39　定义移动方向

（4）移动型芯模具元件 MOLD_VOL_3。选取型芯模具元件 MOLD_VOL_3 为移动件，在【选择】菜单中单击 确定 按钮，如图 5-40 所示；选取棱线为参考移动方向，如图 5-41 所示，输入移动量为-50；单击 ✔ 按钮，完成移动量输入。

图 5-40　选取模具元件 MOLD_VOL_3

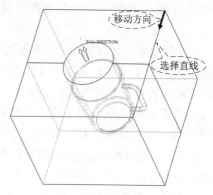

图 5-41　定义移动方向

（5）移动型芯模具元件 MOLD_VOL_4。选取型芯模具元件 MOLD_VOL_4 为移动件，在【选择】菜单中单击 确定 按钮，如图 5-42 所示；选取正面为参考移动方向，如图 5-43 所示，输入移动量为 "50"；单击 ✔ 按钮，完成移动量输入。

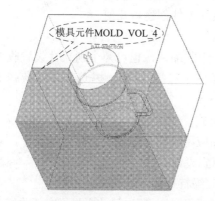

图 5-42　选取模具元件 MOLD_VOL_4

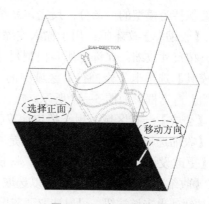

图 5-43　定义移动方向

（6）完成模具开模。在【模具开模】菜单管理器中单击【完成】，完成模具开模设置，如图 5-44 所示。

步骤 12　保存模具型腔设计文件

单击主菜单中【文件】→【保存】或单击快速工具栏 按钮，保存当前文件。关闭当前工作窗口。

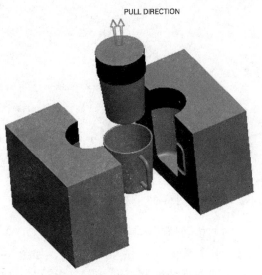

图 5-44　模具开模

5.1.5　相关知识

5.1.5.1　设置收缩

在模具设计前，必须对参考零件进行收缩设置，Creo 2.0 提供了两种设置收缩的方式供选择（在实际设计中视具体情况选择一种方式）：

（1）按比例收缩：允许相对于某坐标系按比例收缩零件几何，也可指定 X、Y、Z 方向的不同收缩率。单击【模具】选项卡【修饰符】区域中的 收缩 按钮，选择 按比例收缩 选项，系统弹出【按比例收缩】对话框，如图 5-45 所示。

① 【公式】选择区域：用于指定计算收缩的公式，包括以下两个选项：

$1+S$ 选项：该选项用于指定收缩因子基于模型的原始几何，为系统默认选项。

$\frac{1}{1-S}$ 选项：该选项用于指定收缩因子基于模型的生成几何。

提示：公式中的"S"代表收缩因子，即收缩率。

② 按钮：单击该按钮，用于选择坐标系定义收缩特征。

③ 【类型】选择区域：该区域用于指定收缩类型，包括以下两个选项：

【各向同性的】：选中该选项，可以对 X、Y、Z 方向设置相同的收缩率；未选中该选项，可以对 X、Y、Z 方向设置不同的收缩率，如图 5-46 所示。

【前参考】：选中该选项时，收缩不会创建新几何，但会更改现有几何，从而使全部现有参考继续保持为模型的一部分；反之，系统会为收缩零件创建新几何。

④ 【收缩率】文本框：用于输入收缩率的值。

（2）按尺寸收缩：允许为所有模型尺寸设置一个收缩率，也可为个别尺寸设置收缩率。单击【模具】选项卡【修饰符】区域中的 收缩 按钮，选择 按尺寸收缩 选项，系统弹出【按尺寸收缩】对话框，如图 5-47 所示。

① 【公式】选择区域：用于指定计算收缩的公式。

② 【收缩选项】区域：该区域控制是否将收缩应用到设计零件中。默认情况下，系统自动选中【更改设计零件尺寸】复选框，将收缩应用到设计零件中。

③ 【收缩率】区域：该区域可以选取要应用收缩特征的尺寸及其他参数。

按钮：单击该按钮，可以选取要应用收缩零件的尺寸。所选尺寸会显示在【收缩率】列表中，可在【比率】列中为尺寸指定一个收缩率，或在【最终值】列中指定收缩尺寸所具有的值。

图 5-45 【按比例收缩】对话框

图 5-46 各向同性设置

图 5-47 【按尺寸收缩】对话框

按钮：单击该按钮，可以选取要应用收缩零件的特征。所选特征的全部尺寸会分别作为独立行显示在【收缩率】列表中，可在【比率】列中为尺寸指定一个收缩率，或在【最终值】列中指定收缩尺寸所具有的值。

按钮：单击该按钮，可以在显示尺寸的数字值或符号之间切换。

【收缩率】列表：该列表用于显示用户选取的尺寸，并设置收缩率。可以在该列表中"所有尺寸"行输入一个收缩率，将收缩应用到所有尺寸。

按钮：单击该按钮，可以在【收缩率】列表中添加新行。

按钮：单击该按钮，可以将【收缩率】列表中选中的行删除。

清除 按钮：单击该按钮，系统弹出【清除收缩】菜单，并列出应用收缩的所有尺寸，可以选中相应的复选框以清除应用到该尺寸的收缩。

5.1.5.2 创建分型曲面

利用分型曲面可以将工件分割成为模具型腔，如动模、定模、滑块等。Creo 2.0 提供了强大的曲面设计功能，用于创建分型曲面。

提示：创建分型曲面时，必须遵循以下两个基本原则：分型曲面必须与工件完全相交；分型曲面自身不能相交。

（1）创建分型曲面。

单击【模具】选项卡中【分型面和模具体积块】区域中的 按钮，打开【分型面】操作面板。可以使用拉伸、旋转等基本特征创建分型曲面，还可以使用复制曲面的方法创建分型曲面。由于复制曲面可以参考设计模型的几何形状，因此它是创建分型曲面的主要方法。

可以使用以下的选项创建分型曲面。

拉伸：在垂直于草绘平面的方向上，通过将二维截面拉伸到指定深度来创建曲面。

旋转 旋转：通过围绕一条中心线，将二维截面旋转一定的角度来创建曲面。

扫描 扫描：通过指定轨迹扫描二维截面来创建曲面。

扫描混合 扫描混合：通过几个已定义的二维截面之间沿指定轨迹扫描来创建曲面。

混合 混合：创建可以连接几个二维截面的平直或光滑的混合曲面。

填充：通过绘制边界来创建曲面。

边界混合：通过选取边界曲线创建曲面。

复制 复制：通过复制参考零件的几何形状来创建曲面。

倒圆角 倒圆角：通过创建倒圆角曲面来创建面组。

阴影曲面 阴影曲面：用光投影技术来创建分型曲面。

裙边曲面：通过选取曲线并确定拖动方向来创建分型曲面。

（2） 合并 合并分型曲面。

由于分型曲面是由多个曲面特征组成的，因此必须将这些曲面合并为一个面组，否则在体积块分割中将会失败。在分型曲面创建的第一个特征称为基本面组，而通过增加、合并等创建的特征称为曲面片。

合并曲面有两种方式：

连接：当两个曲面有公共边时使用此选项，系统不会计算曲面相交，可以加快运行速度。

相交：当两个曲面相交或相互交叉时使用此项，系统创建出相交边界，用户可以指定每个曲面要保留的部分。

（3） 修剪 修剪分型曲面。

曲面修剪功能可以剪裁分型曲面的多余部分，曲面修剪包括以下选项。

拉伸：通过拉伸已定义的形状使其穿过曲面来修剪曲面。

旋转：通过旋转已定义的形状使其穿过曲面来修剪曲面。

扫描：通过沿着已定义的轨迹扫描定义的形状来修剪曲面。

混合：通过在几个已定义的二维截面之间进行连接来修剪曲面。

使用面组：使用另一个面组或基准平面来修剪曲面。

使用曲线：使用基准曲线来修剪曲面。

轮廓线：只保留在指定方向上可见的部分曲面。

（4） 延伸 延伸分型曲面。

在创建分型曲面时，经常需要延伸全部或部分现有曲面。可以将分型曲面的边延伸至指定的距离，还可以延伸到选定的平面。延伸是模具组件曲面特征，可以重定义，曲面延伸包括以下选项。

相同：创建与原始曲面相同类型的曲面。

相切：创建与原始曲面相切的直纹曲面。

逼近：创建原始曲面的边界线与指定延伸边界之间的混合曲面。

到平面：沿指定平面垂直的方向延伸边界至指定平面。

5.1.6 练习

（1）根据图 5-48 所示的塑料杯工程图，用 Creo 2.0 软件完成三维建模及模具设计。

（2）根据图 5-49 所示的香皂盒上盖工程图，用 Creo 2.0 软件完成三维建模及模具设计。

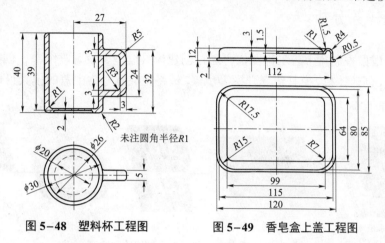

图 5-48 塑料杯工程图   图 5-49 香皂盒上盖工程图

任务 5.2 香皂盒中盖模具设计——分型面破孔修补

5.2.1 学习目标

（1）掌握 Creo 2.0 模具设计的一般步骤；
（2）掌握 Creo 2.0 分型面破孔修补的一般方法。

5.2.2 任务要求

根据图 5-50 所示的香皂盒中盖工程图，用 Creo 2.0 软件完成香皂盒中盖三维建模及模具设计。

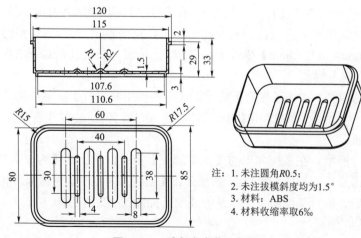

注：1. 未注圆角R0.5；
    2. 未注拔模斜度均为1.5°；
    3. 材料：ABS
    4. 材料收缩率取6‰

图 5-50 香皂盒中盖工程图

5.2.3　任务分析

本任务先根据香皂盒中盖工程图，再通过创建模具模型、设置收缩率、创建分型曲面、创建模具元件、创建铸模、模具仿真开模等步骤，最终完成香皂盒中盖的模具设计，如图 5-51 所示。

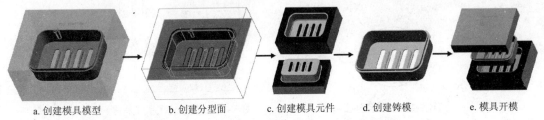

　a. 创建模具模型　　　　　　b. 创建分型面　　　c. 创建模具元件　　d. 创建铸模　　　e. 模具开模

图 5-51　香皂盒中盖模具设计思路和步骤

5.2.4　任务实施

步骤 1　建立工作目录

启动 Creo 2.0 后，单击主菜单中 按钮，系统弹出【选择工作目录】对话框，选取【选择工作目录】菜单栏中 组织 下拉菜单中【新建文件夹】选项，弹出【新建文件夹】对话框，在【新建文件夹】编辑框中输入文件夹名称"rw5-2"，单击 确定 按钮，并在【选择工作目录】对话框中单击 确定 按钮。

步骤 2　完成香皂盒中盖三维建模

根据图 5-50 香皂盒中盖工程图要求，在 Creo 2.0 零件设计模块中完成产品三维建模，零件名称设置为"rw5-2"。

步骤 3　进入 Creo 2.0 的模具设计模块

单击快速工具栏中 按钮，系统弹出【新建】对话框。在【类型】栏中选取【制造】选项，在【子类型】栏中选取【模具型腔】选项，在【名称】编辑文本框中输入文件名"rw5-2"，同时取消【使用默认模板】选项前面的勾选记号，单击 确定 按钮。系统弹出【新文件选项】对话框，选用【mmns_mfg_mold】模板，单击 确定 按钮，系统进入 Creo 2.0 模具设计模块。

步骤 4　装配参考模型

（1）打开参考模型。单击【模具】选项卡【参考模型和工件】区域中的 参考模 按钮，在下拉菜单中选择 组装参考模型 命令，系统弹出【打开】对话框，选择已创建的零件造型文件"rw5-2.prt"，单击 打开 按钮。

（2）放置参考模型。在系统弹出的【元件放置】操作面板上的【约束类型】选择框中选择 默认 选项，单击操作面板中 按钮，系统弹出【创建参考模型】对话框，单击 确定 按钮，完成参考模型和缺省模具基准面及坐标系的装配，如图 5-52 所示。

步骤 5　设置收缩

参阅 5.1.4 任务实施中步骤 5，设置塑件收缩率为"0.006"。

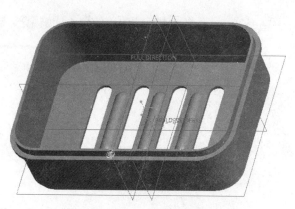

图 5-52 放置参考模型

步骤6 创建工件

（1）进入工件特征创建。单击【模具】选项卡【参考模型和工件】区域中 工件 按钮，在下拉菜单中选择 创建工件 命令；系统弹出【元件创建】对话框，在【名称】文本框中输入"rw5-2wrk"，单击 确定 按钮；系统弹出【创建选项】对话框，选取【创建特征】，单击 确定 按钮，系统进入特征创建界面。

（2）草绘截面。单击【模具】选项卡【形状】区域中的 按钮，打开【拉伸】操作面板，选择 MOLD_FRONT 基准平面为草绘面，其余接受系统默认设置，进入草绘状态；绘制如图 5-53 所示的矩形，单击草绘工具栏中 ✔ 按钮，返回【拉伸】操作面板。

（3）完成工件特征创建。使用双向对称拉伸方式 ，输入深度值"125"，单击【拉伸】操作面板中 ✔ 按钮；在模型树中右键单击第一个组件"RW5-2.ASM"，在弹出的快捷菜单中选择【激活】命令，完成工件特征创建，如图 5-54 所示。

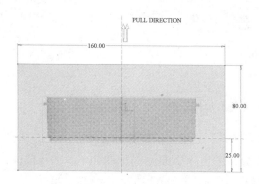

图 5-53 草绘截面

图 5-54 完成工件特征创建

步骤7 创建分型曲面

（1）进入分型面创建界面。单击【模具】选项卡中【分型面和模具体积块】区域中的 按钮，打开【分型面】操作面板；右键单击【模型树】中的工件"RW5-2WRK.PRT"，在弹出的快捷菜单中选择【遮蔽】命令，将工件遮蔽。

（2）复制曲面。

① 选择种子曲面。选取香皂盒中盖内表面上任一曲面作为种子曲面，如图 5-55 所示。

② 选择边界曲面。按住"Shift"键不放，选取香皂盒中盖顶面及底面为边界面，然后松开

"Shift"键，如图 5-56、图 5-57 所示；整个香皂盒中盖的内表面被全部选中，如图 5-58 所示。

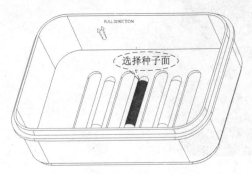

图 5-55 选择种子面

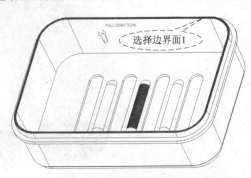

图 5-56 选择边界面 1

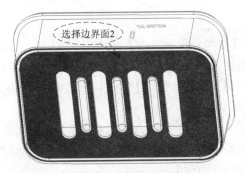

图 5-57 选择边界面 2

图 5-58 选中的曲面

③ 复制曲面。按"Ctrl+C"键及"Ctrl+V"键（也可在【模具】选项卡【操作】区域中单击 🗐 按钮以及 🖺 按钮），系统弹出【曲面：复制】操作面板，如图 5-59 所示。

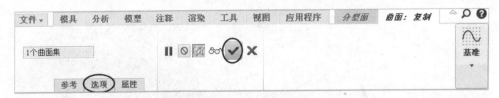

图 5-59 【曲面：复制】操作面板

④ 破孔修补。在【曲面：复制】操作面板【选项】下滑面板中选取【排除曲面并填充孔】选项，如图 5-60 所示，选取如图 5-61 所示香皂盒中盖内表面上底部曲面，单击【曲面：复制】操作面板中 ✔ 按钮，完成破孔修补并复制曲面，如图 5-62 所示。

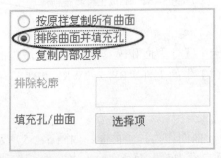

图 5-60 【选项】下滑面板

图 5-61 选取填充孔的曲面

（3）拉伸曲面。取消工件遮蔽，单击【分型面】操作面板上【形状】区域中的拉伸按钮，打开【拉伸】操作面板；选取工件的正面为草绘平面，其余接受系统默认设置，进入草绘状态。绘制如图5-63所示的直线，单击草绘工具栏中✔按钮，完成截面绘制；单击【拉伸到选定】按钮，并选择工件后表面，单击【拉伸】操作面板✔按钮，完成拉伸曲面创建，如图5-64所示。

图5-62　完成曲面复制

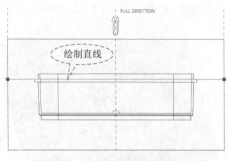

图5-63　绘制直线

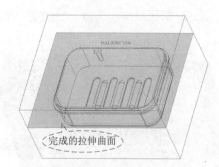

图5-64　完成的拉伸曲面

（4）合并曲面。选取复制曲面及拉伸曲面，单击【分型面】操作面板上【编辑】区域中的合并按钮，系统弹出【合并】操作面板，单击图中箭头，选择各曲面需保留的部分，如图5-65所示；单击【合并】操作面板中✔按钮，完成曲面合并。

（5）完成分型面创建。单击【分型面】操作面板上的✔按钮，完成分型面的创建，如图5-66所示。

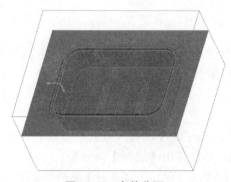

图5-65　合并曲面

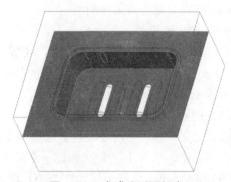

图5-66　完成分型面创建

步骤8　分割体积块

（1）进入分割体积块界面。单击【模具】选项卡中【分型面和模具体积块】区域中的按钮，在下拉菜单中选择命令，在弹出的【分割体积块】菜单管理器中单击【两个体积块】→【所有工件】→【完成】。

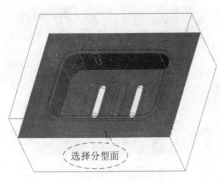

图 5-67 选择分型面

（2）选取分型面。系统弹出【分割】对话框和【选择】对话框，选取已经创建的分型面；在【选取】对话框中单击 确定 按钮，在【分割】对话框中单击 确定 按钮，如图 5-67 所示。

（3）体积块分割。系统弹出【属性】对话框，同时图形窗口中工件外面部分加亮显示，在文本框中输入加亮显示体积块的名称"MOLD_VOL_1"，单击 确定 按钮，如图 5-68 所示；系统再次弹出【属性】对话框，同时图形窗口中另一部分工件加亮显示，在文本框中输入加亮显示体积块的名称"MOLD_VOL_2"，单击 确定 按钮，如图 5-69 所示。

图 5-68 MOLD_VOL_1

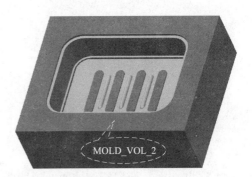

图 5-69 MOLD_VOL_2

步骤 9 抽取模具元件

单击【模具】选项卡【元件】区域中 模具元件 按钮，在下拉菜单中选择 型腔镶块 命令，系统弹出【创建模具元件】对话框；单击对话框中 ▤（全选）按钮，选中图框内所有体积块，单击 确定 按钮完成模具元件抽取。

步骤 10 铸模

单击【模具】选项卡【元件】区域中 创建铸模 按钮，在屏幕上方的文本框中输入"rw5-2molding"，作为铸模成形零件的名称，两次单击 ✔ 按钮即可生成铸模零件。

步骤 11 仿真开模

（1）遮蔽参考零件、工件及分型面。

（2）定义开模。单击【模具】选项卡【分析】区域中的【模具开模】按钮 ➂，在弹出的菜单管理器中，选择【定义步骤】→【定义移动】，系统弹出【选择】对话框。

（3）移动上模。选取上模元件"MOLD_VOL_1"为移动件，在【选择】菜单中单击 确定 按钮，如图 5-70 所示；选取顶面为参考移动方向，如图 5-71 所示，输入移动量为"60"，单击 ✔ 按钮，完成移动量输入。

（4）移动下模。选取下模元件"MOLD_VOL_2"为移动件，在【选择】菜单中单击 确定 按钮，如图 5-72 所示；选取棱线为参考移动方向，如图 5-73 所示，输入移动量为"-50"，单击 ✔ 按钮，完成移动量输入。

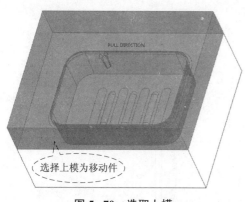

图 5-70　选取上模

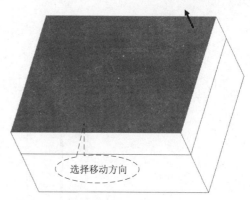

图 5-71　定义移动方向

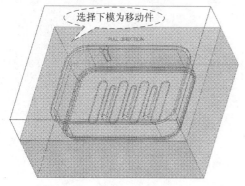

图 5-72　选取下模

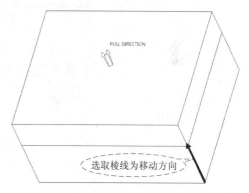

图 5-73　定义移动方向

（5）完成模具开模。在【模具开模】菜单管理器中单击【完成】，完成模具开模设置，如图 5-74 所示。

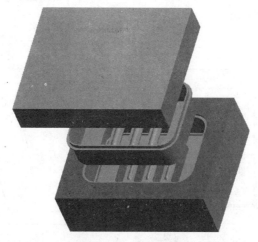

图 5-74　模具开模

步骤 12　保存模具型腔设计文件

单击主菜单中【文件】→【保存】或单击快速工具栏▣按钮，保存当前文件。关闭当前工作窗口。

5.2.5　练习

（1）根据图 5-75 所示的钟表前盖工程图，用 Creo 2.0 软件完成三维建模及模具设计。

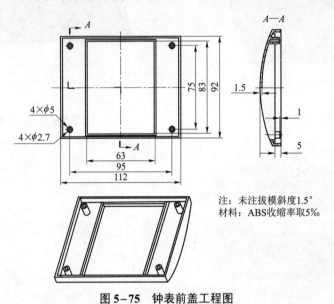

注：未注拔模斜度1.5°
材料：ABS收缩率取5‰

图 5-75　钟表前盖工程图

（2）根据图 5-76 所示的键盘按钮工程图，用 Creo 2.0 软件完成三维建模及模具设计。

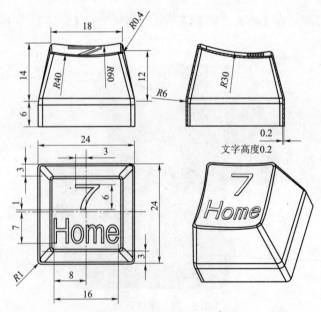

文字高度0.2

图 5-76　键盘按钮工程图

项目 6　零件数控铣削加工

随着以 Creo 为代表的 CAD/CAM 软件的飞速发展，计算机辅助设计与制造越来越广泛地应用到各行各业，设计人员可根据零件图及工艺要求，使用 CAD 模块对零件实体造型，然后利用 CAM 模块产生刀具路径，通过后置处理产生 NC 代码，最后将 NC 代码输入到数控机床，对零件进行数控加工。

数控铣削加工是最常用的机械加工方法之一，既可以加工平面形状和曲面形状的零件，也可以加工带有孔系的盘、套、板类等零件，在机械加工行业应用十分广泛。Creo 2.0 数控铣削加工方法主要有体积块（粗）加工、局部铣削加工、曲面铣削、表面铣削、轮廓铣削、轨迹铣削、螺纹铣削、刻模（雕刻）铣削、腔槽铣削（加工）、孔加工、粗加工、重新粗加工、精加工等。本项目通过实例操作说明 Creo 2.0 常用的数控铣削加工方法。

利用 Creo 2.0 实现产品数控加工的基本过程与产品实际加工的工艺过程基本相同，如图 6-1 所示。

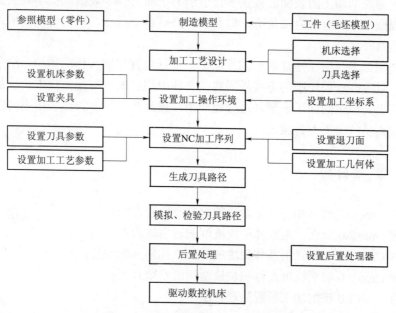

图 6-1　Creo 2.0 数控加工工艺过程

【学习目标】

（1）掌握 Creo 2.0 数控铣削加工的操作流程；

（2）掌握 Creo 2.0 各种数控铣削加工方法的适用场合；

（3）掌握 Creo 2.0 各种数控铣削加工方法加工几何体的设置；

（4）掌握 Creo 2.0 各种数控铣削加工方法的参数设置。

【学习任务】

任务 6.1   任务 6.2   任务 6.3

任务 6.1   凹槽零件数控加工
——表面铣削、体积块铣削

    表面铣削主要是针对大面积的平面或平面度要求较高的平面。表面铣削的刀具一般是使用盘铣刀或大直径的端铣刀。对于切削余量较大且切削余量不均匀的平面铣削，铣刀直径应适当减小以便减小切削扭矩。对于精加工，铣刀直径应适当加大，最好能包容待加工表面的整个宽度。表面铣削加工的表面必须是平行于退刀平面的一个表面或多个共面的表面。进行表面铣削的表面中，所有的内部轮廓，如孔和槽将被自动排除，系统将根据所选的面生成相应的加工刀具路径。

    体积块铣削加工是指在垂直 Z 轴的平面上，根据设置切削实体的体积，给定适当的刀具和制造参数，以等高分层切削的方式将需要在工件中切去的材料逐一除去。该加工形式主要用于切削毛坯上大体积的加工余量，进行粗加工，提高加工效率。但采用不同的制造设置，也可用该方法实现精加工刀具轨迹。

6.1.1   学习目标

（1）掌握 Creo 2.0 通用加工工艺参数的含义及设置方法；
（2）掌握 Creo 2.0 表面铣削及体积块铣削的适用场合；
（3）掌握 Creo 2.0 表面铣削及体积块铣削加工几何体的设置；
（4）掌握 Creo 2.0 表面铣削及体积块铣削切削参数设置；
（5）掌握 Creo 2.0 铣削加工后置处理方法。

6.1.2   任务要求

    根据图 6-2 所示的凹槽零件工程图，用 Creo 2.0 软件完成凹槽零件三维建模及数控加工自动编程。凹槽零件为单件小批量生产，材料为铝合金，毛坯尺寸为 100 mm×100 mm×42 mm，如图 6-3 所示。

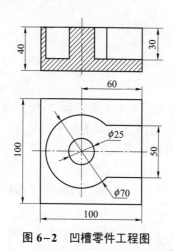

图6-2　凹槽零件工程图

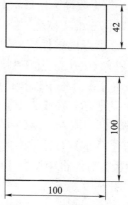

图6-3　凹槽零件毛坯图

6.1.3　任务分析

本任务可先采用表面铣削方式去除顶部余量，再用体积块铣削方式完成凹槽材料去除。凹槽零件数控加工思路和步骤如图6-4所示。

a. 毛坯　　　　　b. 铣削顶面　　　　　c. 铣削凹槽

图6-4　凹槽零件数控加工思路和步骤

6.1.4　任务实施

步骤1　建立工作目录

启动 Creo 2.0 后，单击主菜单中 按钮，系统弹出【选择工作目录】对话框，如图6-5所示。选取【选择工作目录】菜单栏中 组织 下拉菜单中【新建文件夹】选项，弹出【新建文件夹】对话框，如图6-6所示。在【新建文件夹】编辑框中输入文件夹名称"rw6-1"，单

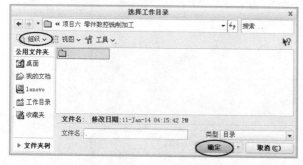

图6-5　【选择工作目录】对话框

图6-6　【新建文件夹】对话框

击 确定 按钮。在【选择工作目录】对话框中单击 确定 按钮。

步骤 2 零件三维实体造型

完成图 6-2 所示的零件模型的几何造型，保存名称为 "rw6-1.prt"。

步骤 3 进入 Creo 2.0 加工制造模块

（1）单击快速工具栏中 □ 按钮或选取主菜单中【文件】→【新建】，系统弹出【新建】对话框，如图 6-7 所示。在【类型】栏中选取【制造】，在【子类型】栏中选取【NC 装配】选项，在名称编辑框中输入 "rw6-1"，同时取消【使用默认模板】选项。

（2）单击【新建】对话框中的 确定 按钮，系统弹出【新文件选项】对话框，如图 6-8 所示。在【模板】分组框中选取【mmns_mfg_nc】选项，单击 确定 按钮，进入 Creo 2.0 加工制造模块，如图 6-9 所示。

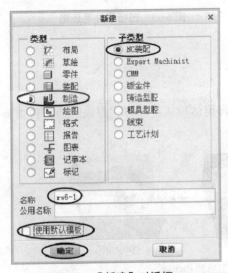

图 6-7 【新建】对话框

图 6-8 【新文件选项】对话框

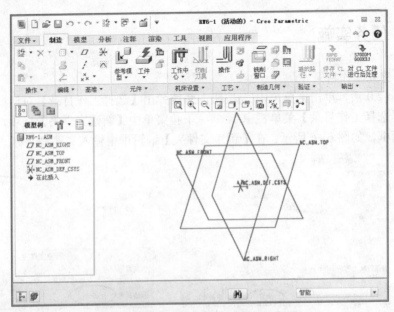

图 6-9 Creo 2.0 加工制造模块主界面

步骤4　创建制造模型

（1）装配参考模型。

参考模型即设计模型，其几何形状表示加工最终完成的零件形状，相当于零件图纸，是创建制造模型的基础，它为 Creo 2.0 数控加工提供各种几何信息和数字信息，是 Creo 2.0 数控加工的依据。根据参考模型提供的信息，Creo 2.0 加工制造模块生成我们需要的刀具路径和后置处理程序，将程序传送到数控机床上，制造出符合设计意图的产品。

单击【制造】功能选项卡【元件】区域中"装配参考模型" 按钮（或单击 按钮，选择下拉菜单中 选项），弹出【打开】对话框，选取 "rw6-1.prt"，单击 打开 按钮，则系统将参考模型显示在绘图区中，如图 6-10 所示。在【元件放置】操作面板【约束类型】下拉框中选取 选项，系统将在默认位置装配参考模型。单击 按钮，完成参考模型的装配。

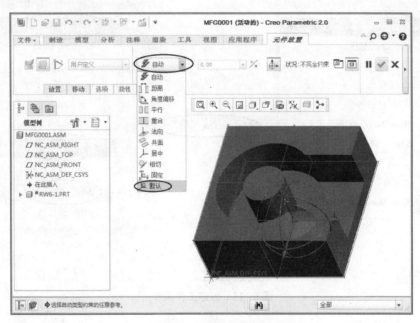

图 6-10　装配参考模型

（2）创建工件。

工件即毛坯零件，代表被加工零件尚未经过切削加工的几何形状。在 Creo 2.0 中工件模型是可选的。如果使用了工件模型，不仅计算 NC 序列时可以自动定义加工尺寸，而且工件模型在模拟加工时可以作动态加工模拟和过切检测，并查询材料切削量。通常推荐对其进行设置。

提示：简单的工件模型可以在 Creo 2.0 制造模块中直接创建，形状较复杂的工件模型也可以在零件造型模块中创建，然后在 Creo 2.0 制造模块中装配进来。本任务在制造模块中直接创建工件。

① 单击【制造】功能选项卡【元件】区域中 按钮，选择下拉菜单中 创建工件 选项，如图 6-11 所示；弹出【输入零件名称】编辑框，在编辑框中输入文件夹名称 "rw6-1wrk"，单击 按钮，进入工件创建，如图 6-12 所示。

图 6-11　创建工件选项

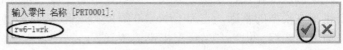

图 6-12　输入工件名称

② 单击【菜单管理器】中【实体】→【伸出项】→【拉伸】【实体】【完成】，如图 6-13 所示；系统进入创建工件界面，弹出【拉伸】操作面板，单击 放置 按钮，打开【放置】下滑面板，如图 6-14 所示。

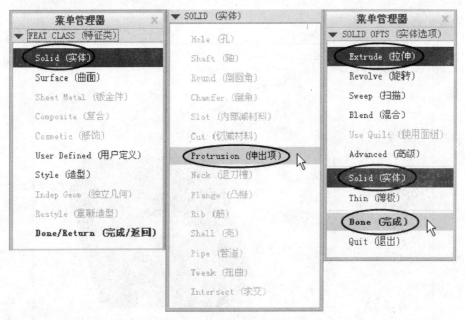

图 6-13　创建工件菜单

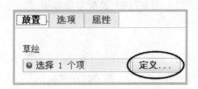

图 6-14　【放置】下滑面板

③ 单击 定义... 按钮，弹出【草绘】对话框，选取 TOP 平面为草绘平面，其余接受系统默认设置。单击 草绘 按钮，进入草绘界面，如图 6-15 所示。

④ 绘制与凹槽零件外轮廓四边重合的矩形草绘截面，如图 6-16 所示，单击草绘工具栏中✔按钮，完成截面的绘制；在操作面板中输入拉伸高度"42"；单击【拉伸】操作面板中✔按钮，完成工件创建。参考模型和工件模型装配组合在一起即为制造模型，如图 6-17 所示。

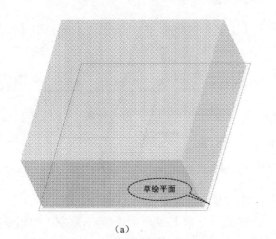

（a） （b）

图 6-15 选取草绘平面

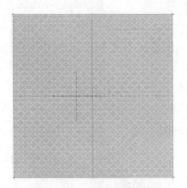

图 6-16 草绘截面图

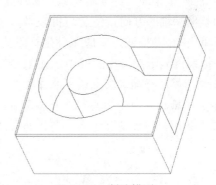

图 6-17 制造模型

步骤 5 制造设置

（1）机床设置。单击【制造】功能选项卡【机床设置】区域中按钮，系统弹出机床选取列表，选取【铣削】选项，如图 6-18 所示；系统弹出【铣削工作中心】对话框，在【名称】编辑框中输入机床名称（系统默认为 MILL01）；在【轴数】编辑框中选取"3 轴"，其余选项采用默认值，单击【铣削工作中心】对话框中✔按钮，完成机床设置，如图 6-19 所示。

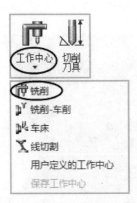

图 6-18 铣削机床选择

图 6-19 【铣削工作中心】对话框

（2）操作设置。单击【制造】功能选项卡【工艺】区域中 操作 按钮，系统弹出【操作】操作面板，如图 6-20 所示。

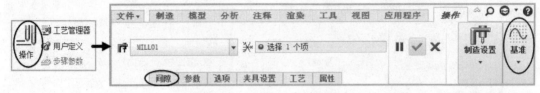

图 6-20 【操作】操作面板

① 加工零点设置。加工零点也叫工件坐标系，刀具轨迹数据都是相对于加工零点进行计算的。单击【操作】操作面板中 按钮，在弹出的【基准】菜单中选取 命令，如图 6-21 所示，系统弹出【坐标系】对话框，如图 6-22 所示；在制造模型中按住"Ctrl"键选取图 6-23 所示的 3 个平面，建立坐标系；选取【坐标系】对话框中的【方向】选项，如图 6-24 所示；调整坐标轴的方向，使之与机床坐标系的方向一致，如图 6-25 所示；在【坐标系】对话框中单击 确定 按钮，完成工件坐标系的建立。单击【操作】操作面板中 按钮，新建的工件坐标系将显示在操作面板中，如图 6-26 所示。

提示：a. 最好将加工零点设置在工件尺寸可以方便地转换成坐标值的位置。

b. 各坐标轴的方向必须与机床坐标系方向一致。

c. 工件坐标轴一旦设置完成，将成为后续工序的模板，除非进行再次设定或修改。

图 6-21 【基准】菜单

图 6-22 【坐标系】对话框

图 6-23 选取三个平面

图 6-24 坐标系定向

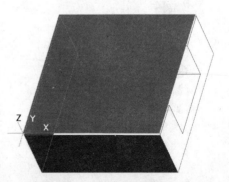

图 6-25 完成的工件坐标系

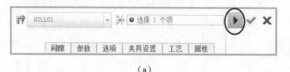 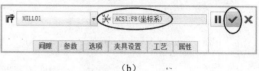

（a）　　　　　　　　　　　　　　　　（b）

图6-26　【操作】操作面板

② 退刀面设置。当在工件的不同区域加工时，每加工完一个区域后，刀具需要退到离工件有一定高度的位置，然后横向移动到另外一个区域的上方，再继续进行加工，刀具退刀到离工件一定高度所在的面叫退刀面，也称为安全平面。退刀面可以是平面，也可以是曲面。选取【操作】操作面板中 间隙 选项，系统打开【间隙】下滑面板，如图6-27所示；在【类型】选项中选取"平面"、在【参考】选项中选择工件顶面、【值】文本框中输入"10"（即退刀面距工件顶面10 mm）、【公差】文本框中输入"0.1"，其余参数采用默认设置，如图6-28所示。

提示：退刀面一旦设置完成，将成为后续工序的模板，除非进行再次设定或修改。

图6-27　【间隙】下滑面板

图6-28　退刀面设置

③ 完成操作设置。在图6-20所示的【操作】操作面板中单击 ✓ 按钮，完成操作设置，系统返回【制造】功能选项卡。

步骤6　创建表面铣削NC序列

（1）进入表面铣削NC序列创建。单击主菜单【铣削】功能选项卡铣削区域中 表面 按钮，系统弹出【表面铣削】操作面板，如图6-29所示。

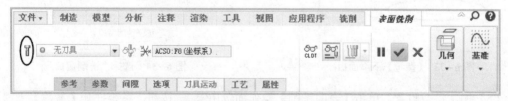

图6-29　【表面铣削】操作面板

（2）刀具设定。单击【表面铣削】操作面板中 按钮，系统弹出【刀具设定】对话框，在【名称】文本框输入刀具名称（默认T0001）、【类型】选项中选取"端铣削"、刀具直径设置为40 mm、长度设置为100 mm、其余采用默认设置，如图6-30所示；在【刀具设定】

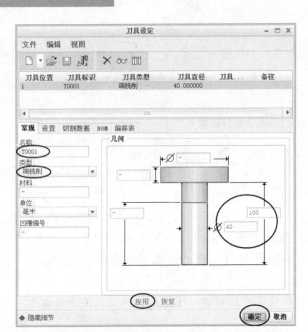

图 6-30 【刀具设定】对话框

对话框中依次单击 应用 及 确定 按钮，系统返回【表面铣削】操作面板。

（3）铣削窗口设置。单击【表面铣削】操作面板中 几何 按钮，系统弹出【几何】下拉菜单，如图 6-31 所示。单击 按钮，系统弹出【铣削窗口】操作面板，如图 6-32 所示；系统默认工件在退刀面上的投影为铣削窗口，在【铣削窗口】操作面板中单击 ✔ 按钮，完成表面铣削区域设置，系统返回【表面铣削】操作面板。单击【表面铣削】操作面板中 ▶ 按钮，继续进行表面铣削 NC 序列创建。

图 6-31 【几何】选项

图 6-32 【铣削窗口】操作面板

（4）选择表面铣削区域。单击【表面铣削】操作面板中 参考 按钮，打开【参考】下滑面板，如图 6-33 所示；在【类型】选项中选择"铣削窗口"、【加工参考】选择框中选择上一步骤完成的铣削窗口，如图 6-34 所示。

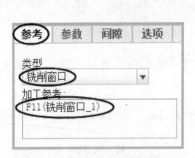

图 6-33 【参考】下滑面板

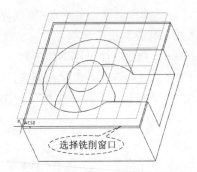

图 6-34 选择"铣削窗口"

（5）加工参数设置。单击【表面铣削】操作面板中 参数 按钮，系统打开【参数】下滑面板，输入如图 6-35 所示参数，完成表面铣削加工参数设置。

【切削进给】：设置切削进给速度为 200（mm/min）。

【自由进给】：非切削移刀进给速度（默认快速进给速度，表示在 CL 文件中将要输出 RAPID 指令，后置处理后为 G00 指令）。

【退刀进给】：刀具退离工件的速度（默认切削进给速度）。

【切入进给量】：设置刀具接近并切入工件时的进给速度为 100（mm/min）（默认切削进给速度）。

【步长深度】：设置每层切削深度为 2（mm）。

【公差】：刀具切削曲线轮廓时，用微小的直线段来逼近实际曲线轮廓，直线段与实际曲线轮廓最大偏离距离为 0.01（mm）。

【跨距】：设置横向切削步距为 30（mm）。

提示：【跨距】参数值一定要小于刀具直径。

【底部允许余量】：设置工件底面的加工余量。

【切割角】：设置刀具路径与 X 轴间的夹角。

【终止超程】：设置加工过程中退刀时刀具超出零件边线的距离为 5（mm）。

图 6-35 【参数】设置对话框

【起始超程】：设置加工过程中进刀时刀具接近零件边线的距离为 5（mm）。

【扫描类型】：设置加工区域时轨迹的拓扑结构为"类型 3"。

【切割类型】：设置切割类型为"顺铣"。

【安全距离】：设置退刀的安全高度。当刀具快速进刀，在距离铣削表面为此数值时，刀具将快速运动改为切削运动，一般取 2～5 mm。

【主轴速度】：设置主轴转速为 2000（r/min）。

【冷却液选项】：设置冷却液选项为"关闭"。

（6）演示刀具轨迹。加工仿真演示用于在计算机屏幕上演示所生成的刀具轨迹和实体工件切割情况，检查所设置的刀具轨迹是否正确合理，使加工过程更加优化。单击【表面铣削】操作面板中 按钮，系统弹出【播放路径】对话框，单击 ▶ 按钮，开始进行刀具轨迹演示，刀具轨迹如图 6-36 所示。

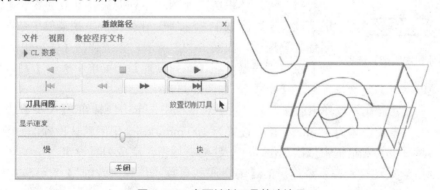

图 6-36 表面铣削刀具轨迹演示

（7）表面铣削 NC 序列加工模拟仿真。单击【表面铣削】操作面板中 按钮，在弹出的下拉选项中单击 按钮，系统弹出 "VERICUT 7.1.5 by CGTech" 窗口，在弹出的窗口中单击 ▶ 按钮，开始进行加工模拟仿真，如图 6-37 所示。模拟加工完成后关闭 VERICUT 软件，在弹出的对话框中单击 Ignore All Changes 按钮，忽略所有更改，系统返回【表面铣削】操作面板。

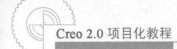

提示：Creo 2.0 提供了 VERICUT 和 NC CHECK 两种三维渲染加工模拟的方式。单击主界面【文件】→【选项】→【配置编辑器】，可更改选项【nc check_type】的设定值。

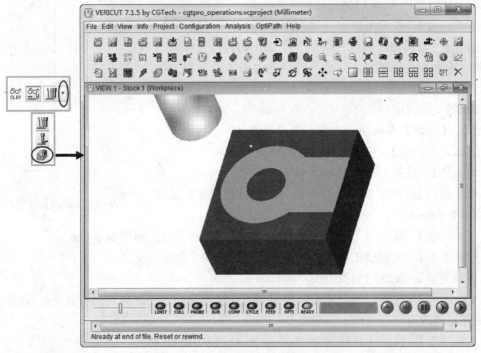

图 6-37　VERICUT 加工模拟仿真界面

（8）完成 NC 序列创建。单击【表面铣削】操作面板中 ✔ 按钮，完成表面铣削 NC 序列创建。

步骤 7　创建体积块铣削 NC 序列

图 6-38　【体积块铣削】选项

（1）进入体积块铣削 NC 序列创建。单击主菜单【铣削】功能选项卡铣削区域中 按钮，在弹出的下拉菜单中选取【体积块粗加工】选项，如图 6-38 所示。系统弹出【体积块铣削 NC 序列】菜单管理器，在【序列设置】子菜单中选取【刀具】【参数】【窗口】【逼近薄壁】复选框，单击【完成】，如图 6-39 所示。

（2）刀具设定。在系统弹出的【刀具设定】对话框中，单击 按钮，【类型】选项中选取"端铣削"、刀具直径设置为 12 mm、长度设置为 100 mm、其余采用默认设置，如图 6-40 所示；在【刀具设定】对话框中依次单击 应用 及 确定 按钮，完成刀具设定。

（3）制造参数设置。在系统弹出的【编辑序列参数"体积块铣削"】对话框中输入如图 6-41 所示的参数。

【切削进给】：设置切削进给速度为 200（mm/min）。

【弧形进给】：刀具沿圆弧切削进给速度（默认切削进给速度）。

【移刀进给量】：设定所有移刀运动进给速度（默认切削进给速度）。

【切入进给量】：设置刀具接近并切入工件时的进给速度为 100（mm/min）。

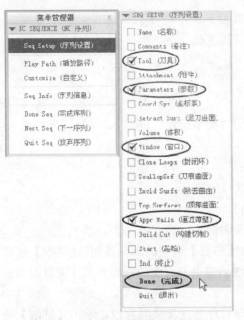

图 6-39 【体积块铣削】序列设置

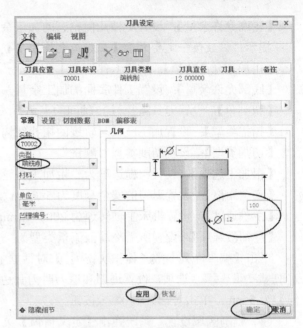

图 6-40 【刀具设定】对话框

(a)　　　　　　　　　　　　(b)

图 6-41 【编辑序列参数"体积块铣削"】对话框

【步长深度】：设置每层切削深度为 2（mm）。

【公差】：曲线轮廓到刀具切削微小的直线轮廓间的最大偏离距离为 0.01（mm）。

【跨距】：设置横向切削步距为 8（mm）。

提示：【跨距】参数值一定要小于刀具直径。

【轮廓允许余量】：设置工件几何轮廓的加工余量。

提示：该数值一定要大于【粗加工允许余量】所设置值。

【粗加工允许余量】：设置工件的加工余量。

【底部允许余量】：设置工件底面的加工余量。

【切割角】：设置刀具路径与 X 轴间的夹角。

【扫描类型】：设置加工区域时轨迹的拓扑结构为"类型螺纹"。

【切割类型】：设置切削类型"顺铣"。

【粗加工选项】：设置粗糙选项为"粗加工和轮廓"。

【安全距离】：设置退刀的安全高度为 5（mm）。

【主轴速度】：设置机床主轴转速为 2000（r/min）。

【冷却液选项】：设置所需冷却液流量类型为"关闭"。

单击【编辑序列参数"体积块铣削"】对话框中【参数】选项的 全部 按钮，【类别】选项选取 进刀/退刀运动 选项，设置进刀和退刀时刀具边缘到进退刀表面的距离参数【逼近退出延伸】为 5 mm。单击对话框中 确定 按钮。

（4）铣削区域设置。系统弹出【定义窗口】菜单管理器定义铣削窗口。单击【铣削】功能选项卡制造几何区域中 按钮，系统弹出【铣削窗口】操作面板，如图 6-42 所示；在【放置】下滑面板中单击【窗口平面】选项，如图 6-43 所示；选择凹槽零件上表面，刀具路径将从该平面开始产生，如图 6-44 所示；在【选项】下滑面板中选择【在窗口围线上】选项，刀具中心将与窗口围线重合，如图 6-45 所示；设置完成后单击图 6-42 中【铣削窗口】操作面板 ✔ 按钮，完成铣削区域设置。

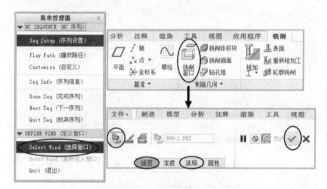

图 6-42 【铣削窗口】设定

图 6-43 【放置】下滑面板

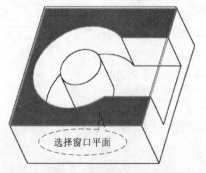

图 6-44 选择窗口平面

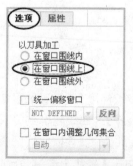

图 6-45 【选项】下滑面板

（5）定义逼近薄壁（刀具切入退出边界）。对于体积块铣削，原则上要求刀具的运动严格限制在铣削体积块内，但在有些情况下，可能希望刀具从材料外切入。【逼近薄壁】可以定义刀具从铣削体积块的哪一个面切入，刀具运动到进退刀表面的距离与制造参数【逼近退出延伸】有关。刀具中心到进退刀表面的距离等于【逼近退出延伸】选项的值与刀具半径之和，序列参数【逼近退出延伸】的默认值为零。

图 6-46　【链】选项

图 6-48　【屏幕播放】选取菜单

系统弹出【NC 序列】菜单管理器，在【链】子菜单选项中选取【依次】选项，如图 6-46 所示；选取铣削窗口中凹槽边为刀具切入、退出边界，如图 6-47 所示；在【链】菜单选项中单击【完成】选项，完成逼近薄壁定义。

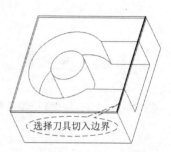

图 6-47　定义逼近薄壁

提示：由于立铣刀底刃排削比较困难，在切深较大时垂直进刀容易损坏刀具。当体积块有开放边界时，宜从材料外切入，【逼近退出延伸】就是定义刀具切入工件时要逼近的窗口边；当体积块处于封闭区域时，宜采用斜线或螺旋下刀方式。

（6）屏幕演示。单击【NC 序列】菜单管理器中【播放路径】→【屏幕播放】，如图 6-48 所示。在弹出的【播放路径】对话框中单击　▶　按钮，如图 6-49 所示，系统在屏幕上动态演示刀具加工路径，如图 6-50 所示。

（7）体积块铣削 NC 序列加工模拟仿真。单击【NC 序列】菜单管理器中【播放路径】→【NC 检查】，如图 6-51 所示，系统弹出 VERICUT 仿真界面，模拟仿真过程如图 6-52 所示。

图 6-49　【播放路径】对话框

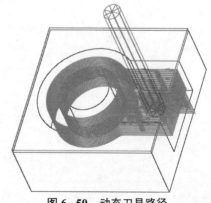

图 6-50　动态刀具路径

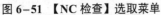

图 6-51 【NC 检查】选取菜单

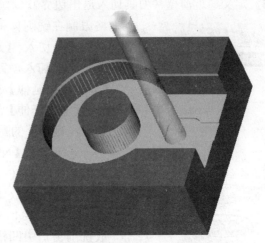

图 6-52 VERICUT 加工模拟仿真

（8）如对刀具路径不太满意，单击【NC 序列】菜单管理器中【序列设置】，重新设置参数；对刀具路径满意，则单击【NC 序列】菜单管理器中【完成序列】，完成体积块铣削 NC 序列创建。

步骤 8　创建刀位数据（CL 数据）文件

通过前面的步骤产生的 NC 序列必须转化为 CL 数据输出，才可以进行检查或输出文件。

（1）选取操作。单击【制造】功能选项卡【输出】区域中 按钮，系统弹出【选择特征】菜单管理器，单击【操作】→【OP010】，如图 6-53 所示。

（2）输出文件类型选择。在系统弹出的【路径】菜单管理器中选择【文件】，在【输出类型】子菜单中勾选【CL 文件】【MCD 文件】【交互】，单击【菜单管理器】中【完成】选项；系统弹出【保存副本】对话框，在【新名称】输入框中输入文件名称（op010），单击 确定 按钮，如图 6-54 所示。

图 6-53　CL 文件输出菜单

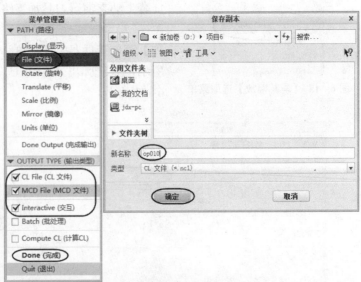

图 6-54　文件输出类型选择及保存

（3）后置处理。系统弹出【后置期处理选项】菜单，选取【详细】【追踪】复选项，单击【菜单管理器】中【完成】选项，如图6-55所示；在系统弹出的【后置处理列表】中选取合适的后置处理器，本案例选用"UNCX01.P01"，如图6-56所示；系统弹出【信息窗口】，关闭信息窗口，如图6-57所示；最后在【菜单管理器】中单击【完成输出】，完成本操作后置处理，如图6-58所示。

提示：a. 图6-56为【后置处理列表】，UNCX01.P××是铣床后置处理器，UNCL01.P××是车床后置处理器。

b. 必须预先为所用的机床配置后置处理器。

图6-55 【后置期处理选项】

图6-56 【后置处理列表】

图6-57 信息窗口

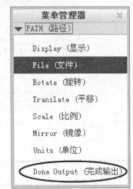

图6-58 完成文件输出

（4）查看G代码。在工作目录中用记事本或写字板打开如图6-59所示TAP文件"op010.tap"；图6-60所示即为本操作的G代码；该程序可传输到与UNCX01.P01后置处理器相匹配的数控机床上用于凹槽零件加工。

图6-59 TAP文件

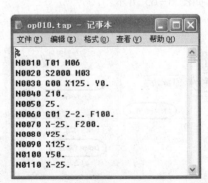

图6-60 G代码

步骤 9　操作（包括操作的全部 NC 序列）加工模拟仿真

（1）操作 OP010 动态演示加工路径。单击【制造】功能选项卡【验证】区域中▣按钮，系统弹出文件【打开】对话框，选择"op010.ncl"文件，如图 6-61 所示；屏幕演示效果如图 6-62 所示。

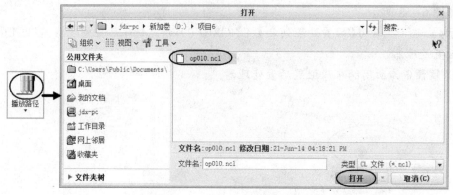

图 6-61　文件【打开】对话框

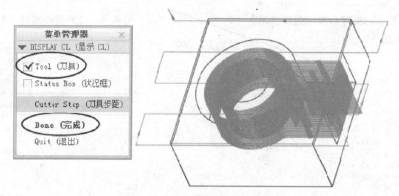

图 6-62　动态演示加工路径

（2）操作 OP010 加工模拟仿真。单击【制造】功能选项卡【验证】区域中▣按钮，在下拉菜单中选择【材料移除模拟】选项，系统弹出【NC 检验】菜单管理器如图 6-63 所示，选择【CL 文件】。在系统弹出的【Open CL File】对话框中，选择"op010.ncl"文件，如图 6-64 所示。单击【菜单管理器】中【完成】选项，系统弹出 VERICUT 仿真界面，加工模拟仿真如图 6-65 所示。

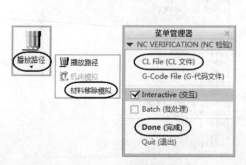

图 6-63　【NC 检验】选项

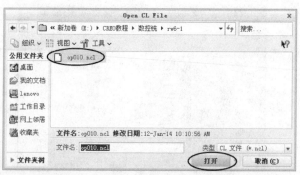

图 6-64　【Open CL File】对话框

6.1.5 相关知识

6.1.5.1 改变走刀方向

NC 序列创建完成后还可对该 NC 序列各项设置进行修改。在模型树中选取 NC 序列，单击鼠标右键，系统弹出快捷菜单，选取【编辑定义】选项即可对 NC 序列进行修改，如图 6-66 所示。在【菜单管理器】中选取【序列设置】选项，即可对该 NC 序列进行重新设置，如图 6-67 所示。

图 6-65　操作 VERICUT 加工模拟仿真

图 6-66　NC 序列修改菜单

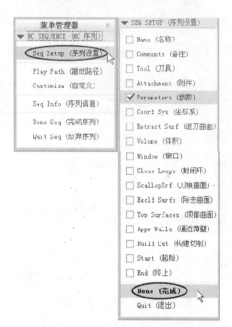

图 6-67　【序列设置】选项

在数控铣削加工中，系统是按照平行于退刀面来分层加工的，在每一层里刀具轨迹是与 Z 轴垂直的，对于直线切削刀具轨迹，每一层里刀具的运动方向（与 X 轴的夹角）是由参数【切割角】决定的。在【编辑序列参数"体积块铣削"】对话框中修改【切割角】为"60"，如图 6-68 所示，刀具轨迹如图 6-69 所示。

6.1.5.2 体积块铣削加工的基本参数

（1）扫描类型。

在【编辑序列参数"体积块铣削"】对话框中设置不同的【扫描类型】选项，可以得到不同的刀具路径以及越过孤岛（障碍）的方式，如图 6-70 所示。下面对其中的常用选项进行说明。

①【类型 1】：刀具连续加工体积块，遇到孤岛时退刀至退刀面，往返走刀，如图 6-71 所示。

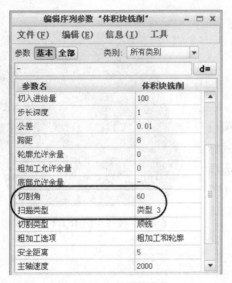

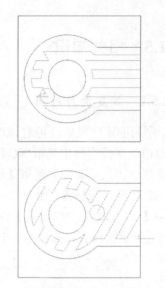

图6-68 修改【切割角】　　　　　图6-69 【切割角】为0°和60°刀具轨迹

提示：该类型进退刀频繁，加工效率低，刀具寿命短，尽量避免使用。

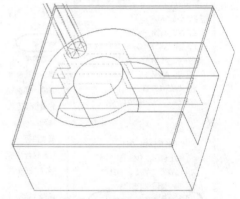

图6-70 【扫描类型】菜单　　　　　图6-71 【类型1】刀具轨迹

②【类型2】：刀具连续加工体积块，遇到孤岛不退刀，而是绕过孤岛的侧壁往返走刀，如图6-72所示。

③【类型3】：刀具连续加工体积块，当遇到孤岛时，将被切体积块按孤岛的位置划分为几个区域，依次加工这些区域并绕孤岛移动；完成一个区域后，刀具沿孤岛的侧壁移动到下一个铣削区域继续加工，如图6-73所示。

提示：【类型1】【类型2】【类型3】这三种走刀类型在没有孤岛的情况下结果是相同的。

④【类型螺纹】：刀具每一个切削层产生螺旋形刀具路径，而层间为直线切入，如图6-74所示。

⑤【类型一方向】：刀具只进行单向切削，在每个切削走刀终止位置退刀并返回切削的起始端，以相同方向开始下一次切削，避开孤岛的方法与类型1相同；这种加工方式能保证全部加工过程均为顺铣或逆铣，如图6-75所示。

⑥【类型1连接】：刀具只进行单向切削，在每个切削走刀终止位置退刀并迅速返回到当前走刀的起始点，进刀至指定深度，然后沿轮廓移动到下一走刀的起始位置，如图6-76所示。

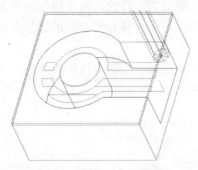
图 6-72 【类型 2】刀具轨迹

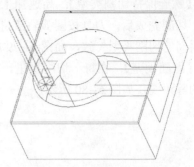
图 6-73 【类型 3】刀具轨迹

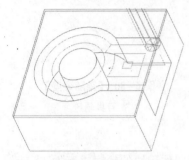
图 6-74 【类型螺旋】刀具轨迹

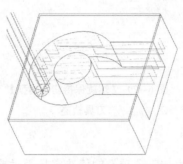
图 6-75 【类型一方向】刀具轨迹

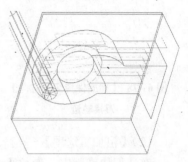
图 6-76 【类型 1 连接】刀具轨迹

⑦ 【常数_加载】：执行高速粗加工，在【编辑序列参数"体积块铣削"】对话框中，单击参数选项的 全部 按钮，在弹出的对话框中【类别】选项选取"切削运动"，选择【退刀面选项】为"智能"，如图 6-77 所示。

提示：【常数_加载】【螺旋保持切割方向】【螺旋保持切割类型】【跟随硬壁】扫描类型均为高速加工选项，设置【跨距】必须小于刀具半径、【退刀面选项】为"智能"。

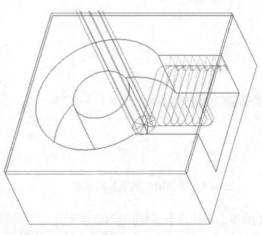

图 6-77 【常数_加载】刀具轨迹

⑧ 【螺旋保持切割方向】：高速加工选项。生成螺旋切刀路径，两次切削之间用 S 形连接；切削完成后，刀具按 S 形连接轨迹进入下一切削区域，保持切削方向，这样保证每一层的加工方向是一致的，如图 6-78 所示。

⑨【螺旋保持切割类型】：高速加工选项。生成螺旋切刀路径，两次切削之间用反向圆弧连接；切削完成后，刀具按圆弧轨迹进入下一切削区域，这样相邻层间的切削方向是相反的，但层间的切削类型一致，如图 6-79 所示。

⑩【跟随硬壁】：在每一切削层里，每一条刀具轨迹形状都是与体积块壁的形状保持固定偏距的等距线，如图 6-80 所示。

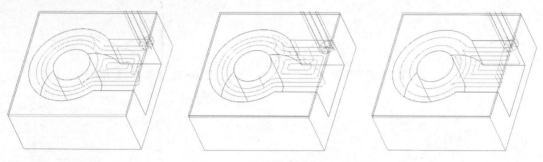

图 6-78 【螺旋保持切割方向】　　图 6-79 【螺旋保持切割类型】　　图 6-80 【跟随硬壁】
　　　刀具轨迹　　　　　　　　　　刀具轨迹　　　　　　　　　刀具轨迹

（2）【粗加工选项】。

在体积块铣削中，参数【粗加工选项】的值决定是否对被切体积块的轮廓进行加工，下面以【扫描类型】设置为"类型 3"，说明不同【粗加工选项】刀具轨迹之间的区别，如图 6-81 所示。

①【仅限粗加工】：创建的 NC 序列只加工体积块，不加工体积块的轮廓，如图 6-82 所示。

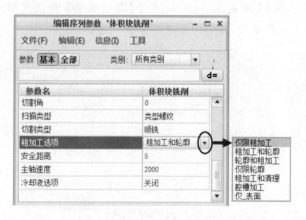

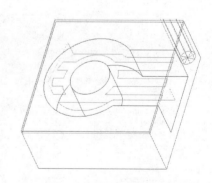

图 6-81 【粗加工选项】对话框　　　　　　图 6-82 【仅限粗加工】刀具路径

②【粗加工和轮廓】：创建的 NC 序列先加工体积块，然后加工体积块的轮廓，如图 6-83 所示。

③【轮廓和粗加工】：创建的 NC 序列先加工体积块的轮廓，然后加工体积块，如图 6-84 所示。

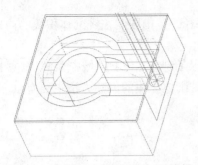

图 6-83 【粗加工和轮廓】刀具路径

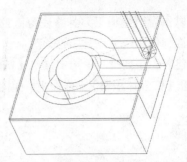

图 6-84 【轮廓和粗加工】刀具路径

④【仅限轮廓】：该选项创建的 NC 序列只加工体积块的轮廓，不加工体积块，如图 6-85 所示。

⑤【粗加工和清理】：该选项在不产生轮廓铣削的情况下，对体积块的侧壁进行精加工。如果【扫描类型】设置为"类型 3"，每个层切面内的水平连接移动将沿体积块的壁进行。如果【扫描类型】设置为"类型 1 方向"，在切入和退刀时，刀具将沿着体积块的壁垂直移动，如图 6-86 所示。

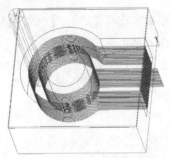

图 6-85 【仅限轮廓】刀具路径

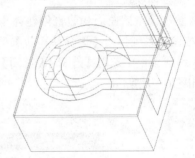

图 6-86 【粗加工和清理】刀具路径

⑥【腔槽加工】：加工体积块的轮廓并加工体积块内平行于退刀平面的所有平面（岛顶部和体积块的底部），如图 6-87 所示。

⑦【仅_表面】：只加工体积块内平行于退刀平面的平面（岛顶部和体积块的底部），如图 6-88 所示。

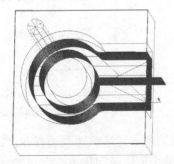

图 6-87 【腔槽加工】刀具路径

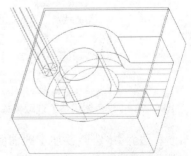

图 6-88 【仅_表面】刀具路径

6.1.5.3 创建铣削体积块

铣削体积块即加工实体，如欲进行大切削量的加工，可在加工模型上定义一个要切除的实体，以作为产生加工刀具路径范围的参考，刀具路径的范围限制在铣削体积块的内部。下面说明铣削体积块的创建方法。

创建 NC 序列时，单击主菜单【铣削】功能选项卡【制造几何】区域中  铣削体积块 按钮，系统弹出【铣削体积块】操作面板，如图 6-89 所示。铣削体积块的创建方法主要有以下几种：

图 6-89 【铣削体积块】操作面板

（1）草绘体积块。

采用【拉伸】【旋转】【扫描】等基本建模方法创建体积块。选取【铣削体积块】操作面板【形状】区域中的各项命令，具体创建方法参阅本教程项目 2 部分内容。

（2）聚合体积块。

选取参考模型的曲面和边来创建体积块。在创建体积块界面中，单击【体积块特征】区域中 按钮，系统弹出【聚合体积块】菜单管理器，如图 6-90 所示；选取【定义】，在【聚合步骤】选择菜单中选取【选择】【封闭】复选框，单击【完成】选项，系统弹出【聚合选择】菜单，如图 6-91 所示。

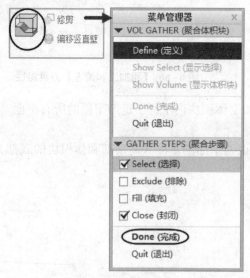

图 6-90 【聚合体积块】选取菜单

图 6-91 【聚合选择】菜单

① 【曲面和边界】：选取要加工的曲面（种子曲面）之一，然后选取边界曲面，系统将从种子曲面开始自动选取相邻曲面直到边界曲面为止，整个所选区间作为要加工的"体积块"。

单击【聚合选择】菜单中【曲面和边界】→【完成】，选取如图 6-92 所示的面为种子面，系统弹出【特征参考】菜单，系统进入【边界曲面】选择界面，按住"Ctrl"键选取参考模型上箭头所指的面为边界曲面，在【特征参考】菜单中选择【完成参考】，如图 6-93 所示；系统返回【曲面边界】菜单，单击【完成/返回】，如图 6-94 所示；系统弹出【封闭环】菜单，在【封合】中选择【顶平面】【选取环】复选项，单击【完成】，如图 6-95 所示；系统提示"选择或创建一平面，盖住闭合的体积块"，选择参考模型上表面，如图 6-96 所示；系统提示"选择要被顶平面封闭的邻接边"，按住"Ctrl"键选择图 6-97 所示的高亮边，单击【完成/返回】；系统返回【聚合选择】菜单，单击【完成】选项，单击【铣削体积块】操作面板中◼️按钮，"体积块"着色显示，如图 6-98 所示。单击【铣削体积块】操作面板中✔️按钮，完成铣削体积块的创建。

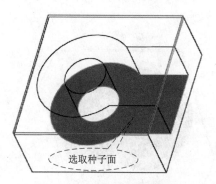

图 6-92 选取【种子曲面】

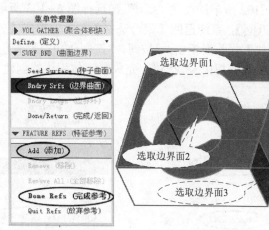

图 6-93 选取【边界曲面】

图 6-94 【曲面边界】菜单

图 6-95 【封闭环】菜单

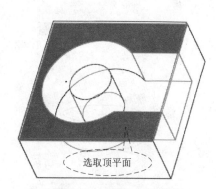

图 6-96 选取【顶平面】

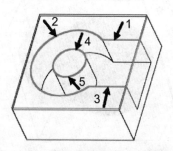

图 6-97 选取【顶平面】的邻接边

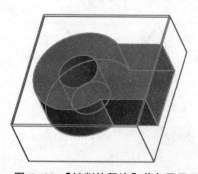

图 6-98 【铣削体积块】着色显示

②【曲面】：选取需要加工的连续曲面。所有选取的曲面均被包括在所定义的铣削体积块中。

单击【聚合选择】菜单中【曲面】→【完成】，如图 6-99 所示；系统弹出【特征参考】菜单，如图 6-100 所示，按住"Ctrl"键依次选取参考模型上如图 6-100 所示的曲面，在【特征参考】菜单中选择【完成参考】；系统弹出定义【封闭环】菜单，在【封合】选项中选择【顶平面】【选取环】复选项，单击【完成】，如图 6-101 所示；选择参考模型上表面为顶平面，如图 6-102 所示；按住"Ctrl"键选择图 6-103 所示的高亮边为顶平面封闭的邻接边，单击【完成/返回】；系统返回【聚合选择】菜单，单击【完成】选项，体积块创建成功，单击【铣削体积块】操作面板中▱按钮，"铣削体积块"着色显示，如图 6-104 所示；单击【铣削体积块】操作面板中✔按钮，完成铣削体积块的创建。

图 6-99 【聚合选择】菜单

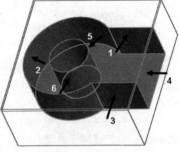

图 6-100 选择曲面

图 6-101 【封闭环】菜单

选取顶平面

图 6-102 选取【顶平面】

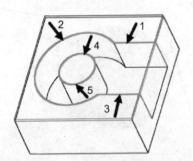

图 6-103 选取【顶平面】的邻接边

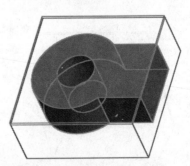

图 6-104 【铣削体积块】着色显示

③【特征】：选取需要加工的特征，所选特征的曲面均被包括在所定义的体积块中。

单击【聚合选择】菜单中【特征】→【完成】，如图 6-105 所示；系统弹出【特征参考】菜单，选取参考模型的凹槽特征，在【特征参考】菜单中选择【完成参考】，如图 6-106 所示；系统弹出定义【封闭环】菜单，在【封合】选项中选择【顶平面】【选取环】复选项，单击【完成】，如图 6-107 所示；选择参考模型上表面为顶平面，如图 6-108 所示；按住"Ctrl"键选择图 6-109 所示的高亮边为顶平面封闭的邻接边，单击【完成/返回】；系统返回【聚合选择】菜单，单击【完成】选项，体积块创建成功，单击【铣削体积块】操作面板中 ▱ 按钮，"铣削体积块"着色显示；单击【铣削体积块】操作面板中 ✔ 按钮，完成铣削体积块的创建。

图 6-105　【聚合选择】菜单

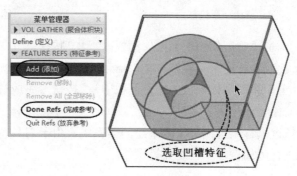

图 6-106　选择特征

图 6-107　【封闭环】菜单

图 6-108　选取【顶平面】

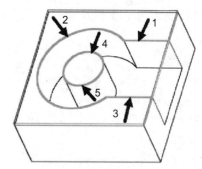

图 6-109　选取【顶平面】的邻接边

④【铣削曲面】：从名称列表菜单选取预先已定义的"铣削曲面"，所有选取的铣削曲面均被包括在所定义的铣削体积块中。

（3）修剪铣削体积块。

Creo 2.0 自动从当前体积块定义中减去参考模型，并且仅加工剩余的体积块。修剪铣削体积块创建步骤如下。

① 拉伸体积块。单击【铣削体积块】操作面板中 ⬠ 按钮，系统弹出【拉伸】操作面板，选取参考模型上表面为草绘面，草绘截面如图 6-110 所示；拉伸深度确保比要铣削的凹槽深些，如图 6-111 所示，完成拉伸体积块创建。

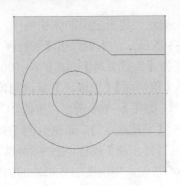

图 6-110　草绘截面

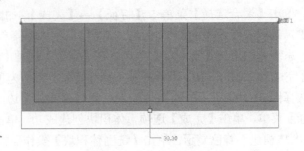

图 6-111　拉伸深度

② 单击【铣削体积块】操作面板中 修剪 按钮。

③ 选取参考模型。系统将拉伸体积块与参考模型裁剪，剩余部分即为"铣削体积块"。

④ 单击【铣削体积块】操作面板中 ✔ 按钮，完成铣削体积块的创建。

（4）偏移体积块。

可通过偏移来延拓聚合或草绘的体积块。由于刀具总是在定义的体积块内，因此可使用此选项进行诸如整理工件边界等操作。

6.1.5.4　创建铣削窗口

铣削窗口就是定义需要铣削加工的范围，在窗口内根据参考模型来切削工件。在三轴铣床中，铣削窗口一定是在垂直 Z 轴的平面内，刀具的切削运动一定是在窗口范围内。

创建 NC 序列时，单击主菜单【铣削】功能选项卡【制造几何】区域中 按钮，系统弹出【铣削窗口】操作面板，如图 6-112 所示。铣削体积块的创建方法主要有以下几种：

图 6-112　【铣削窗口】操作面板

（1）轮廓窗口类型。

在【铣削窗口】操作面板中单击 按钮（创建【铣削窗口】时，系统默认"轮廓窗口类型"），如图 6-112 所示。允许通过将参考模型的侧面影像投影到铣削窗口的起始平面上，在平行于铣削窗口坐标系的 Z 轴的方向上创建窗口。

① 放置平面：在【铣削窗口】操作面板中单击【放置】选项，系统弹出【放置】下滑面板，如图 6-113 所示；在制造模型中选取模型的上表面为窗口放置平面，如图 6-114 所示；如果用于创建轮廓窗口的参考模型包含贯穿切口或通孔，选取【放置】下滑面板中的【保留内环】复选框，那么在加工时窗口内封闭环里的工件材料将不予加工；如果不选取【放置】下滑面板中的【保留内环】复选框，那么在加工时窗口内封闭环里的工件材料将被加工切除。

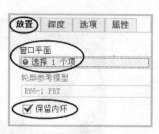

图 6-113 【放置】下滑面板

选取窗口放置平面

图 6-114 选取窗口放置平面

②【深度】选项：在【铣削窗口】界面中单击【深度】选项，出现如图 6-115 所示的【深度】下滑面板。如果选中【指定深度】复选框，则根据【深度】选项规定要求执行：选取【⏫】选项，则输入距测量平面的深度值；选取【⏬】选项，则在窗口平面下选取一个垂直于 Z 轴的平面，加工至该平面为止；如果未选中【指定深度】复选框，加工时将一直铣削至满足参考模型为止。

③ 窗口选项：在【铣削窗口】操作面板中单击【选项】选项，出现如图 6-116 所示的【选项】下滑面板。

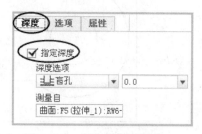

图 6-115 【深度】下滑面板

图 6-116 【选项】下滑面板

【在窗口围线内】：刀具始终在【铣削窗口】的轮廓线以内运动，如图 6-117 所示。

【在窗口围线上】：刀具中心将达到【铣削窗口】的轮廓线，如图 6-118 所示。

【在窗口围线外】：刀具将完全越过【铣削窗口】的轮廓线，如图 6-119 所示。

④ 偏移窗口：如选取【统一偏移窗口】复选框并指定偏移值和方向，可扩大或缩小铣削窗口的大小，如图 6-120 所示。

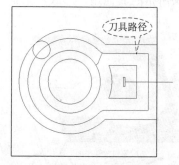

图 6-117 【在窗口围线内】刀具路径

图 6-118 【在窗口围线上】刀具路径

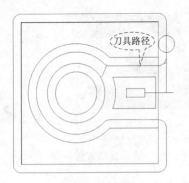

图 6-119 【在窗口围线外】刀具路径

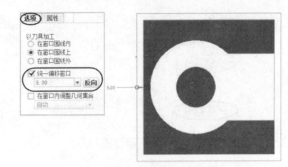

图 6-120 【统一偏移窗口】偏移方向

（2）草绘窗口类型。

在【铣削窗口】操作面板中单击 ✍ 按钮，使用垂直于 Z 轴的平面作为草绘平面，并确定草绘方向，然后使用草绘封闭轮廓来定义铣削窗口。

在【铣削窗口】界面中选取参考模型的上表面为窗口放置平面，如图 6-121 所示。单击操作面板中 ▨ 图标，选取参考平面，绘制如图 6-122 所示封闭轮廓，该封闭轮廓即为铣削窗口。

图 6-121 草绘平面

图 6-122 草绘窗口截面

（3）链窗口类型。

在【铣削窗口】操作面板中单击 🗂 按钮，如图 6-112 所示。通过选取封闭轮廓的边或曲线，并将此封闭轮廓投影到窗口平面来定义铣削窗口。

在【铣削窗口】界面中单击【放置】选项，打开【放置】下滑面板，如图 6-123 所示；然后在制造模型中选取模型的上表面为窗口放置平面；单击【链】收集对话框，选取图 6-124中箭头所指的任意一边，按住"Shift"键，再选取箭头所指的其他边，形成一条封闭轮廓，该封闭轮廓投影到窗口放置平面上即为铣削窗口。

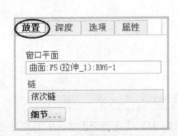

图 6-123 【放置】下滑面板

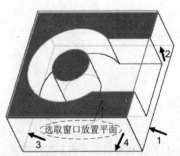

图 6-124 选取窗口放置平面及封闭轮廓

6.1.5.5 下刀方式的设定

下刀方式主要是设定刀具从 Z 轴方向切入工件时的刀具轨迹。下面以任务 6.1 凹槽零件体积块加工为例进行下刀方式修改。

在模型树中选取【2. 体积块铣削】NC 序列，单击鼠标右键，在弹出的快捷菜单中选取【编辑定义】，系统弹出【NC 序列】菜单，单击【序列设置】选项，系统弹出【序列设置】菜单，勾选【参数】选项，单击【完成】选项，系统弹出【编辑序列参数"体积块铣削"】对话框，单击 全部 按钮，在【类别】选项中选取"进刀/退刀运动"即可进行下刀方式设定。

（1）斜向角度。

设置在切入切削过程中，刀具切入工件时的角度。【斜向角度】缺省值为 90°，此时刀具平行 Z 轴切入工件（即垂直下刀），如图 6-125 所示；【斜向角度】值设置为 8° 时，此时刀具按斜线切入工件，如图 6-126 所示。

图 6-125 【斜向角度】为 90° 时的刀具路径

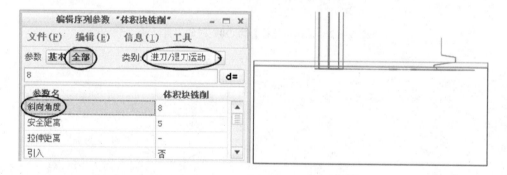

图 6-126 【斜向角度】为 8° 时的刀具路径

（2）螺旋直径。

创建带有螺旋进刀运动的体积块铣削，螺旋直径将由刀具的外侧形成，下降角度由【斜向角度】参数值定义。如果已指定 NC 序列的【逼近薄壁】，刀具向下移动到"接近壁"外侧时不创建螺旋运动，然而，如果刀具向下移动到铣削体积块内侧时，系统将使用螺旋进入。【螺旋直径】缺省为"—"，在这种情况下将不执行螺旋运动。【螺旋直径】选项设置为 15 mm 时，刀具将沿螺旋线切入工件，如图 6-127 所示。

提示： 由于立铣刀底刃排屑比较困难，在切深较大时垂直进刀容易损坏刀具。当体积块有开放边界时，宜从材料外切入；当体积块处于封闭区域时，宜采用斜线或螺旋下刀方式。

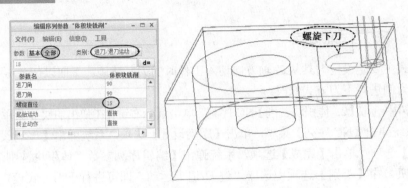

图 6-127 【螺旋直径】设为 15 mm 时的刀具路径

6.1.5.6 表面铣削常用加工参数

（1）【起始超程】：指在刀具路径起点处刀具参考点距工件轮廓的距离（单位为 mm），该参数对每次走刀都起作用。图 6-128 是【起始超程】设置为"0"时的刀具路径；图 6-129 是【起始超程】设置为"5"时的刀具路径。

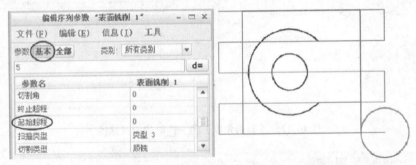

图 6-128 【起始超程】为"0"时的刀具路径

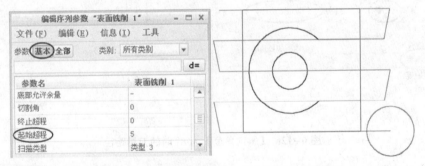

图 6-129 【起始超程】设为"5"时的刀具路径

（2）【终止超程】：指刀具路径在终点处刀具参考点距工件轮廓的距离（单位为 mm），该参数对每次走刀都起作用。图 6-130 是【终止超程】设置为"0"时的刀具终止位置，图 6-131 是【终止超程】设置为"5"时的刀具终止位置。

（3）【接近距离】：加工过程中进刀时刀具参考点与零件边线的距离为【接近距离】+【起始超程】（单位为 mm），该参数对进刀运动起作用。图 6-132 是【接近距离】设置为"0"时的刀具路径，图 6-133 是【接近距离】设置为"20"时的刀具路径。

272

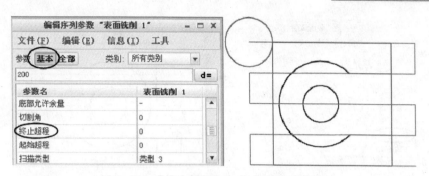

图 6-130 【终止超程】为"0"时的刀具路径

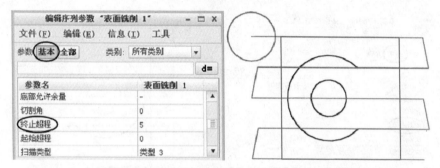

图 6-131 【终止超程】设为"5"时的刀具路径

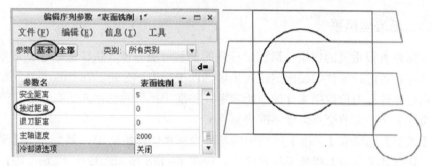

图 6-132 【接近距离】为"0"时的刀具路径

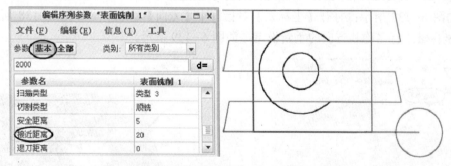

图 6-133 【接近距离】设为"20"时的刀具路径

　　(4)【退刀距离】：加工过程中进刀时刀具参考点与零件边线的距离为【退刀距离】+【终止超程】（单位为 mm），该参数对退刀运动起作用。图 6-134 是【退刀距离】设置为"0"时的刀具路径，图 6-135 是【退刀距离】设置为"20"时的刀具路径。

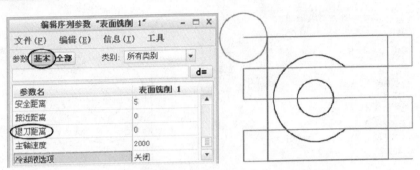

图 6-134 【退刀距离】设为"0"时的刀具路径

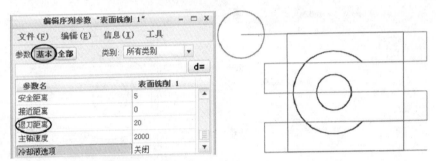

图 6-135 【退刀距离】设为"20"时的刀具路径

6.1.5.7 基准坐标系

基准坐标系有很重要的作用，通过坐标系的偏移可更方便、快捷地创建复杂零件模型，通过定位坐标系可进行零件的装配定位，还可辅助进行力学分析。在 Creo 2.0 的制造模块中基准坐标系还是计算刀位数据文件的原始参考。基准坐标系的创建方法有以下几种：

（1）通过 3 个平面的交点创建基准坐标系 CS0。

单击【模型】选项卡【基准】区域中的基准坐标系创建按钮 ，系统弹出【坐标系】创建对话框，此时其【参考】栏处于待选状态，如图 6-136 所示。按住"Ctrl"键，依次选取零件前表面、上表面、右侧面；单击【坐标系】创建对话框中 确定 按钮，建立基准坐标系 CS0，如图 6-137 所示；打开【坐标系】对话框中【方向】选项卡（如图 6-138 所示），可对 3 条坐标轴进行名称和方向的重新设定，如图 6-139 所示。

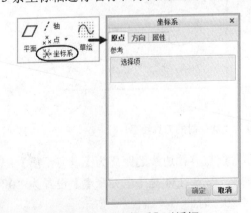

图 6-136 【坐标系】对话框

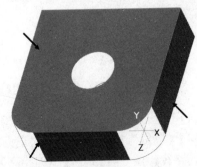

图 6-137 创建基准坐标系 CS0

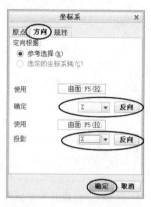

图 6-138 【方向】选项卡

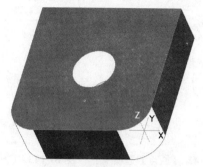

图 6-139 设定基准坐标系方向

（2）通过 2 个轴创建基准坐标系 CS1。

单击【模型】选项卡【基准】区域中的基准坐标系创建按钮⊀，系统弹出【坐标系】创建对话框，按住"Ctrl"键，依次选取零件的 2 条棱边，单击【坐标系】创建对话框中 确定 按钮，建立基准坐标系 CS1，如图 6-140 所示。

（3）通过点和指定 2 轴创建基准坐标系 CS2。

单击【模型】选项卡【基准】区域中的基准坐标系创建按钮⊀，系统弹出【坐标系】创建对话框，选取如图 6-141 所示的点，打开【坐标系】对话框中的【方向】选项卡，单击【使用】收集器，使其处于激活状态，然后选取如图 6-141 箭头所示两条边，确定各坐标轴方向。单击【坐标系】创建对话框中 确定 按钮，建立基准坐标系 CS2。

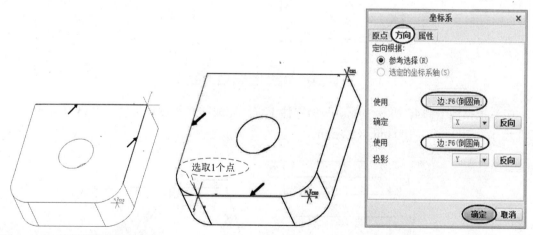

图 6-140 创建基准坐标系 CS1   图 6-141 选取两条边和一点

（4）通过偏距参考坐标系的方法创建基准坐标系 CS3。

单击【模型】选项卡【基准】区域中的基准坐标系创建按钮⊀，系统弹出【坐标系】创建对话框，选取基准坐标系 CS2，【偏移类型】选取"笛卡儿"，输入 X、Y、Z 3 个方向上相应的偏移值，如图 6-142 所示；打开【方向】选项卡，输入 X、Y、Z 3 个方向上与参考坐标系旋转的角度值，如图 6-143 所示。建立基准坐标系 CS3，如图 6-144 所示。

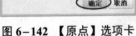

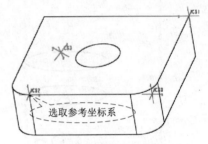

图 6-142 【原点】选项卡　　图 6-143 【方向】选项卡　　图 6-144　创建基准坐标系 CS3

6.1.6　练习

（1）根据图 6-145 所示的椭圆凹槽零件工程图完成零件数控加工。工件材料为 45 钢，工件尺寸为 200 mm×100 mm×32 mm。

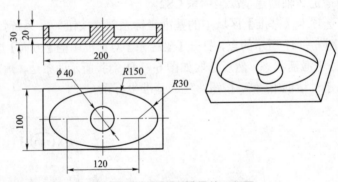

图 6-145　椭圆凹槽零件工程图

（2）根据图 6-146 所示的开口凹槽零件工程图完成零件数控加工。工件材料为 45 钢，工件尺寸为 100 mm×100 mm×32 mm。

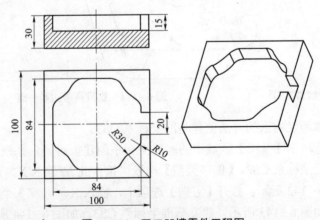

图 6-146　开口凹槽零件工程图

任务 6.2　锥形座零件数控加工——局部铣削、曲面铣削、轮廓铣削、腔槽铣削、孔加工

局部铣削是对先前 NC 加工序列残留的材料进行清理，清除工件转角上的残屑余料，以减少工件的粗糙程度，提高加工质量。当切削量较大时，尽可能选取尺寸大的刀具先进行粗加工，然后依次选取直径较小的刀具对大尺寸刀具切不到的根部、圆角或内外轮廓中曲率半径小于刀具半径的部位进行精加工。通常，局部铣削可以跟在许多工序的后面，甚至一个局部铣削可以跟在另一个局部铣削之后。

曲面铣削是 NC 加工中比较高级的内容。通过设置适当的参数，曲面铣削加工方式可以完成平面铣削、轮廓铣削、体积块铣削、曲面铣削等。尤其对曲面铣削来说，可以借助其提供的非常灵活的走刀方式来实现不同曲面特征的加工并满足加工精度要求。曲面铣削一般用于粗加工之后，大多属于精加工的范畴。

轮廓铣削是用刀具的侧刃铣削工件的曲面轮廓。可用于加工竖直或倾斜曲面，刀具以等高方式沿着工件分层加工，要求被加工的曲面必须能够形成连续的刀具路径。轮廓铣削既可以用于工件大切削量的粗加工，也可以用于较小切削量的精加工。因此轮廓铣削加工方法特别适用于具有连续侧面曲面形状的零件加工。

孔加工主要适用于各种具有孔特征的零件加工，包括钻孔、镗孔、扩孔、铰孔和攻丝等。在孔加工中，由于不同的孔工件所制订的加工工艺不同，所使用的刀具也会随之发生变化。孔加工一般使用固定循环的加工方式，对于不同的数控系统，它的固定循环代码会有一定的差异。

6.2.1　学习目标

（1）掌握 Creo 2.0 局部铣削、曲面铣削、轮廓铣削及孔加工的适用场合；

（2）掌握 Creo 2.0 局部铣削、曲面铣削、轮廓铣削及孔加工的加工区域设置方法；

（3）掌握 Creo 2.0 局部铣削、曲面铣削、轮廓铣削及孔加工的切削参数设置。

6.2.2　任务要求

根据图 6-147 所示的锥形座零件工程图，用 Creo 2.0 软件完成锥形座零件的三维建模及数控加工自动编程。锥形座零件为单件小批量生产，材料为 45 钢，毛坯尺寸为 100 mm×100 mm×30 mm。

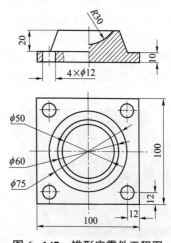

图 6-147　锥形座零件工程图

6.2.3　任务分析

本任务可先采用体积块铣削方式进行粗加工，再用局部铣削方式对锥面及凹球面进行半精加工，采用轮廓铣削方式对锥面进行精加工，采用曲面铣削方式对凹球面进行精加工，采用腔槽铣削方式进行平面精加工，采用中心钻预钻一个锥坑，以便钻孔时钻头定心，最后用钻头钻孔。锥面座零件数控加工思路和步骤如图 6-148 所示。

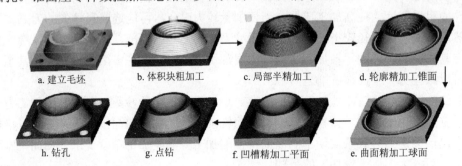

a. 建立毛坯　　b. 体积块粗加工　　c. 局部半精加工　　d. 轮廓精加工锥面

h. 钻孔　　g. 点钻　　f. 凹槽精加工平面　　e. 曲面精加工球面

图 6-148　锥面座零件数控加工思路和步骤

6.2.4　任务实施

步骤 1　建立工作目录

启动 Creo 2.0 后，单击主菜单中 按钮，系统弹出【选择工作目录】对话框。选取【选择工作目录】菜单栏中 组织 下拉菜单中【新建文件夹】选项，弹出【新建文件夹】对话框，在【新建文件夹】编辑框中输入文件夹名称"rw6-2"，单击 确定 按钮。在【选择工作目录】对话框中单击 确定 按钮。

步骤 2　零件三维实体造型

完成图 6-147 所示的零件模型的几何造型，保存名称为"rw6-2.prt"。

步骤 3　进入 Creo 2.0 加工制造模块

（1）单击系统工具栏中 按钮或选取主菜单中【文件】→【新建】，系统弹出【新建】对话框。在【类型】栏中选取【制造】，在【子类型】栏中选取【NC 装配】选项，在名称编辑框中输入"rw6-2"，同时取消【使用默认模板】选项。

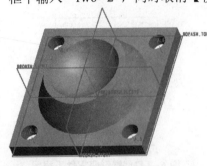

图 6-149　装配的参考模型

（2）单击【新建】对话框中的 确定 按钮，系统弹出【新文件选项】对话框，在【模板】分组框中选取【mmns_mfg_nc】选项，单击 确定 按钮，进入 Creo 2.0 加工制造模块。

步骤 4　创建制造模型

（1）装配参考模型。

单击【制造】功能选项卡【元件】区域中【组装参考模型】 按钮（或单击 参考模型 按钮，选择下拉菜单中 组装参考模型 选项），弹出【打开】对话框，选取"rw6-2.prt"，单击 打开 按钮。系统将参考模型显示在绘图区中，如图 6-149 所示。在【元件放置】操

作面板的【约束类型】下拉框中选取 [且 默认] 选项，系统将在默认位置装配参考模型。单击 ✔
按钮，完成参考模型的装配。

（2）创建工件。

① 单击【制造】功能选项卡【元件】区域中 [工件] 按钮，选择下拉菜单中 [ᵴ 自动工件] 选项，
系统弹出【创建自动工件】操作面板，如图 6-150 所示。

图 6-150 【创建自动工件】操作面板

② 单击【创建自动工件】操作面板中 ■ 按钮，系统将自动创建包络参考模型的最小矩
形工件，单击【创建自动工件】对话框中 ✔ 按钮，完成制造模型创建，如图 6-151 所示。

步骤 5 制造设置

（1）机床设置。单击【制造】功能选项卡【机床设置】区域中 [工作中 心▼] 按钮，系统弹出机床
选取列表，选取【铣削】选项，系统弹出【铣削工作中心】对话框，在【名称】编辑框中输
入机床名称（系统默认为 MILL01）；在【轴数】编辑框中选取"3 轴"；其余选项采用默认值，
单击【铣削工作中心】对话框中 ✔ 按钮，完成机床设置。

（2）操作设置。单击【制造】功能选项卡【工艺】区域中 [操作] 按钮，系统弹出【操作】
操作面板。

① 创建工件坐标系。单击【操作】操作面板中的 ⟨⟩ 按钮，在弹出的【基准】菜单中选
取 ⋇ 命令，系统弹出【坐标系】对话框，选取工件顶平面中心为坐标原点；选取【坐标系】
对话框中的【方向】选项，调整坐标轴的方向，使之与机床坐标系的方向一致，在【坐标系】
对话框中单击 [确定] 按钮，完成工件坐标系的建立，如图 6-152 所示。单击【操作】操作面
板中 ▶ 按钮，新建的工件坐标系将显示在操作面板的【程序零点】收集器中。

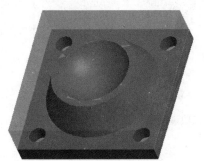

图 6-151 制造模型

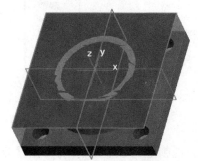

图 6-152 创建工件坐标系

② 退刀面设置。选取【操作】操作面板中 [间隙] 选项，系统弹出【间隙】下滑面板，在
【类型】选项中选取"平面"、在【参考】选项中选择工件顶面、【值】文本框中输入"10"（即
退刀面距工件顶面 10 mm）、【公差】文本框中输入"0.1"，其余参数采用默认设置。

③ 完成操作设置。在【操作】操作面板单击 ✔ 按钮，完成操作设置，系统返回【制造】
功能选项卡。

步骤 6　创建体积块铣削 NC 序列

（1）进入体积块铣削 NC 序列创建。单击【铣削】功能选项卡【铣削】区域中 按钮，在弹出的下拉菜单中选取【体积块粗加工】选项，系统弹出【NC 序列】菜单管理器，选取【刀具】【参数】【窗口】【逼近薄壁】复选框，单击【完成】。

（2）刀具设定。在系统弹出的【刀具设定】对话框中，单击 按钮，【名称】采用默认"T0001"，【类型】选项中选取"端铣削"、刀具直径设置为 12 mm、长度设置为 100 mm，其余参数采用默认设置。在【刀具设定】对话框中依次单击 应用 及 确定 按钮，完成刀具设定。

（3）制造参数设置。在系统弹出的【编辑序列参数"体积块铣削"】对话框中输入如图 6-153 所示的参数。单击【编辑序列参数"体积块铣削"】对话框中【参数】选项的 全部 按钮，【类别】选项选取 进刀/退刀运动 选项，设置【斜向角度】为 8°、【螺旋直径】为 10 mm、【逼近退出延伸】为 5 mm，其余参数采用默认设置。单击【编辑序列参数"体积块铣削"】对话框中 确定 按钮，完成制造参数设置。

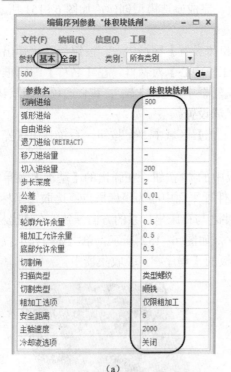
（a）

（b）

图 6-153　【编辑序列参数"体积块铣削"】对话框

（4）铣削区域设置。系统弹出【定义窗口】菜单定义铣削窗口。单击【铣削】功能选项卡【制造几何】区域中 按钮，系统弹出【铣削窗口】操作面板；在【放置】下滑面板中单击【窗口平面】收集器，选择工件上表面；在【选项】下滑面板中选择【在窗口围线上】选项；在【深度】下滑面板中勾选【指定深度】选项，并在【深度选项】中选择 上到选定项 选项，如图 6-154 所示；然后点选图 6-155 所示参考零件表面，体积块铣削将加工至该表面为止；设置完成后，单击【铣削窗口】操作面板中的 按钮，完成铣削区域设置。

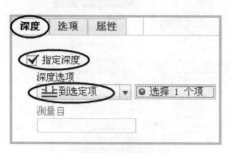

图 6-154 【深度选项】

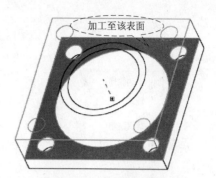

图 6-155 选择加工表面

（5）定义逼近薄壁。在系统弹出的【链】菜单中选取【依次】选项，选取铣削窗口中右侧边为刀具切入、退出边界，如图 6-156 所示；在【链】菜单中单击【完成】选项，完成逼近薄壁定义。

（6）屏幕演示。单击【NC 序列】菜单管理器中【播放路径】→【屏幕播放】，在弹出的【播放路径】对话框中单击 ▶ 按钮，系统在屏幕上动态演示刀具加工路径，如图 6-157 所示。

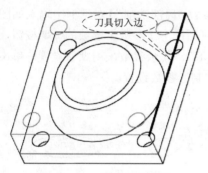

图 6-156 定义逼近薄壁

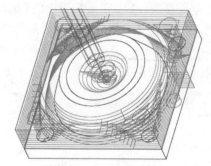

图 6-157 动态刀具路径

（7）完成 NC 序列创建。单击【NC 序列】菜单管理器中【完成序列】，完成体积块铣削 NC 序列创建。

步骤7 创建局部铣削 NC 序列

（1）进入局部铣削 NC 序列创建。单击【铣削】功能选项卡【铣削】区域中 局部铣削 按钮，在弹出的菜单中选取 前一步骤 选项，如图 6-158 所示；系统弹出【选择特征】菜单管理器，选取【NC 序列】选项，在系统弹出的【NC 序列列表】子菜单中选取"1：体积块铣削，操作 OP010"选项，系统弹出【选择菜单】菜单管理器，选取"切削运动#1"选项，系统弹出【NC 序列】菜单管理器，在【序列设置】子菜单中勾选【刀具】【参数】选项，单击【完成】，如图 6-159 所示。

（2）刀具设定。在系统弹出的【刀具设定】对话框中，单击 按钮，【名称】采用默认"T0002"，【类型】选项中选取"端铣削"、刀具直径设置为 8 mm、长度设置为 50 mm，其余参数采用默认设置。在【刀具设定】对话框中依次单击 应用 及 确定 按钮，完成刀具设定。

图 6-158 【局部铣削】选项

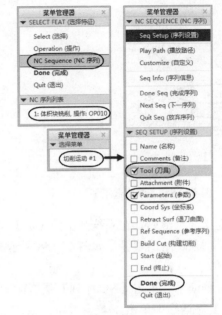

图 6-159 【局部铣削】NC 序列设置

（3）制造参数设置。在系统弹出的【编辑序列参数"局部铣削"】对话框中输入如图 6-160 所示的参数。单击【编辑序列参数"局部铣削"】对话框中【参数】选项的 全部 按钮，【类别】选项选取 进刀/退刀运动 选项，设置【斜向角度】为 8°，其余参数采用默认设置。单击【编辑序列参数"局部铣削"】对话框中 确定 按钮，完成制造参数设置。

（a）

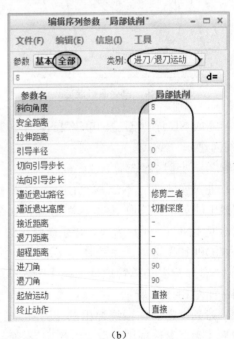

（b）

图 6-160 【编辑序列参数"局部铣削"】对话框

（4）屏幕演示。单击【NC 序列】菜单管理器中【播放路径】→【屏幕播放】，在弹出的【播放路径】对话框中单击 ▶ 按钮，系统在屏幕上动态演示刀具加工路径，如图 6-161 所示。

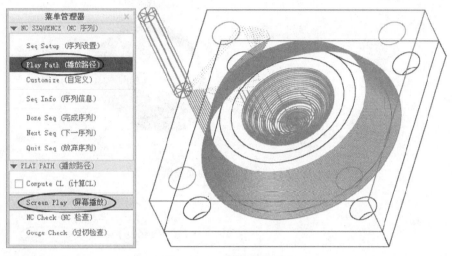

图 6-161　动态刀具路径

（5）完成 NC 序列创建。单击【NC 序列】菜单管理器中【完成序列】，完成局部铣削 NC 序列创建。

步骤 8　创建轮廓铣削 NC 序列

（1）进入轮廓铣削 NC 序列创建。单击【铣削】功能选项卡【铣削】区域中 轮廓铣削 按钮，系统弹出【轮廓铣削】操作面板，如图 6-162 所示。

图 6-162　【轮廓铣削】操作面板

（2）刀具设定。单击【轮廓铣削】操作面板中 按钮，在系统弹出的【刀具设定】对话框中，单击 按钮，【名称】采用默认"T0003"，【类型】选项中选取"球铣削"、刀具直径设置为 12 mm、长度设置为 50 mm，其余参数采用默认设置。在【刀具设定】对话框中依次单击 应用 及 确定 按钮，完成刀具设定。

（3）加工曲面设置。单击【轮廓铣削】操作面板中【参考】选项，系统弹出【参考】下滑面板，在【类型】选项中选取"曲面"选项，单击【加工参考】收集器，将其激活，选择参考模型的圆锥面，如图 6-163 所示。

（4）制造参数设置。单击【轮廓铣削】操作面板中【参考】选项，在系统弹出的【参数】下滑面板中输入如图 6-164 所示的参数；单击【参数】对话框下方 按钮，在系统弹出的【编辑序列参数"轮廓铣削 1"】对话框中单击【参数】选项的 全部 按钮，【类别】选项选取 进刀/退刀运动 选项，设置【引导半径】为 5 mm、【超程距离】为 0.5 mm、【切削_进入_延拓】为"引入"、【切削_退出_延拓】为"引出"，其余参数采用默认设置。单击【编辑序列参数"轮廓铣削 1"】对话框中 **确定** 按钮，完成制造参数设置，如图 6-165 所示。

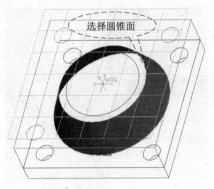
选择圆锥面

图 6-163　加工曲面设置

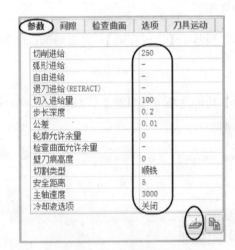

图 6-164　【参数】下滑面板

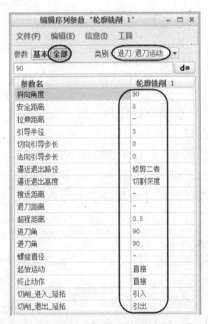

图 6-165　【编辑序列参数"轮廓铣削 1"】对话框

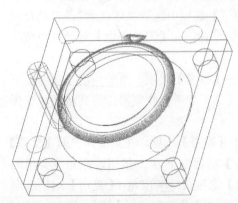

图 6-166　动态刀具路径

（5）屏幕演示。单击【轮廓铣削】操作面板中 按钮。在【播放路径】对话框中单击 ▶ 按钮，系统在屏幕上动态演示刀具加工路径，如图 6-166 所示。

（6）完成 NC 序列创建。单击【轮廓铣削】操作面板中 ✔ 按钮，完成轮廓铣削加工 NC 序列创建。

步骤 9　创建曲面铣削 NC 序列

（1）进入曲面铣削 NC 序列创建。单击【铣削】功能选项卡【铣削】区域中 曲面铣削 按钮，系统弹出【NC 序列】菜单管理器，在【序列设置】子菜单中勾选【参数】【曲面】【定义切割】选项，单击【完成】，如图 6-167 所示。

（2）刀具设定。在【序列设置】子菜单中未勾选【刀具】选项，系统默认本 NC 序列刀具采用上一 NC 序列刀具，即本序列采用上面轮廓铣削所用刀具"T0003"。

（3）制造参数设置。在系统弹出的【编辑序列参数"曲面铣削"】对话框中输入如图 6-168 所示的参数；单击【编辑序列参数"曲面铣削"】对话框中 确定 按钮，完成制造参数设置。

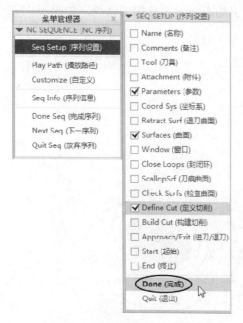

图 6-167 【曲面铣削】设置菜单

图 6-168 【编辑序列参数"曲面铣削"】参数设置对话框

（4）选取加工曲面。在系统弹出的【NC 序列曲面】菜单中选取"选择曲面"，在【曲面拾取】菜单中选择【模型】，单击【完成】，如图 6-169 所示。系统弹出【选择曲面】菜单，在模型上选取凹球面，并单击【选择曲面】菜单中【完成/返回】选项，如图 6-170 所示。

图 6-169 【曲面拾取】菜单

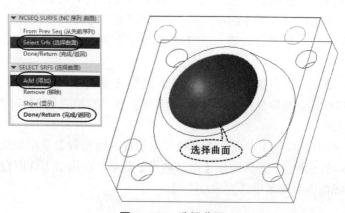

图 6-170 选择曲面

（5）定义切割。定义切割就是定义切削类型。在弹出的【切削定义】对话框中选择【切削类型】为"直线切削"，【切削角度参考】为"相对于 X 轴"，在【切削角度】对话框中输入"0"，单击 确定 按钮，完成切削定义，如图 6-171 所示。

（6）屏幕演示。单击【NC 序列】菜单管理器中【播放路径】→【屏幕播放】，在弹出的【播放路径】对话框中单击 ▶ 按钮，系统在屏幕上动态演示刀具加工路径，如图 6-172 所示。

图 6-171　定义切割

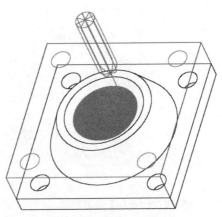

图 6-172　动态刀具路径

（7）完成 NC 序列创建。单击【NC 序列】菜单管理器中【完成序列】，完成曲面铣削 NC 序列创建。

步骤 10　创建腔槽加工 NC 序列

（1）进入腔槽铣削 NC 序列创建。单击【铣削】功能选项卡【铣削】区域中 腔槽加工 按钮，系统弹出【NC 序列】菜单管理器，在【序列设置】子菜单中勾选【刀具】【参数】【曲面】选项，单击【完成】，如图 6-173 所示。

（2）刀具设定。在系统弹出的【刀具设定】对话框中，单击 按钮，【名称】采用默认"T0004"，【类型】选项中选取"端铣削"、刀具直径设置为 16 mm、长度设置为 100 mm，其余参数采用默认设置；在【刀具设定】对话框中依次单击 应用 及 确定 按钮，完成刀具设定。

（3）制造参数设置。在系统弹出的【编辑序列参数"腔槽铣削"】对话框中输入如图 6-174 所示的参数；单击【编辑序列参数"腔槽铣削"】对话框中 确定 按钮，完成制造参数设置。

（4）选取加工曲面。在系统弹出的【曲面拾取】菜单中选择【模型】，单击【完成】，如图 6-175 所示；系统弹出【选择曲面】菜单，在模型上选取台阶面，如图 6-176 所示；单击【选择曲面】菜单中【完成/返回】。

图 6-173　【腔槽铣削】设置菜单

图 6-174　【编辑序列参数"腔槽铣削"】对话框

图 6-175　【曲面拾取】菜单

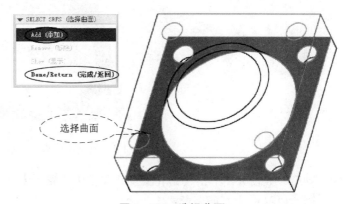

选择曲面

图 6-176　选择曲面

（5）屏幕演示。单击【NC 序列】菜单管理器中【播放路径】→【屏幕播放】。在弹出的【播放路径】对话框中单击 ▶ 按钮，系统在屏幕上动态演示刀具加工路径，如图 6-177 所示。

（6）完成 NC 序列创建。单击【NC 序列】菜单管理器中【完成序列】，完成腔槽加工 NC 序列创建。

步骤 11　创建中心钻加工定位孔 NC 序列

（1）进入钻孔 NC 序列创建。单击【铣削】功能选项卡【铣削】区域中 按钮，系统弹出

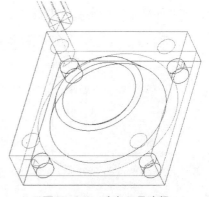

图 6-177　动态刀具路径

【钻孔】操作面板，如图 6-178 所示。

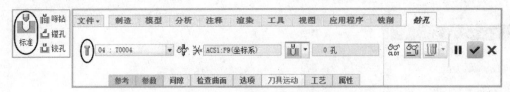

图 6-178 【钻孔】操作面板

（2）刀具设定。单击【钻孔】操作面板中🔧按钮，在系统弹出的【刀具设定】对话框中，单击▢按钮，【名称】采用默认"T0005"，【类型】选项中选取"点钻"、刀具直径设置为 3 mm、长度设置为 15 mm，其余参数采用默认设置。在【刀具设定】对话框中依次单击 应用 及 确定 按钮，完成刀具设定。

（3）孔加工设置。单击【钻孔】操作面板中【参考】选项，系统弹出【参考】下滑面板，单击【孔】收集器，将其激活，选择孔顶面台阶面；在【起始】选项中选取⏹选项，孔加工将从选定曲面开始；在【终止】选项中选取⏹选项，输入深度 2 mm，孔加工将从选定曲面开始按指定深度值进行，如图 6-179 所示。

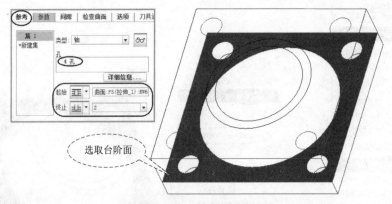

选取台阶面

图 6-179 孔加工设置

（4）制造参数设置。单击【钻孔】操作面板中【参考】选项，在系统弹出的【参数】下滑面板中输入如图 6-180 所示的参数。

（5）屏幕演示。单击【钻孔】操作面板中🔳按钮，在【播放路径】对话框中单击 ▶ 按钮，系统在屏幕上动态演示刀具加工路径，如图 6-181 所示。

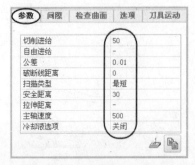

图 6-180 【参数】下滑面板

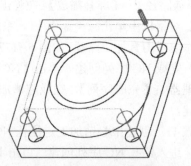

图 6-181 动态刀具路径

（6）完成 NC 序列创建。单击【钻孔】操作面板中✔按钮，完成孔加工 NC 序列创建。

步骤 12　创建钻孔 NC 序列

（1）进入钻孔 NC 序列创建（同步骤 11）。

（2）刀具设定。单击【钻孔】操作面板中 ▯ 按钮，系统弹出的【刀具设定】对话框中，单击 □ 按钮，【名称】采用默认"T0006"，【类型】选项中选取"基本钻头"、刀具直径设置为 12 mm、长度设置为 50 mm、其余参数采用默认设置。在【刀具设定】对话框中依次单击 应用 及 确定 按钮，完成刀具设定。

（3）加工孔设置（同步骤 11）。在【终止】选项中选取 ⬆，孔加工将按孔深自动确定加工深度。

（4）制造参数设置。单击【钻孔】操作面板中【参考】选项，在系统弹出的【参数】下滑面板中输入如图 6-182 所示的参数。

（5）屏幕演示。单击【钻孔】操作面板中 ⬇ 按钮，在【播放路径】对话框中单击 ▶ 按钮，系统在屏幕上动态演示刀具加工路径，如图 6-183 所示。

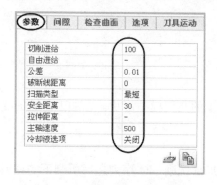

图 6-182　【参数】下滑面板

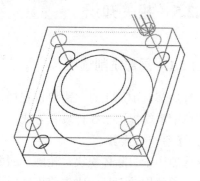

图 6-183　动态刀具路径

（6）完成 NC 序列创建。单击【钻孔】操作面板中✔按钮，完成孔加工 NC 序列创建。

步骤 13　创建刀位数据（CL 数据）文件

本步骤请参阅任务 6.1 步骤 8。本操作的后置处理文件及 G 代码如图 6-184、图 6-185 所示，该程序可传输到与后置处理器相匹配的数控机床上用于锥面座零件加工。

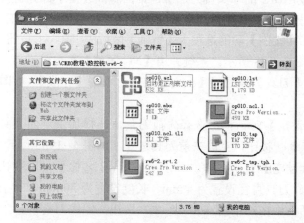

图 6-184　TAP 文件

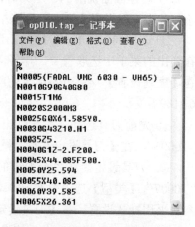

图 6-185　G 代码

步骤 14　锥面座零件加工模拟仿真

本步骤请参阅任务 6.1 步骤 9。锥面座零件动态演示加工路径效果如图 6-186 所示，锥面座零件 VERICUT 加工模拟仿真如图 6-187 所示。

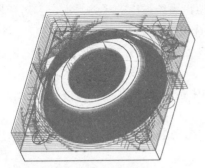

图 6-186　动态演示加工路径

图 6-187　锥面座零件 VERICUT 加工模拟仿真

6.2.5　相关知识

6.2.5.1　局部铣削选项

进行局部铣削加工时，需要设置局部铣削加工的几何模型形状。在加工区域的【局部选项】菜单中系统提供了 3 种设置方式。

（1）【前一步骤】。

该选项用于去除体积块、轮廓、曲面或另一局部铣削 NC 序列之后所剩下的材料。通常情况下，所使用的刀具应比先前工序所用的刀具直径小，任务 6.2 步骤 7 即为【前一步骤】方式局部铣削。

（2）【前一刀具】。

使用较大的刀具进行加工后，计算指定曲面上的剩余材料，然后用当前的较小的刀具除去此材料。采用【前一刀具】进行局部铣削时先前序列采用的刀具必须是球头铣刀。任务 6.2 步骤 9 创建曲面铣削 NC 序列时，由于使用 φ12 的球头铣刀加工，锥面底部会留下部分材料不能除去，现根据【前一刀具】方式，选择较小刀具对该部分未除去材料进行局部铣削加工。

① 进入局部铣削 NC 序列创建。单击【铣削】功能选项卡【铣削】区域中 局部铣削 按钮，在弹出的菜单中选取 前一刀具 选项，如图 6-188 所示。系统弹出【NC 序列】菜单管理器，在【序列设置】菜单中勾选【先前刀具】【刀具】【参数】【曲面】选项，单击【完成】。如图 6-189 所示。

② 先前刀具选择。系统弹出【刀具设定】对话框，选择先前刀具，选择加工锥面刀具"T0003"，在【刀具设定】对话框中单击 确定 按钮，完成先前刀具选择，如图 6-190 所示。

③ 刀具设定。在系统弹出的【刀具设定】对话框中，单击 按钮，【名称】采用默认"T0007"，【类型】选项中选取"端铣削"、刀具直径设置为 4 mm、长度设置为 30 mm、其余参数采用默认设置。在【刀具设定】对话框中依次单击 应用 及 确定 按钮，完成刀具设定。

④ 制造参数设置。在系统弹出的【编辑序列参数"按先前刀具局部铣削"】对话框中输

入如图 6-191 所示的参数，其余参数采用默认设置；单击【编辑序列参数"按先前刀具局部铣削"】对话框中 确定 按钮，完成制造参数设置。

图 6-188 【局部铣削】选项

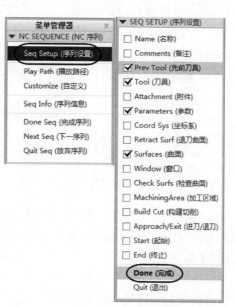

图 6-189 【局部铣削】NC 序列设置

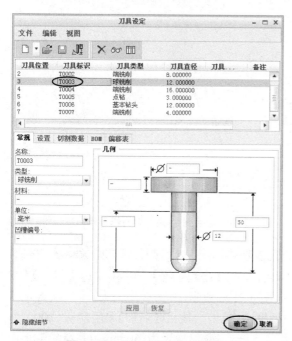

图 6-190 【刀具设定】对话框

图 6-191 【编辑序列参数"按先前刀
具局部铣削"】对话框

⑤ 加工曲面选取。系统弹出【NC 序列曲面】菜单，选取【模型】选项，单击【完成】，如图 6-192 所示。系统弹出【选择曲面】菜单，在模型上选择锥形曲面，单击【选择曲面】菜单中【完成/返回】，如图 6-193 所示。

图 6-192 【NC 序列曲面】菜单

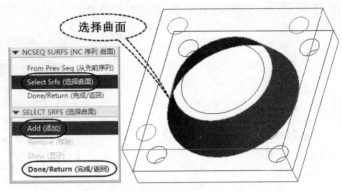

图 6-193　选择曲面

⑥ 屏幕演示。单击【NC 序列】菜单管理器中【播放路径】→【屏幕播放】。在【播放路径】对话框中单击 ▶ 按钮，系统在屏幕上动态演示刀具加工路径，如图 6-194 所示。

（3）【拐角】。

通过选取边指定一个或多个需要清除的拐角。下面以图 6-195 所示四方槽零件为例说明拐角局部铣削加工过程。四方槽零件首先用 $\phi20$ 的端铣刀进行了体积块铣削粗加工，然后用 $\phi5$ 的端铣刀采用局部铣削【拐角】方式进行清角。

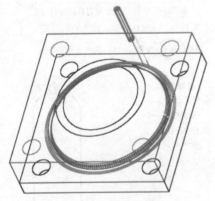

图 6-194　动态刀具路径

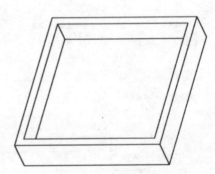

图 6-195　四方槽零件

① 进入局部铣削 NC 序列创建。单击【铣削】功能选项卡【铣削】区域中 局部铣削 按钮，在弹出的菜单中选取 拐角 选项，如图 6-196 所示。在【序列设置】菜单中勾选【刀具】【参数】【曲面】【拐角边】选项，单击【完成】，如图 6-196 所示。

② 刀具设定。在系统弹出的【刀具设定】对话框中，单击 按钮，【名称】采用默认"T0002"，【类型】选项中选取 "端铣削"、刀具直径设置为 5 mm、长度设置为 30 mm、其余参数采用默认设置。在【刀具设定】对话框中依次单击 应用 及 确定 按钮，完成刀具设定。

③ 制造参数设置。在系统弹出的【编辑序列参数 "拐角局部铣削"】对话框中输入如图 6-197 所示的参数，其余参数采用默认设置。单击【编辑序列参数 "拐角局部铣削"】对话框中 确定 按钮，完成制造参数设置。【拐角偏移】是指去除顶角材料的量，其值必须大于图 6-198 中 $AO+OB$ 之和，本例设置为 16 mm。

图6-196 拐角铣削序列设置

图6-197 【编辑序列参数"拐角局部铣削"】对话框

④ 加工曲面选取。系统弹出【NC序列曲面】菜单，选取【模型】选项，单击【完成】，如图6-199所示。系统弹出【选择曲面】菜单，在模型上选择四方槽内侧面，单击【选择曲面】菜单中【完成/返回】，如图6-200所示。

⑤ 拐角选取。在系统弹出的【区域】菜单中选取【定义】、在【选择角】菜单中选取【边】（如需清理的拐角为曲面时，则选择【曲面】选项）、在【链】菜单中选取【选择】选项，如图6-201所示。选取图6-202所示的4条边，单击【完成】。

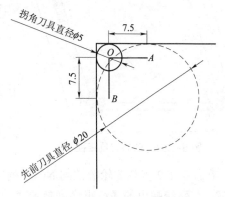

图6-198 【拐角偏移】参数设置

图6-199 【NC序列曲面】菜单

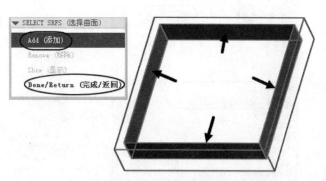

图6-200 选择曲面

图 6-201 【区域】菜单

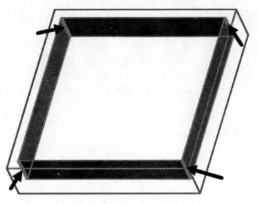

图 6-202 选择拐角边

⑥ 屏幕演示。单击【NC 序列】菜单管理器中【播放路径】→【屏幕播放】。在【播放路径】对话框中单击 ▶ 按钮，系统在屏幕上动态演示刀具加工路径，如图 6-203 所示。

6.2.5.2 轮廓铣削常用加工参数

下面对轮廓铣削加工【参数设置】对话框中其他常用参数予以介绍。

（1）【轮廓精加工走刀数】：轮廓加工的走刀次数，默认值为"1"。

（2）【轮廓增量】：轮廓加工时每次铣削的进给量。

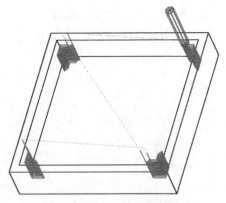

图 6-203 动态刀具路径

在任务 6.2 步骤 8 轮廓铣削 NC 序列中，重新编辑制造参数。单击【参数】对话框下方 按钮，在系统弹出的【编辑序列参数"轮廓铣削 1"】对话框中单击 全部 按钮，【类别】选取 切削深度和余量 选项，设置【轮廓精加工走刀数】为"2"、【轮廓增量】为"1"时，刀具将 XY 平面分两层切削，层间距为 1 mm，刀具路径如图 6-204 所示。

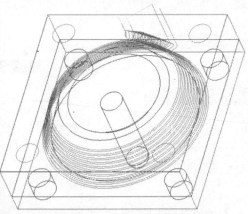

图 6-204 【轮廓精加工走刀数】为"2"、【轮廓增量】为"1"时的刀具路径

提示：在需去除的轮廓余量较大时应设置此选项。

6.2.5.3 曲面及腔槽铣削加工区域的设置方法

进行曲面及腔槽铣削加工时，需要设置加工区域的几何模型形状，图6-205为设置加工区域的【曲面拾取】菜单。

（1）【模型】：用于从参考模型中拾取欲进行加工的曲面。

（2）【工件】：用于从工件中拾取欲进行加工的曲面。

（3）【铣削体积块】：用于从一个铣削体积块中拾取欲进行加工的曲面。

（4）【铣削曲面】：用于从一个预先定义的铣削曲面中拾取欲进行加工的曲面。

6.2.5.4 曲面铣削常用加工参数

下面对曲面铣削加工【参数设置】对话框中其他常用参数予以介绍。

（1）【粗加工步距深度】：用于设置粗加工分层铣削时每一层的切削深度。

在任务6.2步骤9曲面铣削NC序列中，重新编辑制造参数。在【编辑序列参数"曲面铣削"】对话框中设置【粗加工步距深度】为"2"时，刀具将对凹球面进行分层粗加工，层间距为2 mm，刀具路径如图6-206所示。

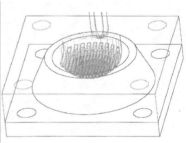

图6-205 【曲面拾取】菜单　　　　图6-206 【粗加工步距深度】为"2"时的刀具路径

（2）【检查曲面允许余量】：用于设置检测曲面的余量。

（3）【刀痕高度】：用于设置曲面的留痕高度。

（4）【铣削选项】：用于设置刀具路径的连续方式设置。

6.2.5.5 曲面铣削定义刀具切削类型

曲面的形状很复杂，切削方式对曲面的加工质量影响较大，因此需要定义刀具切削类型。在【切削定义】对话框中，切削类型有3种：【直线切削】【自曲面等值线】和【投影切削】，如图6-207所示。

（1）【直线切削】。

直线切削通过直的切削线来铣削所有曲面。该方法在加工由多个曲面片组成的曲面时，各个曲面片的走刀方向必须一致。该切削类型有3种切削角度参考。

① 【相对于X轴】：设定刀具路径与X轴的夹角。可以在【切削角度】编辑框中输入不同的值来改变刀具路径与X轴之间的夹角。图6-208所示为【切削角度】设置为0°时的刀具路径，图6-209所示为【切削角度】设置为45°时的刀具路径。

② 【按照曲面】：选取该选项，如图 6-210 所示。系统提示选取平面，选取如图 6-211 所示的平面。刀具路径将与被选定的平面平行，如图 6-212 所示。

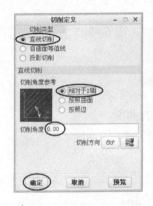

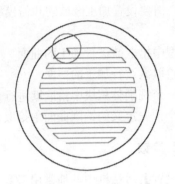

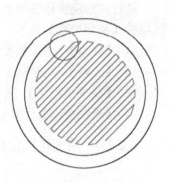

图 6-207　【切削定义】对话框　　　图 6-208　【切削角度】为 0°　　　图 6-209　【切削角度】为 45°

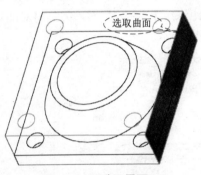

选取曲面

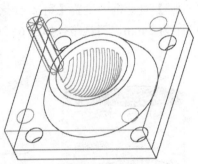

图 6-210　【按照曲面】选项　　　图 6-211　选取平面　　　图 6-212　刀具路径

③ 【按照边】：选取该选项，如图 6-213 所示。系统提示选取边线，选取如图 6-214 所示的边线。刀具路径将与被选定的边线平行，如图 6-215 所示。

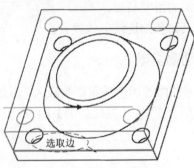

选取边

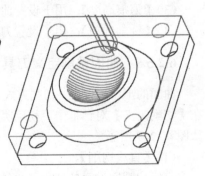

图 6-213　【按照边】选项　　　图 6-214　选取边线　　　图 6-215　刀具路径

（2）【自曲面等值线】。

在加工多个曲面时，【自曲面等值线】选项可以分别设定各面的走刀方向，各曲面片的走刀方向可以不同，这种走刀方式十分灵活。当选取【自曲面等值线】选项，【切削定义】对话框如图 6-216 所示，已选中的被加工曲面的名称已进入【曲面列表】收集器中。选取其中一个曲面，主窗口中模型上该面出现一个标志走刀方向的箭头。单击【切削定义】对话框左下角 ![] 按钮，可以改变走刀方向；单击【切削定义】对话框右下角 ![] 按钮，可以将该曲面放置在加工顺序靠前的位置；单击【切削定义】对话框右下角 ![] 按钮，可以将该曲面放置在加工顺序靠后的位置。各面的走刀方向确定以后，如图 6-217 所示，单击 确定 按钮，完成设置。刀具路径如图 6-218 所示。

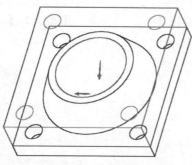
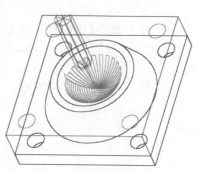

图 6-216 【自曲面等值线】选项　　图 6-217　改变走刀方向　　图 6-218　刀具路径

（3）【投影切削】。

投影切削方式在对选取的曲面进行铣削时，首先将其外围轮廓线投影到退刀平面上，在退刀平面使用适当的走刀方式建立一个平坦的刀具路径，然后将此刀具路径投影到原始曲面上产生刀具路径。当选取【投影切削】选项时系统弹出的【切削定义】对话框，如图 6-219 所示。单击【投影刀具路径】中 ![+] 按钮，系统弹出【增加轮廓】菜单，选取【定义轮廓】选项，单击【完成】，在系统弹出的【选取围线】菜单中选择【全选】选项，曲面外围轮廓线投影到退刀平面上，如图 6-220 所示。

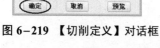
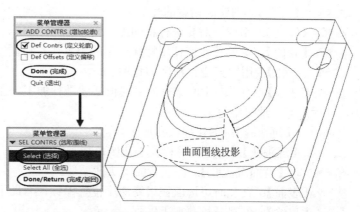

图 6-219 【切削定义】对话框　　　　图 6-220　选取围线

如在【边界条件】选项中选取【在其上】选项，单击【切削定义】对话框中 确定 按钮，刀具路径如图 6-221 所示；如在【边界条件】选项中选取"左"选项，刀具路径如图 6-222 所示。

如在【边界条件】选项中选取【右】选项，刀具路径如图 6-223 所示；如在【边界条件】选项中选取【右】选项，并在【边界偏移值】文本框中输入"10"，刀具路径如图 6-224 所示。

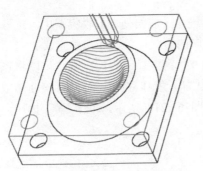

图 6-221 【边界条件】为【在其上】

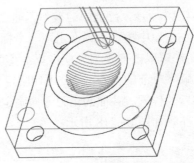

图 6-222 【边界条件】为【左】

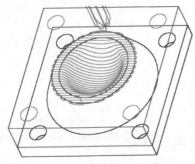

图 6-223 【边界条件】为【右】

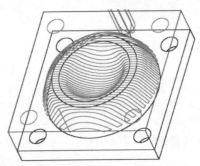

图 6-224 【边界条件】为【右】、【边界偏移值】为 "10"

6.2.5.6 孔加工类型

【标准】：创建一般的循环孔加工序列。

【啄钻】：创建深孔加工序列。

【深】：用于一般深孔加工。

【破断切屑】：创建断屑进给的深孔加工。

【镗孔】：创建高精度的孔加工。

【镗孔】：用镗刀对孔进行精加工。

【背面】：该循环允许使用特殊类型的刀具执行背面镗孔和埋头孔的加工。

【铰孔】：用铰刀进行精确的孔加工。

【钻心】：用于对中间架空的多层板断续进行加工。在板上钻孔时刀具以进给速度进刀，在板之间快速进给进刀。

【沉头孔】：创建埋头孔加工。

【沉头孔】：为埋头螺栓孔创建倒角加工。

【背面沉头孔】：创建背面沉头孔循环。

【表面】：钻孔时可选取在最终深度位置停顿，有助于保证孔底部的曲面光洁。

【攻丝】：创建螺纹孔加工序列。

【定制】：创建并使用自定义循环。

6.2.5.7 孔加工参数设置

下面对孔加工【参数设置】对话框中其他常用参数予以介绍。

（1）【断点距离】：在钻削通孔时，钻削深度延伸的设置值。

（2）【拉伸距离】：钻削时提刀长度的设置。

（3）【扫描类型】：设置孔加工刀具路径。

① 【类型1】：增加Y坐标并在X轴方向来回移动。

② 【类型螺旋】：从距坐标系最近的孔顺时针方向开始走刀。

③ 【类型1方向】：通过增加X坐标并减少Y坐标来规划刀具的走向。

④ 【选出顺序】：按孔选取顺序钻孔。

⑤ 【最短】（默认值）：系统自动确定孔加工顺序以使加工时间最短。

6.2.5.8 孔加工区域的设置方法

（1）【轴】选项卡：选取当前要钻孔加工的孔的轴线或选取曲面（曲面上的所有孔将被进行钻孔加工）。

（2）【点】选项卡：根据点、曲面上的点或文件上的点选取欲进行钻孔加工的区域。

6.2.6 练习

（1）根据图6-225所示的圆弧曲面零件工程图完成零件数控加工。工件材料为45钢，工件尺寸为100 mm×100 mm×52 mm。

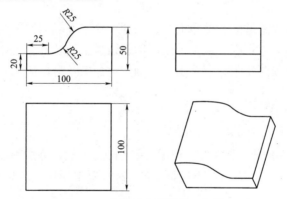

图6-225 圆弧曲面零件工程图

（2）根据图6-226所示的圆角方孔座零件工程图完成零件数控加工。工件材料为铝合金，工件尺寸为100 mm×100 mm×22 mm。

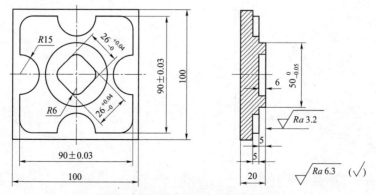

图6-226 圆角方孔座零件工程图

任务 6.3　梅花盘零件数控加工——轨迹铣削、倒角加工、倒圆角加工、雕刻加工

轨迹铣削 NC 序列是以扫描方式，使加工刀具沿着选定的轨迹路径曲线进行加工。针对特殊造型的沟槽进行加工时，刀具的几何外形则需根据被加工的沟槽截面形状定义，即以成型刀沿着加工轨迹对特别的沟槽或外形进行加工。

倒角加工 NC 序列即采用倒角刀具对零件上的倒角进行加工。

倒圆角加工 NC 序列即采用倒圆角刀具对零件上的圆角进行加工。

雕刻加工也称为刻模加工，是机械行业常用的一种加工方法，包括雕刻文字、图像及沟槽类装饰特征。在实际工程中，雕刻加工 NC 序列一般由刀具在已有的曲线或凹槽特征后创建。刀具的直径决定切削的宽度。

6.3.1　学习目标

（1）掌握 Creo 2.0 轨迹铣削、倒角加工、倒圆角加工及雕刻加工的适用场合；

（2）掌握 Creo 2.0 轨迹铣削、倒角加工、倒圆角加工及雕刻加工的加工区域设置方法；

（3）掌握 Creo 2.0 轨迹铣削、倒角加工、倒圆角加工及雕刻加工的切削参数设置。

6.3.2　任务要求

根据图 6-227 所示的梅花盘零件工程图，用 Creo 2.0 软件完成梅花盘零件三维建模及数控加工自动编程。梅花盘零件为单件小批量生产，材料为 45 钢，毛坯尺寸为 $\phi80$ mm×10 mm，如图 6-228 所示。

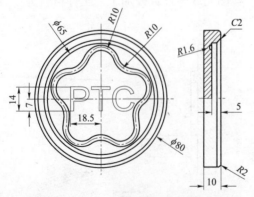

图 6-227　梅花盘零件工程图

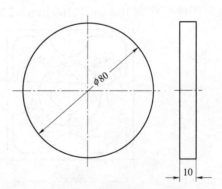

图 6-228　梅花盘零件毛坯图

6.3.3 任务分析

本任务可先采用体积块铣削方式进行粗加工，再用轨迹铣削方式对梅花槽进行加工，采用倒角加工方式对零件倒角进行加工，采用倒圆角加工方式对零件圆角进行加工，最后用刻模加工雕刻文字。梅花盘零件数控加工思路和步骤如图6-229所示。

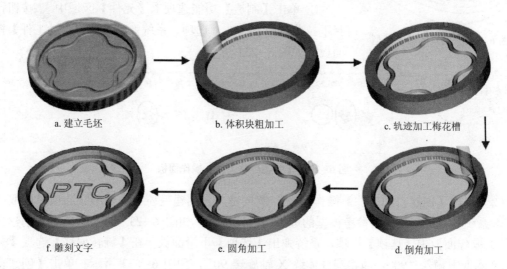

a. 建立毛坯   b. 体积块粗加工   c. 轨迹加工梅花槽

f. 雕刻文字   e. 圆角加工   d. 倒角加工

图 6-229 梅花盘零件数控加工思路和步骤

6.3.4 任务实施

步骤1 建立工作目录

启动 Creo 2.0 后，单击主菜单中 按钮，系统弹出【选择工作目录】对话框。选取【选择工作目录】菜单栏中 组织 下拉菜单中【新建文件夹】选项，弹出【新建文件夹】对话框，在【新建文件夹】编辑框中输入文件夹名称"rw6-3"，单击 确定 按钮。在【选择工作目录】对话框中单击 确定 按钮。

步骤2 零件三维实体造型

完成图6-227所示的零件模型的几何造型，保存名称为"rw6-3.prt"。

步骤3 进入 Creo 2.0 加工制造模块

（1）单击系统工具栏中 按钮或选取主菜单中【文件】→【新建】，系统弹出【新建】对话框。在【类型】栏中选取【制造】，在【子类型】栏中选取【NC装配】选项，在名称编辑框中输入"rw6-3"，同时取消【使用默认模板】选项。

（2）单击【新建】对话框中的 确定 按钮，系统弹出【新文件选项】对话框，在【模板】分组框中选取【mmns_mfg_nc】选项，单击 确定 按钮，进入 Creo 2.0 加工制造模块。

步骤4 创建制造模型

（1）装配参考模型。

单击【制造】功能选项卡【元件】区域中【组装参考模型】 按钮（或单击 参考模型 按钮，

图 6-230 装配的参考模型

选择下拉菜单中 组装参考模型 选项），弹出【打开】对话框，选取 "rw6-3.prt"，单击 打开 按钮，则系统将参考模型显示在绘图区中，如图 6-230 所示。在【元件放置】操作面板中选择【约束类型】下拉框中 默认 选项，系统将在默认位置装配参考模型。单击 ✔ 按钮，完成参考模型的装配。

（2）创建工件。

① 单击【制造】功能选项卡【元件】区域中 工件 按钮，选择下拉菜单中 自动工件 选项，系统弹出【创建自动工件】操作面板，如图 6-231 所示。

图 6-231 【创建自动工件】操作面板

② 单击【创建自动工件】操作面板中 ● 按钮，在创建毛坯工件子形状选项中选取 "包络"，系统将自动创建包络参考模型的最小圆柱体工件，如图 6-232 所示。单击【创建自动工件】操作面板中【选项】选项，系统弹出【选项】下滑面板，在【旋转偏移】选项【关于 X】文本框中输入 "90"，即将圆柱体绕 X 轴旋转 90°，如图 6-233 所示。单击【创建自动工件】对话框中 ✔ 按钮，完成制造模型创建。

图 6-232 自动包络工件

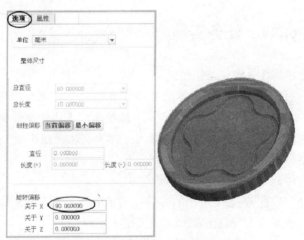

图 6-233 创建圆柱体工件及制造模型

步骤 5 制造设置

（1）机床设置。单击【制造】功能选项卡【机床设置】区域中 工作中心 按钮，系统弹出【机床选取】下拉菜单，选取【铣削】选项，系统弹出【铣削工作中心】对话框，在【名称】编辑框中输入机床名称（系统默认为 MILL01），在【轴数】编辑框中选取 "3 轴"，其余选项采用默认值，单击【铣削工作中心】对话框中 ✔ 按钮，完成机床设置。

（2）操作设置。单击【制造】功能选项卡【工艺】区域中 操作 按钮，系统弹出【操作】

操作面板。

① 创建工件坐标系。单击【操作】操作面板中的 ⟨按钮，在弹出的【基准】菜单中选取 ⟨命令，系统弹出【坐标系】对话框，选取工件顶平面中心为坐标原点。选取【坐标系】对话框中的【方向】选项，调整坐标轴的方向，使之与机床坐标系的方向一致，在【坐标系】对话框中单击 确定 按钮，完成工件坐标系的建立，如图 6–234 所示。单击【操作】操作面板中▶按钮，新建的工件坐标系将显示在操作面板的【程序零点】收集器中。

② 退刀面设置。选取【操作】操作面板中 间隙 选项，系统弹出【间隙】下滑面板，在【类型】选项中选取"平面"、在【参考】选项中选择工件顶面、【值】文本框中输入"10"（即退刀面距工件顶面 10 mm）、【公差】文本框中输入"0.1"，其余参数采用默认设置。退刀面如图 6–235 所示。

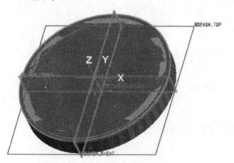

图 6–234　创建工件坐标系

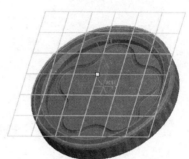

图 6–235　退刀面设置

③ 完成操作设置。在【操作】操作面板单击✔按钮，完成操作设置，系统返回【制造】功能选项卡。

步骤6　创建体积块铣削 NC 序列

（1）进入体积块铣削 NC 序列创建。单击【铣削】功能选项卡【铣削】区域中 增加 按钮，在弹出的下拉菜单中选取【体积块粗加工】选项，系统弹出【NC 序列】菜单管理器，选取【刀具】【参数】【窗口】复选框，单击【完成】。

（2）刀具设定。在系统弹出的【刀具设定】对话框中，单击 按钮，【名称】采用默认"T0001"，【类型】选项中选取"端铣削"、刀具直径设置为 12 mm、长度设置为 50 mm、其余参数采用默认设置。在【刀具设定】对话框中依次单击 应用 及 确定 按钮，完成刀具设定。

（3）制造参数设置。在系统弹出的【编辑序列参数"体积块铣削"】对话框中输入如图 6–236 所示的参数。单击【编辑序列参数"体积块铣削"】对话框中【参数】选项的 全部 按钮，【类别】选项选取 进刀/退刀运动 选项，设置【斜向角度】为 8°、【螺旋直径】为 10 mm，其余参数采用默认设置。单击【编辑序列参数"体积块铣削"】对话框中 确定 按钮，完成制造参数设置。

（4）铣削区域设置。单击【铣削】功能选项卡【制造几何】区域中 按钮，系统弹出【铣削窗口】操作面板，在【铣削窗口】操作面板中单击 按钮，单击操作面板中 图标，绘制如图 6–237 所示封闭轮廓。该封闭轮廓即为铣削窗口。单击草绘工具栏的✔按钮，单击【铣削窗口】操作面板中的✔按钮，完成铣削区域设置。

（5）屏幕演示。单击【NC 序列】菜单管理器中【播放路径】→【屏幕播放】。在【播放路径】对话框中单击 ▶ 按钮，系统在屏幕上动态演示刀具加工路径，如图 6–238 所示。

(a)　　　　　　　　　　　　　　　　　(b)

图 6-236 【编辑序列参数"体积块铣削"】对话框

图 6-237 草绘窗口截面

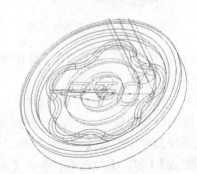

图 6-238 动态刀具路径

（6）完成 NC 序列创建。单击【NC 序列】菜单管理器中【完成序列】，完成体积块铣削 NC 序列创建。

步骤 7 创建轨迹铣削 NC 序列

（1）进入轨迹铣削 NC 序列创建。单击【铣削】功能选项卡【铣削】区域中 轨迹铣削 按钮，在系统弹出的选项中选取【3 轴轨迹】选项，系统弹出【轨迹】操作面板，如图 3-239 所示。

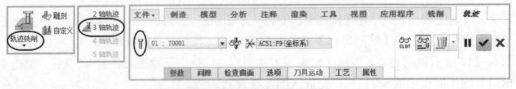

图 6-239 【轨迹】操作面板

（2）刀具设定。单击【轨迹】操作面板中 [T] 按钮，系统弹出的【刀具设定】对话框中，单击□按钮，【名称】采用默认"T0002"，【类型】选项中选取"球铣削"、刀具直径设置为3.2 mm、长度设置为20 mm，其余参数采用默认设置。在【刀具设定】对话框中依次单击 应用 及 确定 按钮，完成刀具设定。

（3）制造参数设置。单击【轨迹】操作面板中【参数】选项，在系统弹出的【参数】下滑面板中输入如图6-240所示的参数。

（4）刀具运动设置。单击【轨迹】操作面板中【刀具运动】选项，系统弹出【刀具运动】下滑面板，选取【曲线切削】选项，系统弹出【曲线切削】对话框，如图6-241所示。

图6-240　【参数】设置对话框

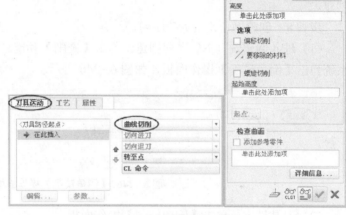

图6-241　【曲线切削】对话框

单击【轨迹曲线】收集器，将其激活，选择梅花槽扫描轨迹线，该曲线将作为切削时的走刀轨迹，如图6-242所示。单击【高度】收集器，将其激活，单击【轨迹】操作面板中 ⋈ 按钮，在弹出的【基准】菜单中选取 ▱ 命令，在梅花槽扫描轨迹线所在平面下方1.6 mm处作一基准面，该面即为切削终止面，如图6-243所示。

图6-242　选择走刀轨迹

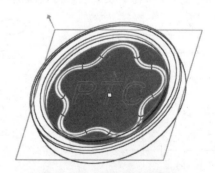

图6-243　切削终止面选择

单击【起始高度】收集器，将其激活，选择梅花槽扫描轨迹线所在平面，该面即为切削起始面，如图6-244所示。

（5）屏幕演示。单击【轨迹】操作面板中 ▦ 按钮。在【播放路径】对话框中单击 ▶ 按钮，系统在屏幕上动态演示刀具加工路径，如图6-245所示。

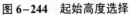

图 6-244　起始高度选择　　　　　图 6-245　动态刀具路径

（6）完成 NC 序列创建。单击【轨迹】操作面板中 ✔ 按钮，完成轨迹铣削加工 NC 序列创建。

步骤 8　创建倒角铣削 NC 序列

（1）进入倒角铣削 NC 序列创建。单击【铣削】功能选项卡【铣削】区域中 ◈倒角 按钮，系统弹出【倒角铣削】操作面板，如图 6-246 所示。

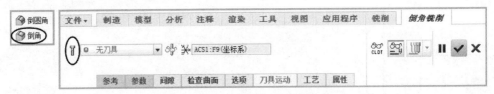

图 6-246　【倒角铣削】操作面板

（2）刀具设定。单击【倒角铣削】操作面板中 按钮，在系统弹出的【刀具设定】对话框中，单击 按钮，【名称】采用默认"T0003"，【类型】选项中选取"倒角"、【几何】编辑部分输入如图 6-247 所示的参数。在【刀具设定】对话框中依次单击 应用 及 确定 按钮，完成刀具设定。

（3）加工曲面设置。单击【倒角铣削】操作面板中【参考】选项，系统弹出【参考】下滑面板，单击【加工参考】收集器，将其激活，在参考模型上选取倒角曲面，如图 6-248 所示。

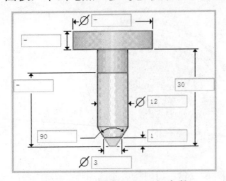

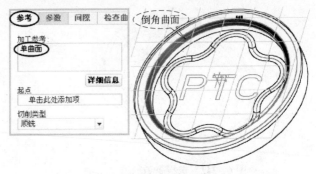

图 6-247　倒角刀具几何参数　　　　　图 6-248　加工曲面设置

（4）制造参数设置。单击【倒角铣削】操作面板中 参数 按钮，在系统弹出的【参数】对话框中输入如图 6-249 所示的参数。单击【参数】对话框下方 按钮，在系统弹出的【编辑序列参数"倒角铣削 1"】对话框中单击 全部 按钮，【类别】选取 切削深度和余量 选项，设置【最终加工切削次数】为"1"、【最先加工切削数】为"2"、【最终加工切削偏移】为"0.2"、

【最先加工切削偏移】为"0.5"，其余参数采用默认设置。单击【编辑序列参数"倒角铣削1"】对话框中 确定 按钮，完成制造参数设置，如图6-249所示。

（5）屏幕演示。单击【倒角铣削】操作面板中 ⎵ 按钮。在【播放路径】对话框中单击 ▶ 按钮，系统在屏幕上动态演示刀具加工路径，如图6-250所示。

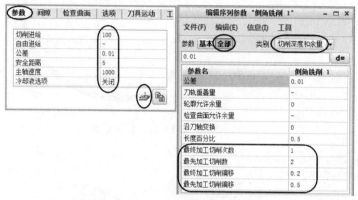

图6-249 制造参数设置对话框　　　　　图6-250 动态刀具路径

（6）完成NC序列创建。单击【倒角铣削】操作面板中 ✔ 按钮，完成倒角铣削NC序列创建。

步骤9 创建倒圆角铣削NC序列

（1）进入倒圆角铣削NC序列创建。单击【铣削】功能选项卡【铣削】区域中 倒圆角 按钮，系统弹出【倒圆角铣削】操作面板，如图6-251所示。

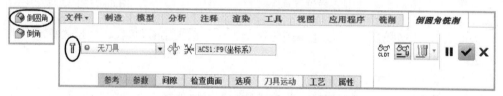

图6-251 【倒圆角铣削】操作面板

（2）刀具设定。单击【倒圆角铣削】操作面板中 按钮，在系统弹出的【刀具设定】对话框中，单击 按钮，【名称】采用默认"T0004"，【类型】选项中选取"拐角倒圆角"，【几何】编辑部分输入如图6-252所示的参数。在【刀具设定】对话框中依次单击 应用 及 确定 按钮，完成刀具设定。

（3）加工曲面设置。单击【倒圆角铣削】操作面板中【参考】选项，系统弹出【参考】下滑面板，单击【加工参考】收集器，将其激活，在参考模型上选取倒圆角面，如图6-253所示。

（4）制造参数设置。单击【倒圆角铣削】操作面板中【参数】选项，在系统弹出的【参数】下滑面板中输入如图6-254所示的参数。单击【参数】对话框下方 按钮，在系统弹出的【编辑序列参数"倒圆角铣削1"】对话框中单击 全部 按钮，【类别】选项选取 切削深度和余量 选项，设置【最终加工切削次数】为"1"、【最先加工切削数】为"2"、【最终加工切削偏移】为"0.2"、【最先加工切削偏移】为"0.5"，其余参数采用默认设置。单击【编辑序列参数"倒圆角铣削1"】对话框中 确定 按钮，完成制造参数设置。

（5）屏幕演示。单击【倒圆角铣削】操作面板中 ▥ 按钮。在【播放路径】对话框中单击 ▶ 按钮，系统在屏幕上动态演示刀具加工路径，如图 6-255 所示。

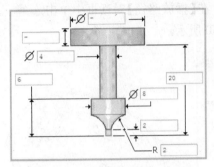

图 6-252　倒圆角刀具几何参数

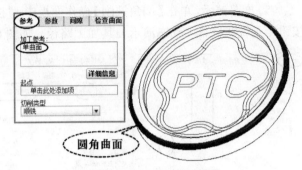

图 6-253　加工曲面设置

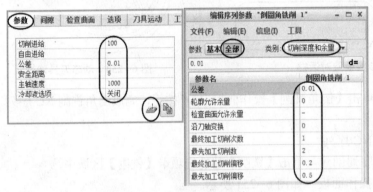

图 6-254　制造参数设置对话框

图 6-255　动态刀具路径

（6）完成 NC 序列创建。单击【倒圆角铣削】操作面板中 ✔ 按钮，完成倒圆角铣削 NC 序列创建。

步骤 10　创建雕刻加工 NC 序列

（1）进入雕刻加工 NC 序列创建。单击【铣削】功能选项卡【铣削】区域中 雕刻 按钮，系统弹出【雕刻】操作面板，如图 6-256 所示。

图 6-256　【雕刻】操作面板

（2）刀具设定。单击【雕刻】操作面板中 ▯ 按钮，系统弹出的【刀具设定】对话框中，单击 ▯ 按钮，【名称】采用默认"T0005"，【类型】选项中选取"槽加工"，【几何】编辑部分输入如图 6-257 所示的参数。在【刀具设定】对话框中依次单击 应用 及 确定 按钮，完成刀具设定。

（3）雕刻加工修饰特征选择。单击【雕刻】操作面板中【参考】选项，系统弹出【参考】下滑面板，单击【选择项】区域，将其激活，在参考模型上选取修饰特征，如图 6-258 所示。

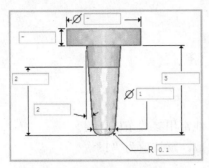

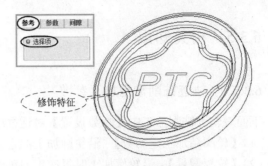

修饰特征

| 图 6-257　雕刻加工刀具几何参数 | 图 6-258　修饰特征选取 |

（4）制造参数设置。单击【雕刻】操作面板中【参数】选项，在系统弹出的【参数】下滑面板中输入如图 6-259 所示的参数。

（5）屏幕演示。单击【雕刻】操作面板中 按钮。在【播放路径】对话框中单击 ► 按钮，系统在屏幕上动态演示刀具加工路径，如图 6-260 所示。

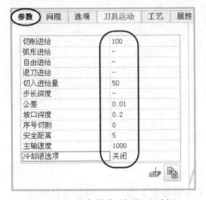

| 图 6-259　【参数】设置对话框 | 图 6-260　动态刀具路径 |

（6）完成 NC 序列创建。单击【雕刻】操作面板中 ✔ 按钮，完成雕刻铣削 NC 序列创建。

步骤 11　创建刀位数据（CL 数据）文件

本步骤请参阅任务 6.1 步骤 8。本操作的后置处理文件及 G 代码如图 6-261 所示。该程序可传输到与后置处理器相匹配的数控机床上用于梅花盘零件加工。

步骤 12　梅花盘零件加工模拟仿真

本步骤请参阅任务 6.1 步骤 9。梅花盘零件 VERICUT 加工模拟仿真如图 6-262 所示。

| 图 6-261　G 代码 | 图 6-262　梅花盘零件 VERICUT 加工模拟仿真 |

6.3.5 相关知识

6.3.5.1 轨迹铣削常用加工参数

下面对轨迹铣削加工中【参数设置】对话框中其他常用参数予以介绍。

（1）【轮廓精加工走刀数】：沿轮廓加工的走刀次数，默认值为"1"。

（2）【轮廓增量】：沿轮廓加工时每次走刀进给量。

在任务 6.3 步骤 7 的轨迹铣削 NC 序列中，重新编辑制造参数。单击【参数】对话框下方 按钮，在系统弹出的【编辑序列参数"轨迹 1"】对话框中单击 全部 按钮，【类别】选项选取 切削深度和余量 ，设置【轮廓精加工走刀数】为"2"、【轮廓增量】为"1"时，刀具将 XY 平面分两层切削，层间距为 1 mm，刀具路径如图 6-263 所示。

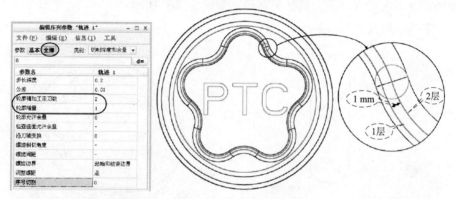

图 6-263 【轮廓精加工走刀数】为"2"、【轮廓增量】为"1"时的刀具路径

（3）【步长深度】：沿 Z 方向加工每次走刀进给量。

（4）【序号切割】：沿 Z 方向切削到设置深度的走刀次数。

在任务 6.3 步骤 7 的轨迹铣削 NC 序列中，重新编辑制造参数。单击【参数】对话框下方 按钮，在系统弹出的【编辑序列参数"轨迹 1"】对话框中单击 全部 按钮，【类别】选取 切削深度和余量 选项，设置【步长深度】为"-"、【序号切割】为"0"时，刀具将在深度方向一次加工到位，刀具路径如图 6-264 所示。

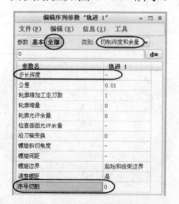

图 6-264 【步长深度】为"-"、【序号切割】为"0"时的刀具路径

设置【步长深度】为"–"、【序号切割】为"4"时，刀具将在深度方向分4层加工到位，切削深度由系统自动计算，刀具路径如图6-265所示。

提示：如同时设置了【步长深度】和【序号切割】值，系统自动计算层高，将按较小层高分层切削。

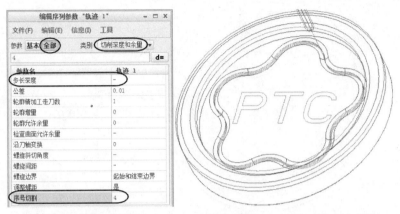

图6-265 【步长深度】为"–"、【序号切割】为"4"时的刀具路径

（5）【刀具运动】：设置轨迹铣削刀具路径。

在任务6.3步骤7轨迹铣削NC序列中，重新编辑定义。单击【刀具运动】选项，系统弹出【刀具运动】下滑面板，选取【曲线切削】选项，单击 编辑… 按钮，系统弹出【曲线切削】对话框，在【选项】选择项中勾选【偏移切削】，刀具将偏移刀具半径值生成刀具路径，如图6-266所示。单击 要移除的材料 选项，切换切除的材料侧，如图6-267所示。单击【曲线切削】对话框中 ✓ 按钮，完成刀具路径设置。

图6-266 【曲线切削】对话框

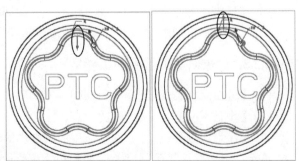

图6-267 【偏移切削】切换材料侧

（6）【轮廓允许余量】：在参考零件侧面为下一工序留出加工余量。

在任务6.3步骤7轨迹铣削NC序列中，重新编辑定义。单击【参数】对话框中设置【轮廓允许余量】为"1"，刀具将在参考零件侧面保留1 mm余量。单击【刀具运动】选项，系统弹出【刀具运动】下滑面板，选取【曲线切削】选项，单击 编辑… 按钮，系统弹出【曲线切削】对话框，在【曲线切削】对话框中单击 要移除的材料 选项，可切换切除的材料侧，刀具路径如图 6-268 所示。

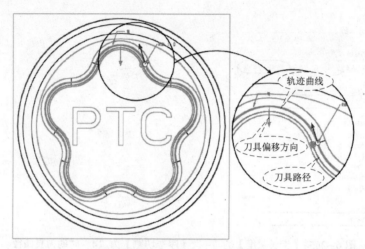

图 6-268　轮廓余量设置

（7）【螺旋切削】：创建螺旋式渐进切削刀具路径。如果在【曲线切削】对话框中勾选【螺旋切削】复选框，则系统将生成螺旋式的渐进切削加工的刀具路径；如不勾选【螺旋切削】复选框，则系统生成分层加工的刀具路径。

6.3.5.2　倒角及圆角铣削常用加工参数

下面对倒角及圆角铣削加工中其他常用参数予以介绍。在【编辑序列参数"倒角铣削 1"】对话框中单击 全部 按钮，【类别】选项选取 切削深度和余量 选项：

（1）【轮廓允许余量】：在参考零件侧面为下一工序留出加工余量。

（2）【最终加工切削次数】：加工最后一刀时的重复走刀次数。

（3）【最先加工切削数】：加工最后一刀前的走刀次数。

（4）【最终加工切削偏移】：加工最后一刀的切削量。

（5）【最先加工切削偏移】：加工最后一刀前每层的切削量。

6.3.5.3　雕刻加工常用加工参数

（1）【坡口深度】：雕刻加工的切削深度。

（2）【步长深度】：分层切削的层高。

（3）【序号切割】：加工到切削深度的切削层数。

提示：如同时设置了【步长深度】和【序号切割】值，系统自动计算层高，将按较小层高分层切削。

6.3.6　练习

（1）根据图 6-269 所示的方形弧面装饰盘零件工程图完成零件数控加工。工件材料为铝合金，工件尺寸为 100 mm×60 mm×15 mm。

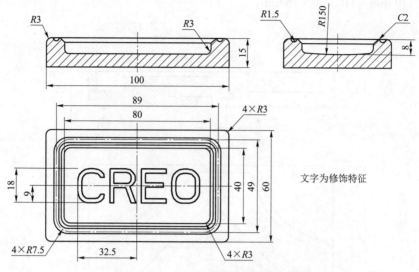

图 6-269 方形弧面装饰盘零件工程图

（2）根据图 6-270 所示的球面座零件工程图完成零件数控加工。工件材料为 45 钢，工件尺寸为 85 mm×85 mm×17 mm。

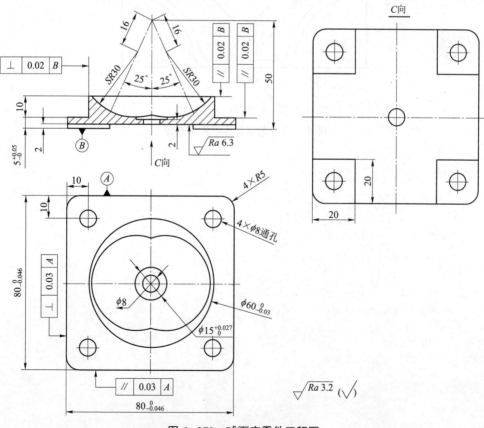

图 6-270 球面座零件工程图

（3）根据图 6-271 所示的薄壁基座零件工程图完成零件数控加工。工件材料为 45 钢，工件尺寸为 110 mm×110 mm×16 mm。

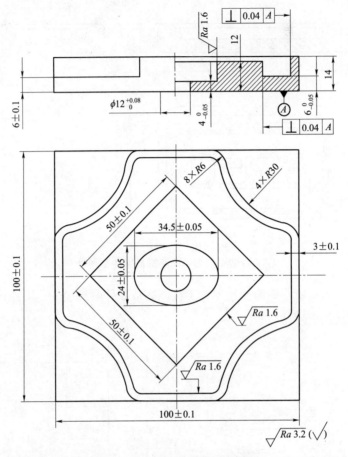

图 6-271　薄壁基座零件工程图

项目 7 零件数控车削加工

数控车削加工是最常用的机械加工方法之一，数控车削加工方法主要适用于要求加工精度高、轮廓形状复杂或尺寸难以控制的旋转体类零件的切削加工。车削加工可以完成内外圆柱面、圆锥面、球面以及螺纹加工。本项目主要介绍在 Creo 2.0 中数控车削加工的基本操作方法。

任务 7.1 支撑钉零件数控车削加工

区域加工是粗车的加工范畴。通过区域加工，可以根据零件的形状曲线去除大部分毛坯材料。区域加工生成的刀具路径按步长深度自动生成车削外圆循环。

轮廓加工是根据制定的轮廓曲线进行车削的一种方法。它一般用于精车加工，但在切削余量不大的情况下也可作为粗车加工。

凹槽加工主要用于车削零件内表面和外表面的凹槽。它的切削方式是在垂直于主轴轴线方向进刀，切到规定深度后在垂直于主轴轴线方向退刀，刀具退到规定距离后，沿主轴轴线方向快速定位到下一个进刀位置再进行切槽。

螺纹加工主要在车床上用车刀车削内外螺纹。Creo 2.0 软件中螺纹车削不能进行"NC 检查"，但能生成刀具路径。

7.1.1 学习目标

（1）掌握 Creo 2.0 各种数控车削加工方法的适用场合；

（2）掌握 Creo 2.0 各种数控车削加工方法加工几何体的设置；

（3）掌握 Creo 2.0 各种数控车削加工方法的参数设置；

（4）掌握 Creo 2.0 铣削加工后置处理方法。

7.1.2 任务要求

根据图 7–1 所示的支撑钉零件工程图，用 Creo 2.0 软件完成支撑钉零件三维建模及

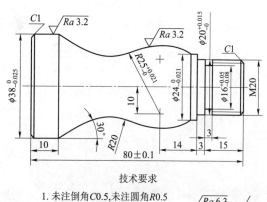

技术要求

1. 未注倒角C0.5，未注圆角R0.5
2. 未注尺寸公差按IT12加工和检验

图 7–1 支撑钉零件工程图

数控加工自动编程。支撑钉零件为单件小批量生产，材料为 45 钢，毛坯尺寸为 $\phi40$ mm×90 mm。

7.1.3 任务分析

本任务可先采用区域车削方式车削端面，用区域车削方式粗加工外形，再用轮廓车削方式精加工外形，用凹槽车削方式加工退刀槽，最后用螺纹车削方式进行螺纹加工。支撑钉零件数控车削思路和步骤如图 7-2 所示。

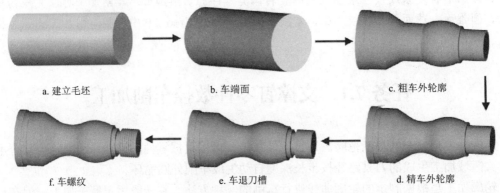

a. 建立毛坯　　b. 车端面　　c. 粗车外轮廓

f. 车螺纹　　e. 车退刀槽　　d. 精车外轮廓

图 7-2　支撑钉零件数控车削加工思路和步骤

7.1.4 任务实施

步骤 1　建立工作目录

启动 Creo 2.0 后，单击主菜单中 按钮，系统弹出【选择工作目录】对话框，选取【选择工作目录】菜单栏中 组织 下拉菜单中【新建文件夹】选项，弹出【新建文件夹】对话框。在【新建文件夹】编辑框中输入文件夹名称"rw7-1"，单击 确定 按钮。在【选择工作目录】对话框中单击 确定 按钮。

步骤 2　零件三维实体造型

完成图 7-1 所示的支撑钉零件的三维实体造型，保存名称为"rw7-1.prt"，如图 7-3 所示。

步骤 3　进入 Creo 2.0 加工制造模块

（1）单击快速工具栏中 按钮或选取主菜单中【文件】→【新建】，系统弹出【新建】对话框，在【类型】栏中选取【制造】，在【子类型】栏中选取【NC 装配】选项，在名称编辑框中输入"rw7-1"，同时取消【使用默认模板】选项。

（2）单击【新建】对话框中的 确定 按钮，系统弹出【新文件选项】对话框，在【模板】分组框中选取【mmns_mfg_nc】选项，单击 确定 按钮，进入 Creo 2.0 加工制造模块。

步骤 4　创建制造模型

（1）装配参考模型。

图 7-3　支撑钉零件三维实体造型

单击【制造】功能选项卡【元件】区域中【组装参考模型】按钮 ⬚ (或单击 按钮，选择下拉菜单中 ⬚组装参考模型 选项)，弹出【打开】对话框，选取"rw7-1.prt"，单击 **打开** 按钮，则系统将参考模型显示在绘图区中，如图 7-4 所示。在【元件放置】操作面板的【约束类型】下拉框中选取 ⬚ 默认 选项，系统将在默认位置装配参考模型。单击 ✔ 按钮，完成参考模型的装配。

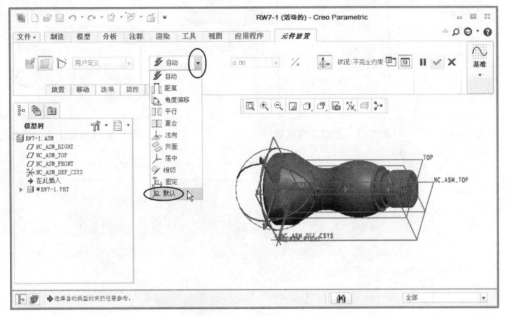

图 7-4　装配参考模型

(2) 创建工件。

① 单击【制造】功能选项卡【元件】区域中 工件 按钮，选择下拉菜单中 ⬚创建工件 选项，如图 7-5 所示。在弹出的【输入零件名称】编辑框中输入文件夹名称"rw7-1wrk"，单击 ✔ 按钮，进入工件创建，如图 7-6 所示。

图 7-5　【创建工件】选项

图 7-6　工件名称的输入

② 单击【菜单管理器】中【实体】→【伸出项】→【旋转】【实体】【完成】，如图 7-7 所示。进入创建工件界面，系统弹出【旋转】操作面板，单击【放置】选项，打开【放置】下滑面板，如图 7-8 所示。

③ 单击 定义... 按钮，弹出【草绘】对话框，选取 FRONT 平面为草绘平面，其余接受系统默认设置。单击 草绘 按钮，进入草绘界面。

④ 绘制图 7-9 所示的草绘截面，并在零件轴线上绘制旋转中心线，单击草绘工具栏中 ✔ 按钮，完成截面的绘制。在操作面板中输入旋转角度 360°。单击操作面板中 ✔ 按钮，完成工件创建。参考模型和工件模型装配组合在一起即为制造模型，如图 7-10 所示。

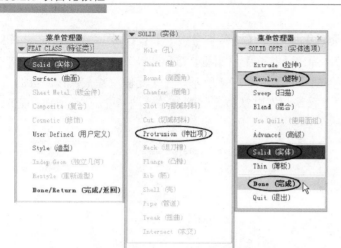

图 7-7　创建工件菜单　　　　　　　图 7-8　【放置】下滑面板

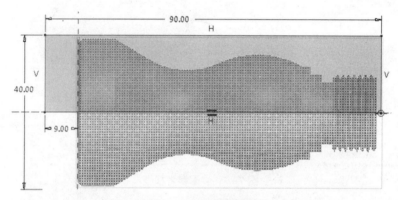

图 7-9　草绘截面图

图 7-10　制造模型

图 7-11　车削机床选择

步骤 5　制造设置

（1）机床设置。单击【制造】功能选项卡【机床设置】区域中 工作中心 按钮，系统弹出机床选取列表，选取【车床】选项，如图 7-11 所示。系统弹出【车床工作中心】对话框，在【名称】编辑框中输入机床名称（系统默认为 LATHE01）；【转塔数】设为 "1"；单击【装配】选项卡，在【方向】选项中选取 "水平"；其余选项采用默认值，单击【车床工作中心】对话框中 ✔ 按钮，完成机床设置，如图 7-12 所示。

提示:【方向】选项中选取"水平"表示卧式车床 (系统默认);【方向】选项中选取"竖直"表示立式车床。

图7-12　【车床工作中心】对话框

(2) 操作设置。单击【制造】功能选项卡【工艺】区域中 操作 按钮,系统弹出【操作】操作面板,如图7-13所示。

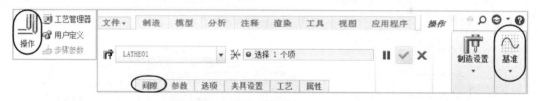

图7-13　【操作】操作面板

① 加工零点设置。单击【操作】操作面板中 ⌢ 按钮,在弹出的【基准】菜单中选取 ⋇ 命令,如图7-14所示,系统弹出【坐标系】对话框。在制造模型中按住"Ctrl"键选取图7-15所示的3个平面,建立坐标系。选取【坐标系】对话框中的【方向】选项,如图7-16所示。调整坐标轴的方向,使之与机床坐标系的方向一致,如图7-17所示。在【坐标系】对话框中单击 确定 按钮,完成工件坐标系的建立。单击【操作】操作面板中 ▶ 按钮,新建的工件坐标系将显示在操作面板中,如图7-18所示。

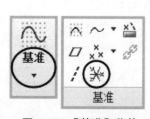

图7-14　【基准】菜单

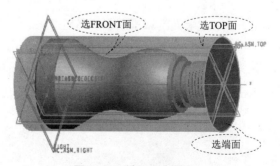

图7-15　选取三个平面

图 7-16　坐标系定向

图 7-17　完成的工件坐标系

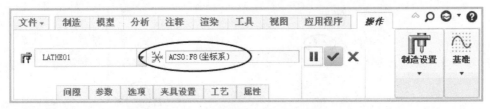

图 7-18　【操作】操作面板

②　退刀面设置。选取【操作】操作面板中【间隙】选项，系统打开【间隙】下滑面板，如图 7-19 所示。在【类型】选项中选取"圆柱面"，在【参考】选项中选择零件旋转中心线，【值】文本框中输入"25"（即圆柱体半径为 25 mm），【公差】文本框中输入"0.1"，其余参数采用默认设置，完成退刀面设置，如图 7-20 所示。

图 7-19　【间隙】对话框

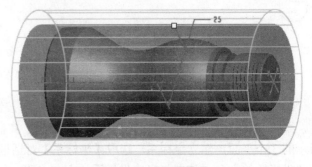

图 7-20　退刀面设置

③　完成操作设置。在【操作】操作面板中单击 ✔ 按钮，完成操作设置，系统返回【制造】功能选项卡。

步骤 6　创建端面区域车削 NC 序列

（1）进入端面区域车削 NC 序列创建。单击主菜单【车削】功能选项卡车削区域中 [区域车削] 按钮，系统弹出【区域车削】操作面板，如图 7-21 所示。

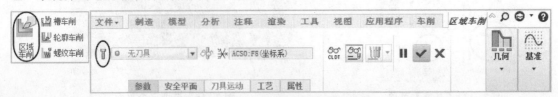

图 7-21　【区域车削】操作面板

（2）刀具设定。单击【区域车削】操作面板中 刀 按钮，系统弹出【刀具设定】对话框，在【名称】文本框输入刀具名称（默认 T0001）、【类型】选项中选取"车削"、其余参数按图 7-22 设置。单击【刀具设定】对话框中 ∞ 按钮，当前刀具将在单独窗口中显示。在【刀具设定】对话框中依次单击 应用 及 确定 按钮，系统返回【区域车削】操作面板。

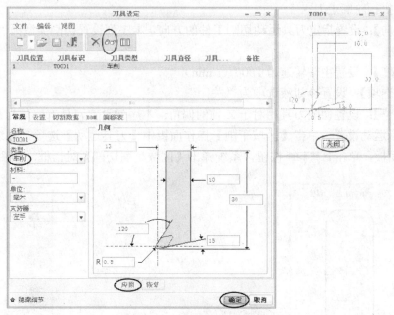

图 7-22 【刀具设定】对话框

提示：【夹持器】设置为"左手"表示正刀，刀具位置与图 7-22 所示方向一致。【夹持器】设置为"右手"表示反刀，刀具位置与图 7-22 所示方向相反（刀尖向右）。

（3）加工参数设置。单击【区域车削】操作面板中【参数】选项，系统打开【参数】下滑面板，输入如图 7-23 所示参数，完成区域车削加工参数设置。

【切削进给】：设置切削进给速度为 200（mm/min）。

【自由进给】：非切削移刀进给速度（默认快速进给速度，表示在 CL 文件中将要输出 RAPID 指令，后置处理后为 G00 指令）。

【退刀进给】：刀具退离工件的速度（默认切削进给速度）。

【切入进给量】：设置刀具接近并切入工件时的进给速度为 100（mm/min）（默认切削进给速度）。

【步长深度】：设置每层切削深度为 1（mm）。

【公差】：刀具切削曲线轮廓时，用微小的直线段来逼近实际曲线轮廓，设置直线段与实际曲线轮廓最大偏离距离为 0.01（mm）。

【轮廓允许余量】：粗车后为精加工车削所留的加工余量。

【粗加工允许余量】：设置整个未加工毛坯的加工余量。

提示：【轮廓允许余量】数值一定要小于【粗加工允许余量】所设置值。

【Z 向允许余量】：用于设置 Z 方向加工毛坯的余量。

【终止超程】：设置加工过程中退刀时刀具超出零件边线的距离。

【起始超程】：设置加工过程中进刀时刀具接近零件边线的距离。

【扫描类型】：设置刀具切削运动的类型和刀具扫描多步轮廓的方式。本序列设置为"类型 1 连接"。

【粗加工选项】：设置在区域车削 NC 序列中是否执行轮廓走刀。本序列设置为"仅限粗加工"，即不执行轮廓走刀。

【切割方向】：设置指定刀具运动切割工件的方向。本序列设置切割类型为"标准"，车削方向从右向左。

【主轴速度】：设置主轴转速为 1000（r/min）。

【冷却液选项】：设置冷却液选项为"关闭"。

【刀具方位】：设置切削刀具相对于 Z 轴的偏角。本序列设置刀具方位角为 90°。

（4）刀具运动设置。单击【区域车削】操作面板中【刀具运动】选项，系统打开【刀具运动】下滑面板，单击 区域车削 按钮，系统弹出【区域车削切削】对话框，如图 7-24 所示。

图 7-23 【参数】设置对话框

图 7-24 【刀具运动】设置

① 进入【车削轮廓】操作面板。单击【区域车削切削】对话框中【车削轮廓】收集器，再单击【区域车削】操作面板中 几何 按钮，并在打开的菜单中单击 按钮创建车削轮廓，系统弹出【车削轮廓】操作面板。单击 按钮，选择使用草绘创建车削轮廓，单击 按钮定义内部草绘，如图 7-25 所示。

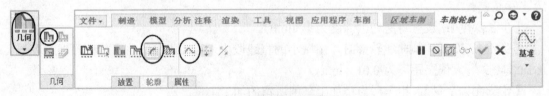

图 7-25 【车削轮廓】操作面板

② 草绘车削轮廓。在系统弹出的【草绘】对话框中单击 草绘 按钮，如图 7-26 所示。绘制图 7-27 所示的直线。选择开始切削的起点，单击鼠标右键，在弹出的快捷菜单中选择"起点"，即可改变切削起始点；单击【草绘】操作面板中 ✔ 按钮，完成草绘轮廓创建。

图 7-26 【草绘】对话框

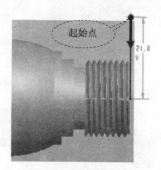

图 7-27 草绘直线

③ 定义材料侧。系统返回【车削轮廓】操作面板，在图中单击材料侧箭头可改变保留材料方向（箭头所指方向为材料去除侧），如图 7-28 所示；单击【车削轮廓】操作面板中 ✔ 按钮，完成车削轮廓创建。车削轮廓将显示在【区域车削切削】对话框的【车削轮廓】收集器中，如图 7-29 所示。

④ 定义延伸方向。在【区域车削切削】对话框【延伸】设置项中，选择【开始延伸】为"X 正向"、【结束延伸】为"无"，如图 7-29 所示。

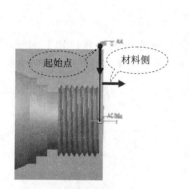

图 7-28 材料侧选择

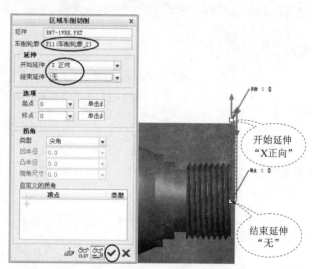

图 7-29 【延伸】选取

提示：【延伸】选项为"Z 正向"表示在端点沿 Z 轴正方向扩展切削；【延伸】选项为"Z 负向"表示在端点沿 Z 轴负方向扩展切削；【延伸】选项为"X 正向"表示在端点沿 X 轴正方向扩展切削；【延伸】选项为"X 负向"表示在端点沿 X 轴负方向扩展切削；【延伸】选项为"无"表示在端点不扩展切削，该选项一般用于端面加工，在最靠近主轴轴线的端点指定无车削扩展，刀具到达此端点后立即退回，如果端面加工的切削端点位于主轴轴线上，则必须指定该点【延伸】选项为"无"。

⑤ 完成刀具运动设置。在【区域车削切削】对话框中单击 ✔ 按钮，完成刀具运动设置。

（5）演示刀具轨迹。单击【区域车削】操作面板中 ⬛ 按钮，系统弹出【播放路径】对话框，单击 ▶ 按钮，开始进行刀具轨迹演示，刀具轨迹如图 7-30 所示。

（6）端面区域车削 NC 序列加工模拟仿真。单击【区域车削】操作面板中 ⬛· 按钮，在弹出的下拉选项中单击 按钮，系统弹出【VERICUT 7.1.5 by CGTech】窗口，在弹出的窗口中单击 ▶ 按钮，开始进行加工模拟仿真，如图7-31所示。

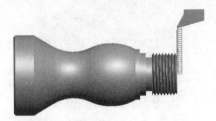
图7-30　端面区域车削刀具轨迹演示

图7-31　VERICUT加工模拟仿真

（7）完成NC序列创建。单击【区域车削】操作面板中 ✔ 按钮，完成端面区域车削NC序列创建。

步骤7　创建轮廓区域车削NC序列

（1）进入轮廓区域车削NC序列创建。单击主菜单【车削】功能选项卡车削区域中 按钮，系统弹出【区域车削】操作面板，如图7-32所示。

图7-32　【区域车削】操作面板

（2）刀具设定。单击【区域车削】操作面板中 按钮，系统弹出【刀具设定】对话框，单击 按钮，在【名称】文本框输入刀具名称（默认T0002）、【类型】选项中选取"车削"，刀具参数按图7-33设置。在【刀具设定】对话框中依次单击 应用 及 确定 按钮，系统返回【区域车削】操作面板。

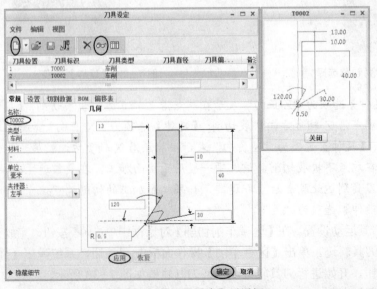
图7-33　【刀具设定】对话框

（3）加工参数设置。单击【区域车削】操作面板中【参数】选项，系统打开【参数】下滑面板，输入如图 7-34 所示参数，完成区域车削加工参数设置。

（4）刀具运动设置。单击【区域车削】操作面板中【刀具运动】选项，系统打开【刀具运动】下滑面板，单击 区域车削 按钮，系统弹出【区域车削切削】对话框，如图 7-35 所示。

图 7-34 【参数】设置对话框

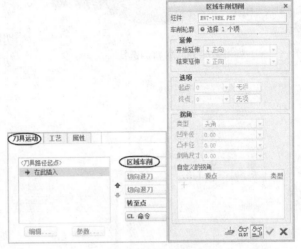

图 7-35 【刀具运动】设置

① 进入【车削轮廓】操作面板。单击【区域车削切削】对话框中【车削轮廓】收集器，再单击【区域车削】操作面板中 几何 按钮，并在打开的菜单中单击 按钮创建车削轮廓，系统弹出【车削轮廓】操作面板。单击 按钮，选择使用草绘创建车削轮廓，单击 按钮定义内部草绘，如图 7-36 所示。

图 7-36 【车削轮廓】操作面板

② 草绘车削轮廓。在系统弹出的【草绘】对话框中单击 草绘 按钮，绘制图 7-37 所示的轮廓线。选择开始切削的起点，单击鼠标右键，在弹出的快捷菜单中选择"起点"，即可改变切削起始点；单击【草绘】操作面板中 按钮，完成草绘轮廓创建。

③ 定义材料侧。系统返回【车削轮廓】操作面板，在图中单击材料侧箭头可改变保留材料方向（箭头所指方向为材料去除侧），如图 7-38 所示；单击【车削轮廓】操作面板中 按钮，完成车削轮廓创建。车削轮廓将显示在【区域车削切削】对话框中的

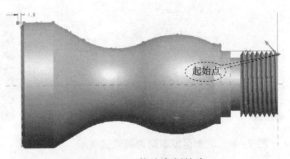

图 7-37 草绘车削轮廓

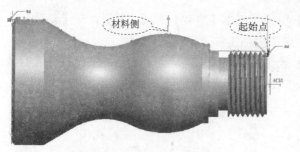

图 7-38 材料侧选择

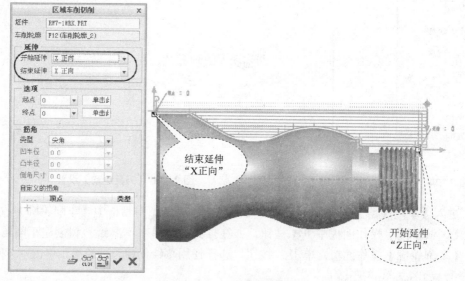

图 7-39 定义延伸方向

【车削轮廓】收集器中，如图 7-39 所示。

④ 定义延伸方向。在【区域车削切削】对话框【延伸】设置项中，选择【开始延伸】为"Z 正向"、【结束延伸】为"X 正向"，如图 7-39 所示。

⑤ 完成刀具运动设置。在【区域车削切削】对话框中单击 ✔ 按钮，完成刀具运动设置。

（5）演示刀具轨迹。单击【区域车削】操作面板中 按钮，系统弹出【播放路径】对话框，单击 ▶ 按钮，开始进行刀具轨迹演示，刀具轨迹如图 7-40 所示。

（6）轮廓区域车削 NC 序列加工模拟仿真。单击【区域车削】操作面板中 按钮，在弹出的下拉选项中单击 按钮，系统弹出【VERICUT 7.1.5 by CGTech】窗口，在弹出的窗口中单击 ▶ 按钮，开始进行加工模拟仿真，如图 7-41 所示。

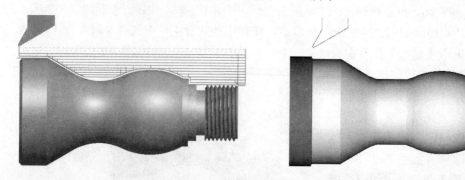

图 7-40 轮廓区域车削刀具轨迹演示　　　　图 7-41 VERICUT 加工模拟仿真

（7）完成 NC 序列创建。单击【区域车削】操作面板中 ✔ 按钮，完成轮廓区域车削 NC

序列创建。

步骤8 创建轮廓车削 NC 序列

（1）进入轮廓车削 NC 序列创建。单击主菜单【车削】功能选项卡区域车削中 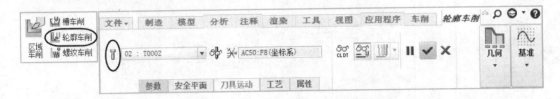 按钮，系统弹出【轮廓车削】操作面板，如图 7-42 所示。

图 7-42 【轮廓车削】操作面板

（2）刀具设定。单击【轮廓车削】操作面板中 按钮，系统弹出【刀具设定】对话框，单击 按钮，在【名称】文本框输入刀具名称（默认 T0003）、【类型】选项中选取"车削"，刀具参数按图 7-43 设置。在【刀具设定】对话框中依次单击 应用 及 确定 按钮，系统返回【轮廓车削】操作面板。

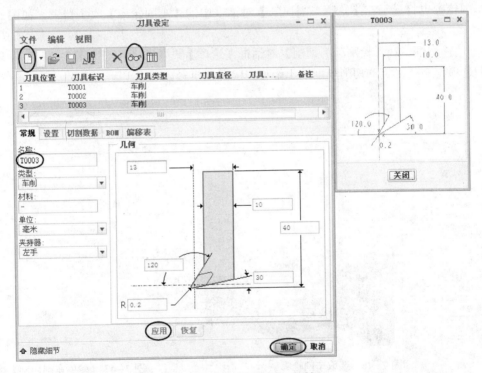

图 7-43 【刀具设定】对话框

（3）加工参数设置。单击【轮廓车削】操作面板中【参数】选项，系统打开【参数】下滑面板，输入如图 7-44 所示参数，完成轮廓车削加工参数设置。

（4）刀具运动设置。单击【轮廓车削】操作面板中【刀具运动】选项，系统打开【刀具运动】下滑面板，单击 轮廓车削 按钮，系统弹出【轮廓车削切削】对话框，如图 7-45 所示。

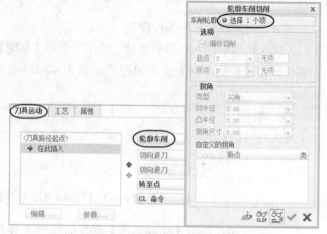

图 7-44 【参数】设置对话框　　　　图 7-45 【刀具运动】设置

① 选取车削轮廓。单击【轮廓车削切削】对话框中【车削轮廓】收集器，再从模型树中选择【车削轮廓 2】NC 序列所创建的车削轮廓，车削轮廓将显示在界面中，如图 7-46 所示。同时车削轮廓也将显示在【轮廓车削切削】对话框中的【车削轮廓】收集器中，如图 7-47 所示。

② 偏移切削。在【轮廓车削切削】对话框【选项】设置项中，勾选图 7-47 所示【偏移切削】选项，系统将自动切削车削轮廓偏移刀尖圆角半径。

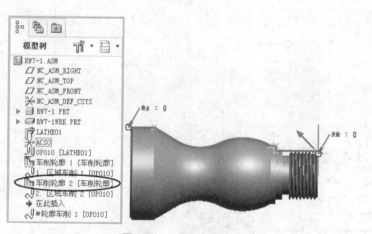

图 7-46 选取车削轮廓　　　　图 7-47 【轮廓车削切削】对话框

③ 完成刀具运动设置。在【轮廓车削切削】对话框中单击✔按钮，完成刀具运动设置。

（5）演示刀具轨迹。单击【轮廓车削】操作面板中▤按钮，系统弹出【播放路径】对话框，单击▶按钮，开始进行刀具轨迹演示，刀具轨迹如图 7-48 所示。

（6）轮廓车削 NC 序列加工模拟仿真。单击【轮廓车削】操作面板中▤▾按钮，在弹出的下拉选项中单击⊘按钮，系统弹出【VERICUT 7.1.5 by CGTech】窗口，在弹出的窗口中单击▶按钮，开始进行加工模拟仿真，如图 7-49 所示。

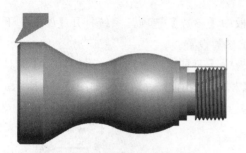

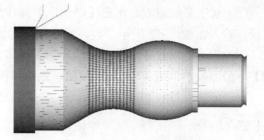

图 7-48　轮廓车削刀具轨迹演示　　　　**图 7-49　VERICUT 加工模拟仿真**

（7）完成 NC 序列创建。单击【轮廓车削】操作面板中 ✔ 按钮，完成轮廓车削 NC 序列创建。

步骤 9　创建凹槽车削 NC 序列

（1）进入凹槽车削 NC 序列创建。单击主菜单【车削】功能选项卡车削区域中 凹槽车削 按钮，系统弹出【槽车削】操作面板，如图 7-50 所示。

图 7-50　【槽车削】操作面板

（2）刀具设定。单击【槽车削】操作面板中 刀 按钮，系统弹出【刀具设定】对话框，单击 按钮，在【名称】文本框输入刀具名称（默认 T0004）、【类型】选项中选取"车削槽加工"，刀具参数按图 7-51 设置。在【刀具设定】对话框中依次单击 应用 及 确定 按钮，系统返回【槽车削】操作面板。

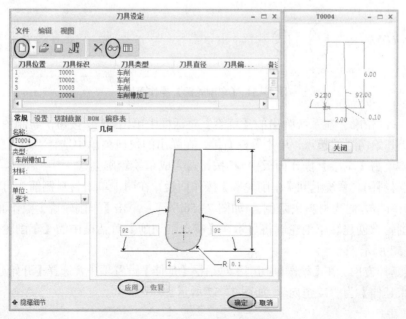

图 7-51　【刀具设定】对话框

（3）加工参数设置。单击【槽车削】操作面板中【参数】选项，系统打开【参数】下滑面板，输入如图 7-52 所示参数，完成槽车削加工参数设置。

（4）刀具运动设置。单击【槽车削】操作面板中【刀具运动】选项，系统打开【刀具运动】下滑面板，单击 **槽车削切削** 按钮，系统弹出【槽车削切削】对话框，如图 7-53 所示。

图 7-52 【参数】设置对话框

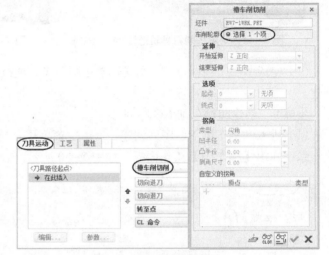

图 7-53 【刀具运动】设置

① 进入【车削轮廓】操作面板。单击【槽车削切削】对话框中【车削轮廓】收集器，再单击【槽车削】操作面板中 几何 按钮，在打开的菜单中单击 按钮创建车削轮廓，系统弹出【车削轮廓】操作面板。单击 按钮，选择使用草绘创建车削轮廓，单击 按钮定义内部草绘，如图 7-54 所示。

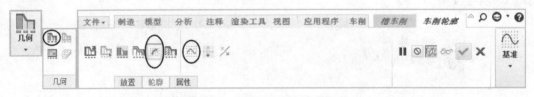

图 7-54 【车削轮廓】操作面板

② 草绘车削轮廓。在系统弹出的【草绘】对话框中单击 草绘 按钮，绘制图 7-55 所示的凹槽。选择开始切削的起点，单击鼠标右键，在弹出的快捷菜单中选择"起点"，即可改变切削起始点；单击【草绘】操作面板中 ✔ 按钮，完成草绘轮廓创建。

③ 定义材料侧。系统返回【车削轮廓】操作面板，在图中单击材料侧箭头可改变保留材料方向（箭头所指方向为材料去除侧），如图 7-56 所示；单击【车削轮廓】操作面板中 ✔ 按钮，完成车削轮廓创建。车削轮廓将显示在【槽车削切削】对话框中的【车削轮廓】收集器中，如图 7-57 所示。

④ 定义延伸方向。在【槽车削切削】对话框【延伸】设置项中，选择【开始延伸】为"X 正向"、【结束延伸】为"X 正向"，如图 7-57 所示。

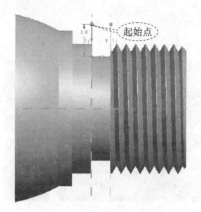

图 7-55　草绘车削轮廓

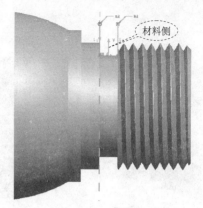

图 7-56　材料侧选择

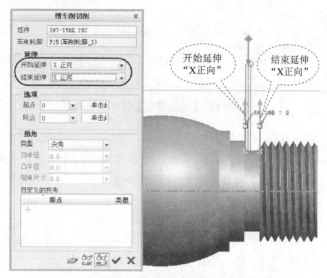

图 7-57　【延伸】选取

⑤ 完成刀具运动设置。在【槽车削切削】对话框中单击✔按钮，完成刀具运动设置。

（5）演示刀具轨迹。单击【槽车削】操作面板中⚃按钮，系统弹出【播放路径】对话框，单击▶按钮，开始进行刀具轨迹演示，刀具轨迹如图 7-58 所示。

（6）槽车削 NC 序列加工模拟仿真。单击【槽车削】操作面板中⚃·按钮，在弹出的下拉选项中单击🗾按钮，系统弹出【VERICUT 7.1.5 by CGTech】窗口，在弹出的窗口中单击▶按钮，开始进行加工模拟仿真，如图 7-59 所示。

（7）完成 NC 序列创建。单击【槽车削】操作面板中✔按钮，完成凹槽车削 NC 序列创建。

步骤 10　创建螺纹车削 NC 序列

（1）进入螺纹车削 NC 序列创建。单击主菜单【车削】功能选项卡车削区域中 🖴螺纹车削 按钮，系统弹出【螺纹车削】操作面板，如图 7-60 所示。

（2）设置螺纹加工属性。在【螺纹车削】操作面板中单击📧按钮，在圆柱体外侧加工螺纹；螺纹类型选取【常规】，加工普通螺纹；输出方式选取【ISO】，采用 ISO 标准（公制螺纹）生成螺纹输出。

图 7-58　槽车削刀具轨迹演示

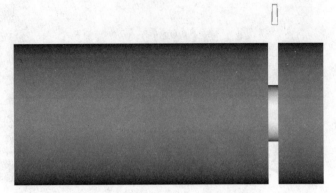

图 7-59　VERICUT 加工模拟仿真

图 7-60　【螺纹车削】操作面板

（3）刀具设定。单击【螺纹车削】操作面板中 ⊤ 按钮，系统弹出【刀具设定】对话框，单击 □ 按钮，在【名称】文本框输入刀具名称（默认 T0005）、【类型】选项中选取"车削"，刀具参数按图 7-61 设置。在【刀具设定】对话框中依次单击 应用 及 确定 按钮，系统返回【螺纹车削】操作面板。

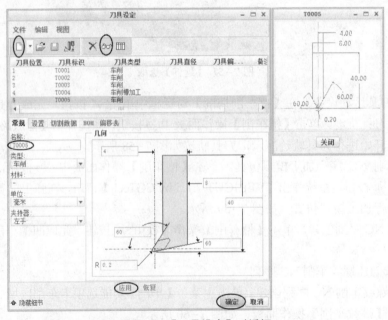

图 7-61　【刀具设定】对话框

（4）草绘车削轮廓。

① 进入【车削轮廓】操作面板。单击【螺纹车削】操作面板中【参考】选项，打开【参

考】下滑面板，并单击【车削轮廓】收集器；在【螺纹车削】操作面板中单击 几何 按钮，并在打开的菜单中单击 ⊞ 按钮创建车削轮廓，系统弹出【车削轮廓】操作面板。单击 ◢ 按钮，选择使用草绘创建车削轮廓，单击 ⊠ 按钮定义内部草绘，如图 7-62 所示。

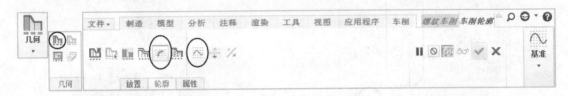

图 7-62 【车削轮廓】操作面板

② 草绘车削轮廓。在系统弹出的【草绘】对话框中单击 草绘 按钮，绘制图 7-63 所示的直线。选择开始切削的起点，单击鼠标右键，在弹出的快捷菜单中选择"起点"，即可改变切削起始点；单击【草绘】操作面板中 ✔ 按钮，完成草绘轮廓创建。

③ 定义材料侧。系统返回【车削轮廓】操作面板，在图中单击材料侧箭头可改变保留材料方向（箭头所指方向为材料去除侧），如图 7-64 所示；单击【车削轮廓】操作面板中 ✔ 按钮，完成车削轮廓创建。车削轮廓将显示在【螺纹车削】操作面板的【参考】下滑面板【车削轮廓】收集器中。

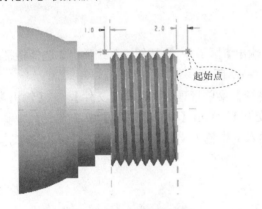

图 7-63 草绘车削轮廓

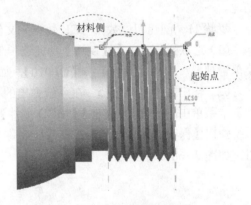

图 7-64 材料侧选择

（5）加工参数设置。单击【螺纹车削】操作面板中【参数】选项，系统打开【参数】下滑面板，输入如图 7-65 所示参数，其余参数采用默认设置，完成螺纹车削加工参数设置。

【切削进给】：设置切削进给速度为 50（mm/min）；

【螺纹进给量】：设置螺纹螺距为 2.5（mm）；

提示：【螺纹进给量】即螺纹螺距，它的数值是根据国家标准查得的，本 NC 序列 M20 的粗牙普通螺纹的螺距值为 2.5 mm。

【螺纹进给单位】：公制螺纹螺距单位应为 mm/r（毫米/转）；

【螺纹深度】：螺纹槽深的值一般设为 0.5413×螺距，本 NC 序列为 1.353 mm；

【序号切割】：螺纹加工完成的走刀次数，本 NC 序列设置为 4，即分 4 次走刀加工到位；

（6）演示刀具轨迹。单击【螺纹车削】操作面板中 ▦ 按钮，系统弹出【播放路径】对话框，单击 ▶ 按钮，开始进行刀具轨迹演示，刀具轨迹如图 7-66 所示。

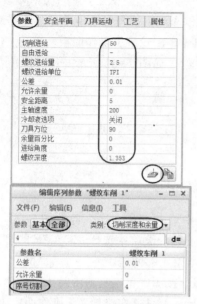

图 7-65 【参数】设置对话框

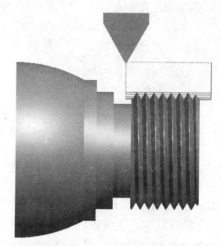

图 7-66 螺纹车削刀具轨迹演示

（7）完成 NC 序列创建。单击【螺纹车削】操作面板中✔按钮，完成螺纹车削 NC 序列创建。

步骤 11 创建刀位数据（CL 数据）文件

（1）选取操作。单击【制造】功能选项卡【输出】区域中按钮，系统弹出【选择特征】菜单管理器，单击【操作】→【OP010】，如图 7-67 所示。

（2）输出文件类型选择。在系统弹出的【路径】菜单管理器中选择【文件】，在【输出类型】子菜单中勾选【CL 文件】【MCD 文件】【交互】，单击【菜单管理器】中【完成】选项，系统弹出【保存副本】对话框，在【新名称】输入框中输入文件名称（op010），单击 确定 按钮，如图 7-68 所示。

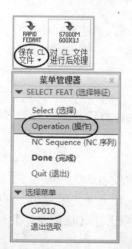

图 7-67 CL 文件输出菜单

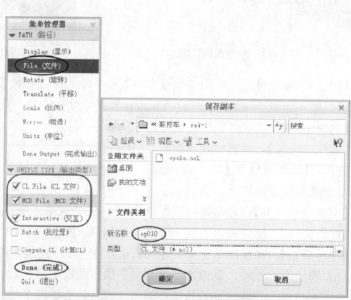

图 7-68 文件输出类型选择及保存

（3）后置处理。系统弹出【后置期处理选项】菜单，选取【详细】【追踪】复选项，单击【菜单管理器】中【完成】选项，如图 7-69 所示。在系统弹出的【后置处理列表】中选取合适的后置处理器。本案例选用"UNCL01.P11"，如图 7-70 所示。系统弹出【信息窗口】，关闭信息窗口，最后在【菜单管理器】中单击【完成输出】，如图 7-71 所示，完成本操作后置处理。

提示：a. 图 7-70【后置处理列表】中 UNCX01.P×× 是铣床后置处理器，UNCL01.P×× 是车床后置处理器。

b. 必须预先为所用的机床配置后置处理器。

图 7-69 后置期处理选项

图 7-70 后置处理列表

图 7-71 完成文件输出

（4）查看 G 代码。在工作目录中用记事本或写字板打开如图 7-72 所示 TAP 文件"op010.tap"。图 7-73 所示即为本操作的 G 代码。该程序可传输到与 UNCL01.P11 后置处理器相匹配的数控机床上用于支撑钉零件加工。

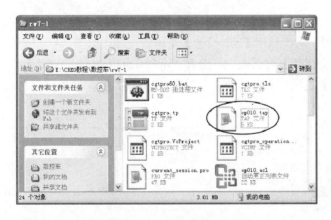
图 7-72 TAP 文件

图 7-73 G 代码

步骤 12 操作（包括操作的全部 NC 序列）加工模拟仿真

（1）操作 OP010 动态演示加工路径。单击【制造】功能选项卡【验证】区域中按钮，系统弹出文件【打开】对话框，选择"op010.ncl"文件，如图 7-74 所示。屏幕演示效果如图 7-75 所示。

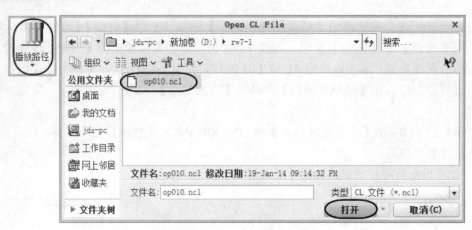

图 7-74　文件【打开】对话框

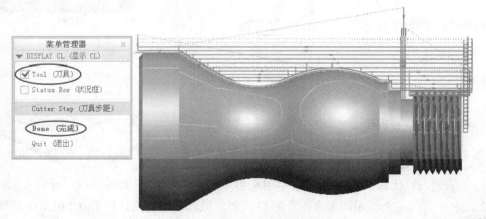

图 7-75　动态演示加工路径

（2）操作 OP010 加工模拟仿真。单击【制造】功能选项卡【验证】区域中 [播放路径] 按钮，在下拉菜单中选择【材料移除模拟】选项，系统弹出【NC 检验】菜单管理器，如图 7-76 所示，选择【CL 文件】。在系统弹出的文件【打开】对话框中，选择"op010.ncl"文件，如图 7-77 所示。单击【菜单管理器】中【完成】选项，系统弹出 VERICUT 仿真界面，加工模拟仿真如图 7-78 所示。

图 7-76　【NC 检验】选项　　　　　　　　　　图 7-77　【文件打开】对话框

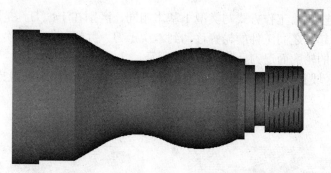

图 7-78 操作 VERICUT 加工模拟仿真

7.1.5 相关知识

7.1.5.1 区域车削参数常用的【扫描类型】

对于区域车削,【扫描类型】参数指定刀具运动的类型和刀具扫描多步轮廓的方式。【扫描类型】选项如图 7-79 所示。

提示: 以下刀具路径【粗加工选项】均设定为【仅限轮廓】选项。

(1)【类型 1】:刀具在一个方向上切削,然后退刀至切削的起始点;如果有多处中空,刀具先完成第一个中空,再转到下一个中空,如图 7-80 所示。

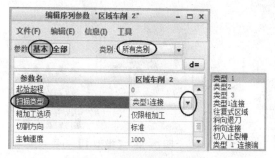

图 7-79 【扫描类型】菜单

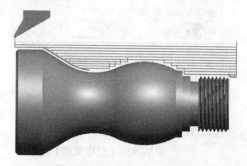

图 7-80 【类型 1】刀具轨迹

(2)【类型 2】:刀具沿着切削的总长度来回切削,如图 7-81 所示。

(3)【类型 3】:刀具来回切削,如果有多处中空,刀具先完成第一个中空,再转到下一个中空,如图 7-82 所示。

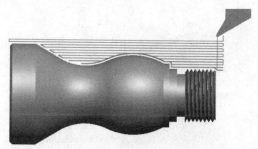

图 7-81 【类型 2】刀具轨迹

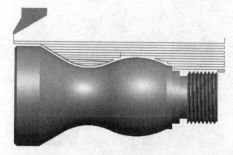

图 7-82 【类型 3】刀具轨迹

（4）【类型 1 连接】：工作方式与类型 1 基本相同，区别在于：刀具是通过车削前一次走刀起点与本次走刀起点之间工件的轮廓移动到本次走刀，并通过车削本次走刀终点与前一次走刀终点之间工件的轮廓而退刀，如图 7-83 所示。

（5）【往复式区域】：走刀形式为直线与斜线来回切削的"Z"字形刀具路径，如图 7-84 所示。

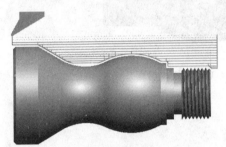

图 7-83 【类型 1 连接】刀具轨迹

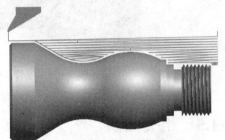

图 7-84 【往复式区域】刀具轨迹

7.1.5.2 槽车削参数常用的【扫描类型】

对于凹槽车削，【扫描类型】参数指定刀具运动是从中间向凹槽两侧切削还是从一侧向另一侧切削。【扫描类型】选项如图 7-85 所示。

（1）【类型 1】：刀具从中间开始，并依次在每一侧产生交互式走刀，如图 7-86 所示。

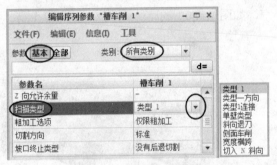

图 7-85 【扫描类型】菜单

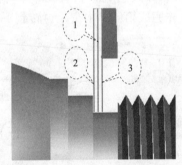

图 7-86 【类型 1】刀具轨迹

（2）【类型一方向】：从槽的一侧开始，然后移动到另一侧，如图 7-87 所示。

（3）【类型 1 连接】：在粗加工后，确保在凹槽各侧面的机械加工余量一致。从凹槽中部开始切削，通过沿凹槽底部轮廓移动，在切入走刀间进行连接运动，如图 7-88 所示。

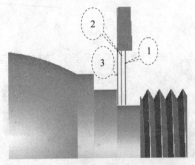

图 7-87 【类型一方向】刀具轨迹

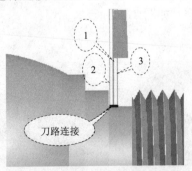

图 7-88 【类型 1 连接】刀具轨迹

提示：如凹槽车削设置了【粗加工选项】为【仅限轮廓】，则会忽略扫描类型。

7.1.5.3 车削参数【粗加工选项】

【粗加工选项】指定 NC 序列中是否有轮廓走刀。【粗加工选项】菜单如图 7-89 所示。

提示：以下刀具路径【扫描类型】均设定为【类型 1】选项。

（1）【仅限粗加工】：不进行轮廓加工，如图 7-90 所示。

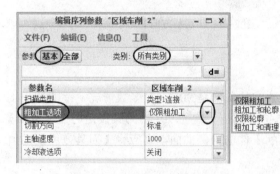

图 7-89 【粗加工选项】菜单

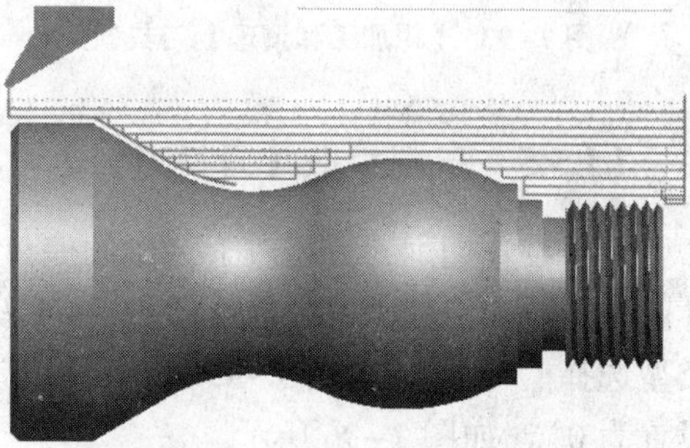

图 7-90 【仅限粗加工】刀具轨迹

（2）【粗加工和轮廓】：粗车完成后执行轮廓加工，如图 7-91 所示。

（3）【仅限轮廓】：只执行轮廓加工，如图 7-92 所示。

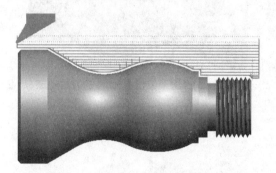
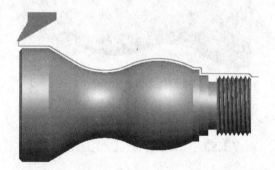

图 7-91 【粗加工和轮廓】刀具轨迹

图 7-92 【仅限轮廓】刀具轨迹

（4）【粗加工和清理】：与【仅限粗加工】加工方式相似，不同之处在于【仅限粗加工】刀具完成粗车后立即退刀，而【粗加工和清理】使刀具退刀前沿轮廓运行，直到达到末端，如图 7-93 所示。

7.1.5.4 车削参数【切割方向】

【切割方向】参数主要用于改变车削走刀方向。

（1）【标准】：系统默认值。对于外侧和内侧车削而言，车削方向为从右向左；对于表面加工方向为向下。

（2）【反转】：反转切削方向。对于外侧和内侧车削而言，车削方向为从左向右；对于表面加工，刀具从中心向上切削，如图 7-94 所示。

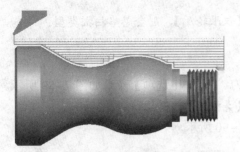

图7-93 【粗加工和清理】刀具轨迹

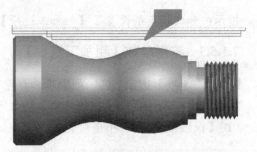

图7-94 【切割方向】为"反转"刀具轨迹

7.1.5.5 车削参数【刀具方位】

用于设置切削刀具相对于Z轴的偏角。参数的默认值是90°，在多数情况下都能加工工件的外部及表面曲面。如需反向走刀，【刀具方位】的值设置为90°，刀具设定时【夹持器】类型选择"右手"，如图7-95所示；如需要车削工件的内侧曲面，则应将【刀具方位】的值设置为0°，如图7-96所示。

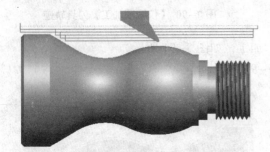

图7-95 【刀具方位】为90°、【夹持器】
为"右手"的刀具轨迹

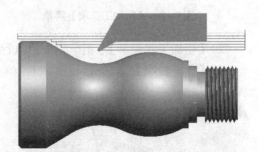

图7-96 【刀具方位】为0°的刀具轨迹

7.1.5.6 车削参数【加工路径数】

在区域或凹槽车削中，可对刀具走刀数量提供附加控制（对区域车削也可由【步长深度】参数控制，凹槽车削也可由【跨距】参数控制）。系统将使用【加工路径数】参数值计算步长深度，并将其与【步长深度】（或【跨距】）的值进行比较，选取两者中较小值，如图7-97所示。

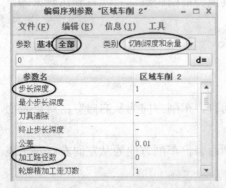

图7-97 【步长深度】与【加工路径数】

7.1.5.7 车削参数【轮廓精加工走刀数】

【轮廓精加工走刀数】指定区域或凹槽车削时轮廓走刀数量，缺省值为"1"。该参数只有在【粗加工选项】为【粗加工和轮廓】或【仅限轮廓】时有效。

7.1.5.8 螺纹车削参数【螺旋运动】

【螺旋运动】参数对话框如图7-98所示。

（1）【余量百分比】：指定每次走刀中所移除材料的百分比，可设置0~1的小数。如图7-99所示。

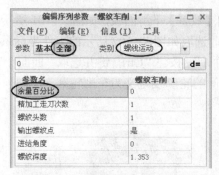

图 7-98　【螺旋运动】参数设置

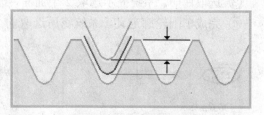

图 7-99　【余量百分比】

（2）【精加工走刀次数】：指定在达到螺纹最后深度后的精加工走刀次数，默认值为"1"。

（3）【螺纹头数】：指定螺纹的头数，默认值为"1"。

（4）【输出螺纹点】：选择是否输出进入和退出点到 CL 文件。

（5）【进给角度】：指定刀具切入螺纹时的角度。

7.1.5.9　创建车削轮廓

定义车削 NC 序列的前提是创建相应的车削轮廓。车削轮廓是一种单独的特征，并可在多个 NC 序列中引用。单击【车削】操作面板【制造几何】区域中 车削轮廓 按钮，系统弹出【车削轮廓】操作面板，如图 7-100 所示。

图 7-100　【车削轮廓】操作面板

【车削轮廓】操作面板中提供了 6 种创建车削轮廓的方法，下面介绍经常使用的 4 种车削轮廓创建方法。

　　　：使用草绘定义车削轮廓。

　　　：使用曲面定义车削轮廓。

　　　：使用曲线链定义车削轮廓。

　　　：使用横截面定义车削轮廓。

（1）使用草绘定义车削轮廓。

本方法请参阅任务 7.1 中步骤 6 及步骤 7。如果机床定义为"水平"（即卧式车床），草绘时模型的默认方向为 Z 轴指向右、X 轴指向上；如果机床定义为"竖直"（即立式车床），草绘时模型的默认方向为 Z 轴指向上、X 轴指向右。

（2）使用曲面定义车削轮廓。

通过选取参考零件上起始曲面和终止曲面定义车削轮廓，该两曲面之间的所有曲面将成为车削轮廓。

①　进入使用曲面定义车削轮廓。单击【车削轮廓】操作面板中 按钮，系统进入使用曲面定义车削轮廓。

② 选取工件坐标系。单击【放置】选项，系统弹出【放置】下滑面板，如图 7-101 所示。单击【放置坐标系】收集器，系统提示选取工件坐标系，选取如图 7-102 所示的工件坐标系。

③ 选取曲面。系统提示选取 2 个曲面，选取"曲面 1"，按住"Ctrl"键并选取"曲面 2"。

④ 完成车削轮廓定义。系统将所选取的 2 个曲面间的轮廓线定义为车削轮廓。

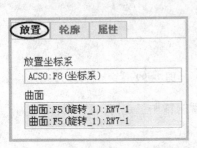

图 7-101 【放置】下滑面板

图 7-102 使用曲面定义车削轮廓

（3）使用曲线链定义车削轮廓。

通过选取参考零件上已有的曲线、轮廓线等作为车削加工轮廓。

① 进入使用曲线链定义车削轮廓。单击【车削轮廓】操作面板中 按钮，系统进入使用曲线链定义车削轮廓。

② 绘制曲线。单击【车削轮廓】操作面板中 基准 按钮，绘制如图 7-103 所示的基准曲线。

图 7-103 绘制基准曲线

③ 选取工件坐标系。单击【放置】选项，系统弹出【放置】下滑面板，如图 7-104 所示。单击【放置坐标系】收集器，选取工件坐标系，如图 7-105 所示。

④ 选取曲线。单击【链】收集器，收集曲线链以创建车削轮廓，选取如图 7-105 所示的基准曲线。

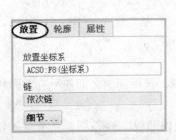

图 7-104 【放置】下滑面板

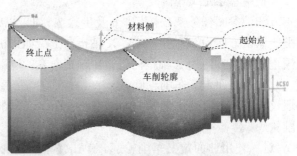

图 7-105 使用曲线链定义车削轮廓

⑤ 完成车削轮廓定义。系统将所选的基准曲线链定义为车削轮廓。

（4）使用横截面定义车削轮廓。

在加工模型上，系统加亮显示出横截面平面（XZ 平面）封闭环各顶点，通过选取车削的起始点和终止点定义车削加工轮廓。

① 进入使用横截面定义车削轮廓。单击【车削轮廓】操作面板中 ▦ 按钮，系统进入使用横截面定义车削轮廓。

② 选取工件坐标系并创建车削轮廓。单击【放置】选项，系统弹出【放置】下滑面板，如图 7-106 所示。单击【放置坐标系】收集器，系统提示选取工件坐标系，选取如图 7-107 所示的工件坐标系，系统自动创建出车削轮廓。

图 7-106 【放置】下滑面板

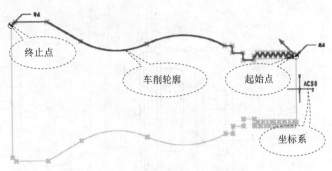

图 7-107 使用横截面定义车削轮廓

③ 调整车削轮廓起点及终点位置。在绘图区单击如图 7-107 所示"起点"处小白圆圈，并按住鼠标左键不放，拖动鼠标到如图 7-108 所示的"起点"后松开鼠标，切削起点位置随之改变。同理，也可改变切削终点位置。

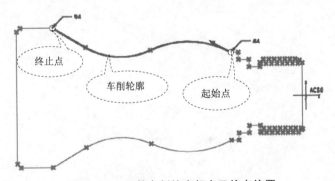

图 7-108 调整车削轮廓起点及终点位置

7.1.6 练习

（1）根据图 7-109 所示的螺纹轴零件工程图完成零件数控加工。工件材料为 45 钢，工件尺寸为 ϕ40 mm×75 mm。

（2）根据图 7-110 所示的球形锥轴零件工程图完成零件数控加工。工件材料为铝合金，工件尺寸为 ϕ40 mm×85 mm。

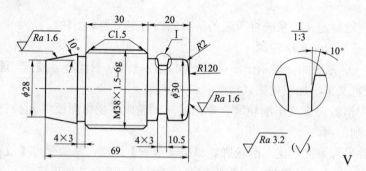

图 7-109　螺纹轴零件工程图

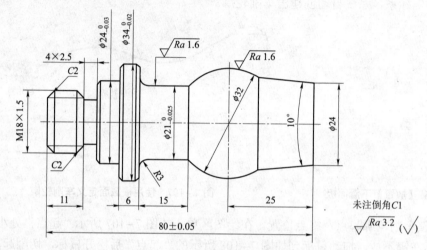

图 7-110　球形锥轴零件工程图

项目 8 综 合 训 练

Creo 是一个全方位的 CAD/CAM 软件,它可以将产品从设计到生产的全过程集成到一起,本项目主要通过介绍笔筒产品从三维建模、模具设计到模具加工的全过程,说明如何利用 Creo 软件进行产品设计、制造的基本过程。

任务 8.1 笔筒产品模具设计及数控加工

8.1.1 学习目标

(1)用 Creo 2.0 软件进行笔筒产品的三维建模;
(2)用 Creo 2.0 软件进行笔筒产品模具型腔的设计;
(3)用 Creo 2.0 软件进行笔筒产品模具型腔凸模零件的数控加工。

8.1.2 任务要求

(1)创建笔筒产品的三维模型;笔筒产品的结构及尺寸如图 8-1 所示;

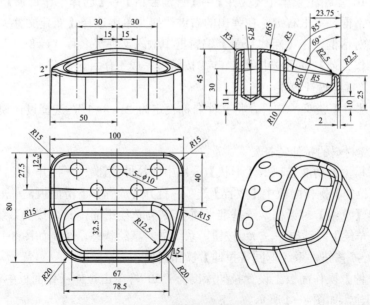

图 8-1 笔筒产品工程图

（2）根据笔筒产品的结构特点，采用适当的方法进行笔筒产品的模具型腔设计；

（3）采用合适的加工方法、机床、刀具及合理的制造参数完成笔筒产品模具型腔凸模零件的数控加工，并生成机床加工代码。

8.1.3　任务分析

本任务应先根据笔筒产品工程图完成三维建模，然后进行模具型腔设计，最后对上下模具进行数控加工。笔筒产品的设计及数控加工思路和步骤如图 8-2 所示。

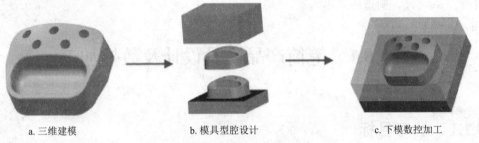

a. 三维建模　　　　　　　　b. 模具型腔设计　　　　　　　　c. 下模数控加工

图 8-2　笔筒产品的设计思路和步骤

8.1.4　任务实施

8.1.4.1　笔筒产品的三维建模

步骤 1　建立工作目录

启动 Creo 2.0，单击主菜单中【文件】→【管理会话】→【选择工作目录】，系统弹出【选择工作目录】对话框。单击右键，在弹出的右键快捷菜单中选择【新建文件夹】命令，系统弹出新建文件夹对话框，在【新建目录】编辑框中输入文件夹名称"rw8-1"，单击 确定 按钮。在【选择工作目录】对话框中单击 确定 按钮，完成工作目录新建。

步骤 2　进入零件设计模块

新建一个【零件】类型的文件，将文件名称设定为"rw8-1"，选择设计模板后进入零件设计模块。

步骤 3　建立材料的拉伸特征

（1）单击【模型】功能选项卡【形状】区域中的拉伸按钮，打开【拉伸】操作面板。

（2）单击【拉伸】操作面板中【放置】选项，打开【放置】下滑面板，单击其中 定义... 按钮，系统弹出【草绘】对话框，选基准平面 TOP 为草绘平面，其余接受系统默认设置。

（3）单击【草绘】对话框中 草绘 按钮，系统进入草绘状态，绘制如图 8-3 所示的截面，单击草绘面板中✔按钮，系统返回【拉伸】操作面板。

（4）在【拉伸】操作面板上设置拉伸深度为"50"，单击拉伸操作面板中✔按钮，完成拉伸特征 1 的创建，如图 8-4 所示。

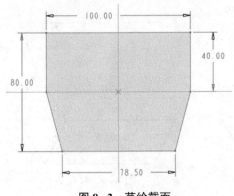

图 8-3   草绘截面

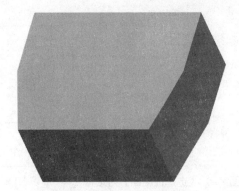

图 8-4   完成的拉伸特征 1

步骤 4   建立 5 个 φ10 孔特征

（1）单击【模型】功能选项卡【工程】区域中的孔按钮，打开【孔】操作面板。按下标准孔按钮，在操作面板上输入孔的直径"10"，深度"39"。

（2）单击【孔】操作面板中【放置】选项，打开【放置】下滑面板。在绘图区域选中拉伸坯料的顶面为孔特征的放置平面，在【放置】下滑面板中，选择类型为【线性】，并激活该面板中【偏移参考】收集器，在绘图区域选中 FRONT 基准平面，输入定位尺寸"27.5"，再按住"Ctrl"键选择 RIGHT 基准平面，输入定位尺寸"30"，如图 8-5 所示。

（3）单击【孔】操作面板中✔按钮完成第 1 个孔特征的创建，如图 8-6 所示。

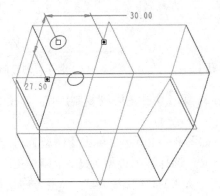

图 8-5   选中的基准平面

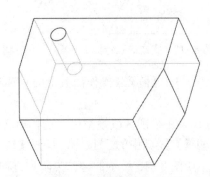

图 8-6   完成的孔特征 1

（4）在绘图区或模型树中选取第 1 个孔特征。单击【模型】功能选项卡【操作】区域中的（复制）按钮，然后单击【选择性粘贴】按钮。系统弹出【选择性粘贴】对话框，选取【对副本应用移动/旋转变换】选项，单击 确定 按钮，如图 8-7 所示。

（5）在【移动（复制）】操作面板中单击【变换】选项，系统打开【变换】下滑面板。在【移动（复制）】操作面板中单击 ↔ 按钮或在【变换】下滑面板的【设置】选项中选取【移动】选项，选取如图 8-8 所示的边线以确定移动方向，并输入移动距离"15"。

（6）在【变换】下滑面板中单击【新移动】，下滑面板中将增加一个【移动 2】选项，在操作面板中单击 ↔ 按钮或在【设置】选项中选取【移动】选项，在绘图区选取如图 8-9 所示的边线以确定移动方向，并输入移动距离"-15"。

图 8-7 【选择性粘贴】对话框

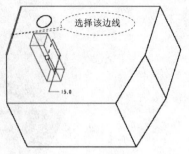

图 8-8 移动 1

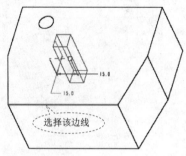

图 8-9 移动 2

（7）单击【移动（复制）】操作面板上的✔按钮，完成第 2 个孔的复制操作，如图 8-10 所示。

（8）在绘图区或模型树中选择第 1 个孔特征，如图 8-11 所示。单击【模型】功能选项卡【编辑】区域中的⊞按钮，打开【阵列】操作面板。选择阵列类型为【方向】，在绘图区域选中如图 8-12 所示的边作为阵列方向，输入阵列个数"3"，间距"30"；单击方向切换 ⤢ 按钮以保证阵列方向向右。

图 8-10 完成的孔特征 2　　　　图 8-11 选择孔 1　　　　图 8-12 选择阵列方向

（9）单击【阵列】操作面板上的✔按钮，完成第 3、第 4 个孔的阵列复制操作，如图 8-13 所示。

（10）在绘图区或模型树中选择第 2 个孔特征，如图 8-14 所示。单击【模型】功能选项卡【编辑】区域中的⊞按钮，打开【阵列】操作面板。选择阵列类型为【方向】，在绘图区域选中如图 8-15 所示的边作为阵列方向，输入阵列个数"2"，间距"30"；单击方向切换 ⤢ 按钮以保证阵列方向向右。

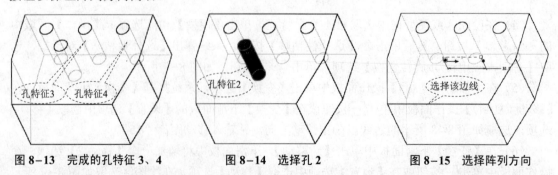

图 8-13 完成的孔特征 3、4　　　　图 8-14 选择孔 2　　　　图 8-15 选择阵列方向

（11）单击【阵列】操作面板上的✔按钮，完成第 5 个孔的阵列复制操作，如图 8-16 所示。

步骤 5　建立拉伸曲面特征 1

（1）单击【模型】功能选项卡【形状】区域中的拉伸按钮 ⬚，打开【拉伸】操作面板，单击其上 ⬚ 按钮。

（2）单击【拉伸】操作面板中【放置】选项，打开【放置】下滑面板，单击其中 定义... 按钮，系统弹出【草绘】对话框，选基准平面 RIGHT 为草绘平面，TOP 面为参考平面，并使其方向向上。单击 反向 按钮，再单击【草绘】对话框中 确定 按钮，进入草绘界面。绘制如图 8-17 所示的草绘截面，然后单击草绘工具栏中 ✓ 按钮，系统返回【拉伸】操作面板。

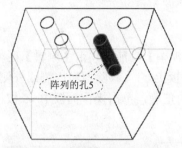

图 8-16 阵列的 ∅10 孔特征 5

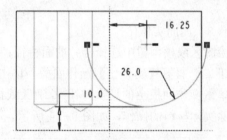

图 8-17 草绘截面

（3）打开【选项】下滑面板，下滑面板中的【侧 1】选取 ⬚，选取模型的左侧面，如图 8-18 所示；下滑面板中的【侧 2】选择 ⬚，选取模型的右侧面，如图 8-19 所示。

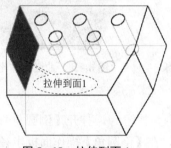

图 8-18 拉伸到面 1

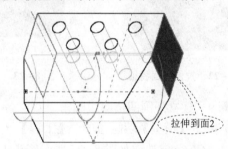

图 8-19 拉伸到面 2

（4）单击【拉伸】操作面板中的 ✓ 按钮，完成拉伸曲面特征 1 的创建，如图 8-20 所示。

步骤 6 建立拉伸曲面特征 2

（1）单击【模型】功能选项卡【形状】区域中的拉伸按钮 ⬚，打开【拉伸】操作面板，单击其上 ⬚ 按钮。

（2）单击【拉伸】操作面板中【放置】选项，打开【放置】下滑面板，单击其中 定义... 按钮，系统弹出【草绘】对话框，选基准平面 TOP 为草绘平面，其余接受系统默认设置，绘制如图 8-21 所示的草绘截面，然后单击草绘工具栏中 ✓ 按钮，系统返回【拉伸】操作面板。

图 8-20 拉伸曲面特征 1

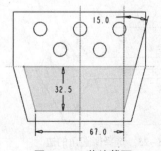

图 8-21 草绘截面

（3）打开【选项】下滑面板，下滑面板中的【侧 1】选取 ⊥，选取模型的上表面。

（4）单击【拉伸】操作面板中 ✔ 按钮，完成拉伸曲面特征 2 的创建，如图 8-22 所示。

步骤 7　合并拉伸曲面特征 1 和拉伸曲面特征 2

按住"Ctrl"键在绘图区或模型树中选择拉伸曲面特征 1 和拉伸曲面特征 2。单击【模型】功能选项卡【编辑】区域中的合并按钮 ◌，打开【合并】操作面板。单击操作面板上第一曲面和第二曲面的保留侧按钮 ✗，确定保留曲面。单击操作面板中 ✔ 按钮，合并结果如图 8-23 所示。

步骤 8　曲面实体化

在绘图区或模型树中选择合并曲面特征，单击【模型】功能选项卡【编辑】区域中的实体化按钮 ◌，打开【实体化】操作面板。单击操作面板上 ▱（移除面组内侧或外侧的材料）按钮，单击操作面板上的切换按钮 ✗ 确保减材料方向正确，单击操作面板中 ✔ 按钮，完成曲面去除实体材料的操作，如图 8-24 所示。

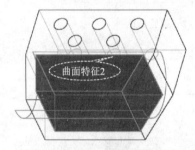

图 8-22　拉伸曲面特征 2

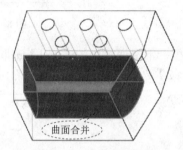

图 8-23　曲面合并结果

图 8-24　曲面实体化结果

步骤 9　建立外围凹槽侧边圆角

（1）单击【模型】功能选项卡【工程】区域中的倒圆角按钮 ◟，打开【倒圆角】操作面板。按住"Ctrl"键选取如图 8-25 所示箭头 1 所指的边，在【倒圆角】操作面板半径文本框中输入"20.00"。

（2）在【集】下滑面板中单击【*新建集】，按住"Ctrl"键选取如图 8-25 所示箭头 2 所指的边，在【倒圆角】操作面板半径文本框中输入"15.00"。

（3）在【集】下滑面板中单击【*新建集】，按住"Ctrl"键选取如图 8-25 所示箭头 3 所指的边，在【倒圆角】操作面板半径文本框中输入"12.5"。

（4）单击【倒圆角】操作面板中 ✔ 按钮，完成倒圆角操作，如图 8-26 所示。

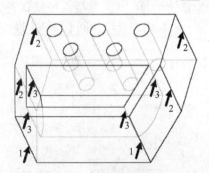

图 8-25　选择倒圆角的边

图 8-26　倒圆角结果

步骤10 建立外表面拔模特征

（1）单击【模型】功能选项卡【工程】区域中的拔模按钮，打开【拔模】操作面板。选择拉伸坯料四周曲面为拔模曲面，如图 8-27 所示。

（2）单击【拔模】操作面板中的第一个收集器将其激活，选取基准平面 TOP，则基准平面 TOP 与拔模曲面的交线将作为拔模枢轴，系统将使用 TOP 基准平面来自动确定拖动方向。

（3）在【拔模】操作面板的【拔模角度】输入文本框中键入"2"，如果拔模角度方向不对，则可在面板中单击 （反转角度以添加或去除材料）按钮，当前此模型应为拔模减材料操作。

（4）单击【拔模】操作面板上 按钮完成该拔模特征的创建，结果如图 8-28 所示。

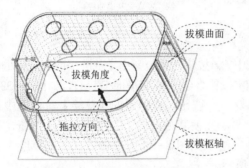

图 8-27 拔模曲面及拖动方向

图 8-28 拔模结果

步骤11 建立凹槽内表面拔模特征

（1）单击【模型】功能选项卡【工程】区域中的拔模按钮，打开【拔模】操作面板。选择凹槽内表面四周曲面为拔模曲面，如图 8-29 所示。

（2）单击【拔模】操作面板中的第一个收集器将其激活，选取基准平面 TOP，则基准平面 TOP 与拔模曲面的交线将作为拔模枢轴。系统将使用 TOP 基准平面来自动确定拖动方向。

（3）在【拔模】操作面板的【拔模角度】输入文本框中键入"2"，如果拔模角度方向不对，则可在面板中单击 （反转角度以添加或去除材料）按钮，当前此模型应为拔模减材料操作。

（4）单击【拔模】操作面板上 按钮完成该拔模特征的创建，结果如图 8-30 所示。

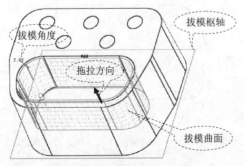

图 8-29 拔模曲面及拖动方向

图 8-30 拔模结果

步骤 12　建立顶面边界曲面特征

（1）单击【模型】功能选项卡【基准】区域中 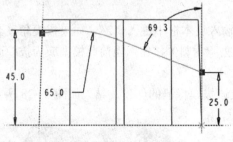 按钮，在弹出的【草绘】对话框中选择基准平面 RIGHT 为草绘平面，TOP 面为参考平面，并使其方向向上。单击 反向 按钮，再单击【草绘】对话框中 确定 按钮，进入草绘界面，绘制如图 8-31 所示曲线。单击草绘工具栏中 ✔ 按钮完成基准曲线 1 的绘制，如图 8-32 所示。

图 8-31　草绘基准曲线 1

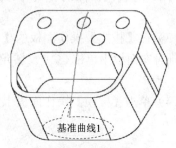

图 8-32　基准曲线 1

（2）单击【模型】功能选项卡【基准】区域中 按钮，系统弹出【基准平面】对话框。单击 RIGHT 面，输入【偏距】值"-50"，单击 确定 按钮，建立基准平面 DTM1，如图 8-33 所。

（3）单击【模型】功能选项卡【基准】区域中 按钮，在弹出的【草绘】对话框中选择基准平面 DTM1 为草绘平面，TOP 面为参考平面，并使其方向向上。单击 反向 按钮，再单击【草绘】对话框中 确定 按钮，进入草绘界面，绘制如图 8-34 所示曲线。单击草绘工具栏中 ✔ 按钮完成基准曲线 2 的绘制，如图 8-35 所示。

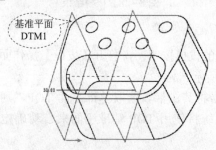

图 8-33　基准平面 DTM1

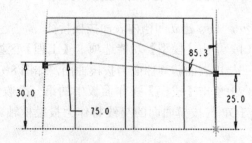

图 8-34　草绘基准曲线 2

（4）在绘图区或模型树中选择基准曲线 2，单击【模型】功能选项卡【编辑】区域中 按钮，系统弹出【镜像】操作面板，在模型树或图形区中选取 RIGHT 基准面为镜像平面，单击【镜像】操作面板上的 ✔ 按钮，完成基准曲线 3 的创建，如图 8-36 所示。

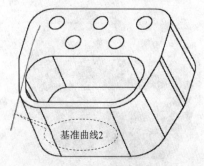

图 8-35　草绘基准曲线 2

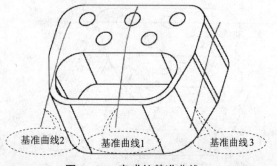

图 8-36　完成的基准曲线

（5）单击【模型】功能选项卡【曲面】区域中边界混合按钮 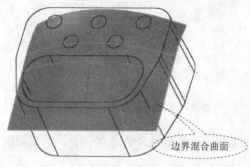，打开【边界混合】操作面板。按住"Ctrl"键，依次选择图 8-36 中基准曲线 2、基准曲线 1 和基准曲线 3，单击操作面板上 ✓ 按钮，完成边界混合曲面的创建，如图 8-37 所示。

（6）选取刚建立的边界混合曲面，单击【模型】功能选项卡【编辑】区域中的实体化按钮 ，打开【实体化】操作面板。单击其上 按钮，再单击 按钮更改材料除去方向，然后单击操作面板上 ✓ 按钮，完成曲面去除实体材料的操作，如图 8-38 所示。

边界混合曲面

图 8-37 完成的边界混合曲面

图 8-38 完成的实体化特征

步骤 13　建立凹槽底面倒圆角特征

（1）单击【模型】功能选项卡【工程】区域中倒圆角按钮 ，打开【倒圆角】操作面板。

（2）单击【倒圆角】操作面板中【集】选项，打开【集】下滑面板，选择凹槽底部一条边线。

（3）将光标置于【集】下滑面板的【半径】收集器中，单击鼠标右键，在弹出的菜单中选择【添加半径】选项，增加一个半径控制点。如此重复操作 3 次，增加 3 个半径控制点（共4 个半径控制点），如图 8-39 所示。

（4）在【集】下滑面板的半径收集器中选择第 1 个半径控制点，单击【半径】收集器下方 比率 ▼ 选项中的 ▼ 按钮，将【比率】切换成【参考】，并选取如图 8-40 所示 P1 顶点，在【半径】收集器中输入半径为"10"。再选中第 2 个半径控制点，同样将【比率】切换为【参考】，并选取如图 8-40 所示 P2 顶点，在【半径】收集器中输入圆角半径为"10"。重复以上操作将半径控制点 3、4 分别设置为图 8-40 所示的点 P3、P4，并分别设定圆角半径值为"5"。

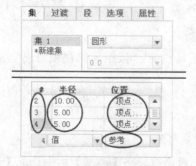

图 8-39 【集】下滑面板

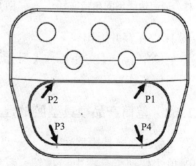

图 8-40 选取倒圆角顶点

（5）单击【倒圆角】操作面板中 ✓ 按钮完成凹槽底部倒圆角特征的创建，结果如图 8-41 所示。

步骤 14　建立顶面边缘倒圆角特征

（1）单击【模型】功能选项卡【工程】区域中的倒圆角按钮🔲，打开【倒圆角】操作面板。按住"Ctrl"键，选择图 8-42 中箭头所指的两条边，设置圆角半径值为"2.5"。

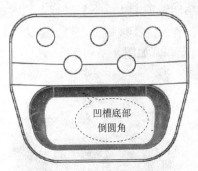

图 8-41　凹槽底部倒圆角特征

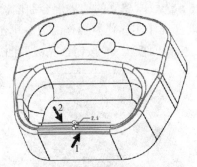

图 8-42　选择倒圆角的边

（2）单击【倒圆角】操作面板中✔按钮完成顶面边缘倒圆角特征的创建，结果如图 8-43 所示。

步骤 15　建立壳特征

（1）单击【模型】功能选项卡【工程】区域中的壳按钮🔲，打开【壳】操作面板。在操作面板【厚度】文本框中键入厚度值"2.00"。

（2）单击【壳】操作面板中【参考】选项，打开【参考】下滑面板。单击【参考】下滑面板中的【移除的曲面】收集器。选择实体底面，如图 8-44 所示。

（3）单击【壳】操作面板中✔按钮完成该模型的创建，结果如图 8-45 所示。

图 8-43　顶面边缘倒圆角特征

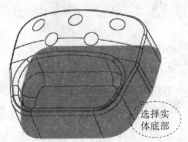

图 8-44　移出的曲面

图 8-45　完成的壳特征

步骤 16　保存并退出

在主菜单中单击【文件】→【保存】或快速访问工具栏中🔲按钮，保存当前模型文件，然后关闭当前工作窗口。

8.1.4.2　笔筒产品模具型腔的建立

步骤 1　建立模具模型

（1）单击快速工具栏中🔲按钮，系统弹出【新建】对话框。在【类型】栏中选取【制造】选项，在【子类型】栏中选取【模具型腔】选项，在【名称】编辑文本框中输入文件名"rw8-1mj"，同时取消【使用默认模板】选项前面的勾选记号，单击 确定 按钮，系统弹出【新文件选项】对话框，选用【mmns_mfg_mold】模板，单击 确定 按钮，进入 Creo 2.0 的模具设计模块。

（2）单击【模具】功能选项卡【参考模型和工件】区域中的 参考模 按钮，在下拉菜单中选择 组装参考模型 命令，系统弹出【打开】对话框。

（3）在【打开】对话框中，选择已创建的零件造型文件"rw8-1.prt"，单击 打开 按钮，打开【元件放置】操作面板，同时参考模型显示在主界面中。

（4）在【元件放置】操作面板的【约束类型】选择框中选择 默认 选项，单击操作面板中 ✔ 按钮，系统弹出【创建参考模型】对话框，单击 确定 按钮，在弹出的【警告】对话框中再次单击 确定 按钮完成参考模型和缺省模具基准面及坐标系的装配。

步骤2 设置收缩

单击【模具】功能选项卡【修饰符】区域中的 收缩 按钮，弹出【按比例收缩】对话框。在绘图区域选择系统默认坐标系 MOLD_DEF_CSYS，在【按比例收缩】对话框中输入收缩率"0.005"，单击对话框中 ✔ 按钮完成模型收缩率的设置。

步骤3 创建工件

（1）单击【模具】功能选项卡【参考模型和工件】区域中的 工件 按钮，在下拉菜单中选择 创建工件 命令。系统弹出【元件创建】对话框，在【名称】文本框中输入"rw8-1mjwrk"，单击 确定 按钮。系统弹出【创建选项】对话框，选取【创建特征】，单击 确定 按钮，工件处于激活状态。

（2）单击【模具】功能选项卡【形状】区域中的 按钮，打开【拉伸】操作面板，选择 MOLD_FRONT 基准平面为草绘面，其余接受系统默认设置，进入草绘状态。绘制如图8-46 所示的矩形，单击草绘工具栏中 ✔ 按钮，返回【拉伸】操作面板。

（3）使用双向对称拉伸方式 ，输入深度值"150"，单击【拉伸】操作面板中 ✔ 按钮。在模型树中右键单击第一个组件"RW8-1.ASM"，在弹出的快捷菜单中选择【激活】命令，完成工件创建，如图8-47所示。

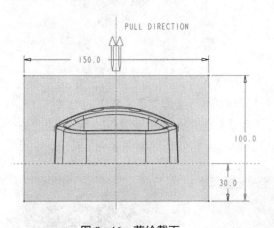

图8-46 草绘截面

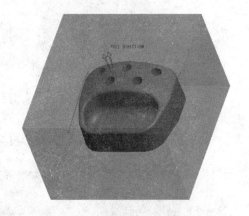

图8-47 完成的工件图

步骤4 创建分型曲面

（1）单击【模具】功能选项卡中【分型面和模具体积块】区域中的 按钮，打开【分型面】操作面板。在模型树上右键单击工件，在弹出的菜单上选择【遮蔽】命令，将工件遮蔽。

（2）选取参考模型外表面上任一曲面作为种子面，在【模具】功能选项卡【操作】区域中单击 按钮以及 按钮，然后按住"Shift"键不放，选取模型下表面作为边界面，如图

8-48 所示。松开 "Shift" 键，整个参考模型的外表面被全部选中。单击【曲面：复制】操作面板中 ✔ 按钮，完成曲面复制，如图 8-49 所示。

图 8-48 种子面和边界面

图 8-49 完成的复制曲面

（3）在模型树上右键单击工件，在弹出的菜单上选择【取消遮蔽】命令，工件在主界面中显示，如图 8-50 所示。单击【分型面】操作面板上【曲面设计】区域中的填充按钮 □，打开【填充】操作面板。选取参考模型的底面为草绘平面，其余接受系统默认设置，进入草绘状态。绘制如图 8-51 所示的截面，单击草绘工具栏中 ✔ 按钮，完成截面绘制。单击【填充】操作面板 ✔ 按钮，完成填充曲面的创建，如图 8-52 所示。

图 8-50 取消遮蔽的工件

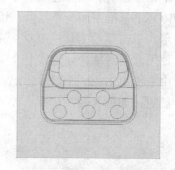

图 8-51 曲面草绘截面

（4）选取复制曲面和填充曲面，单击【分型面】操作面板上【编辑】区域中的合并按钮 □，打开【合并】操作面板。选取保留曲面侧，单击【合并】操作面板中 ✔ 按钮，完成曲面的合并，单击【分型面】操作面板上的 ✔ 按钮，完成分型曲面的创建，如图 8-53 所示。

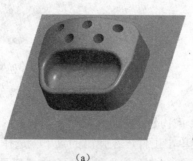

（a）

（b）

图 8-52 完成的填充曲面

图 8-53 完成的分型曲面

步骤5 分割体积块

（1）单击【模具】功能选项卡中【分型面和模具体积块】区域中的 模具体积块▼ 按钮，在下拉菜单中选择 🔲体积块分割 命令，在弹出的菜单管理器中依次单击【两个体积块】→【所有工件】→【完成】，系统弹出【分割】对话框和【选择】对话框。

（2）选取步骤4创建的分型面，在【选取】对话框中单击 确定 按钮，在【分割】对话框中单击 确定 按钮，此时系统弹出【属性】对话框，同时图形窗口中上半部分工件加亮显示。

（3）在文本框中输入加亮显示体积块的名称：MOLD_VOL_1，单击 确定 按钮，系统接着会再次弹出【属性】对话框，同时图形窗口中另一部分工件加亮显示，在文本框中输入加亮显示体积块的名称：MOLD_VOL_2，单击 确定 按钮。分割完成的体积块效果如图8-54、图8-55所示。

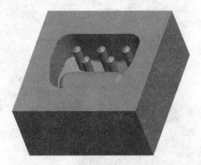
图8-54 体积块 MOLD_VOL_1

图8-55 体积块 MOLD_VOL_2

步骤6 抽取模具元件

单击【模具】功能选项卡【元件】区域中 模具元件▼ 按钮，在下拉菜单中选择 🔲型腔镶块 命令，系统弹出【创建模具元件】对话框。单击对话框中 ▤ 按钮，选中图框内所有体积块，单击 确定 按钮完成抽取模具元件。

步骤7 铸模

单击【模具】功能选项卡【元件】区域中 🔲创建铸模 按钮，在屏幕上方的文本框中输入"molding"，作为铸模成形零件的名称，两次单击 ✔ 按钮即可生成铸模零件。

步骤8 仿真开模

（1）单击【视图】选项卡【可见性】区域中 🔲模具显示 按钮，系统弹出【遮蔽-取消遮蔽】对话框。单击 □元件 按钮，选取参考零件和工件，单击 遮蔽 按钮，如图8-56所示；再单击 □分型面 按钮，选取分型面，单击 遮蔽 按钮，如图8-57所示；单击 关闭 按钮，完成遮蔽。

（2）定义开模。单击【模具】功能选项卡【分析】区域中的【模具开模】按钮 🔲，在弹出的菜单管理器中，选择【定义步骤】→【定义移动】，系统弹出【选择】对话框。

（3）选取上模为移动件，在【选取】菜单中单击 确定 按钮。选取上模的顶面为参考移动方向，输入移动量为"50"，单击 ✔ 按钮，完成移动量输入。再选取【定义移动】选项，选取下模为移动件，在【选取】菜单中单击 确定 按钮；选取下模的棱线为参考移动方向，输入移动量为"-50"，单击 ✔ 按钮，完成移动量输入，如图8-58所示。在菜单管理器中单击【完成】，完成模具开模设置，如图8-59所示。

Creo 2.0 项目化教程

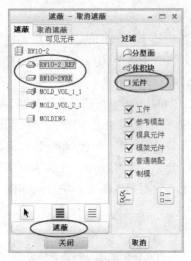

图 8-56 遮蔽元件

图 8-57 遮蔽分型面

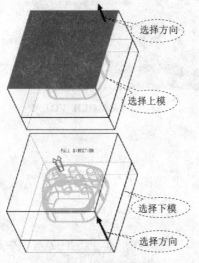

图 8-58 模具开模设置

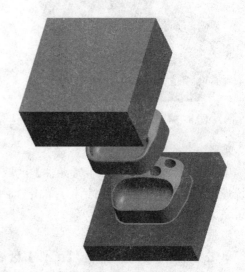

图 8-59 模具开模

步骤 9 保存模具型腔设计文件

单击主菜单中【文件】→【保存】或单击快速工具栏 按钮，保存当前文件。关闭当前工作窗口。

8.1.4.3 笔筒产品模具型腔凸模零件数控加工

步骤 1 进入 Creo 2.0 加工制造模块

单击快速工具栏中 按钮，系统弹出【新建】对话框。在【类型】栏中选取【制造】选项，在【子类型】栏中选取【NC 装配】选项，在【名称】编辑文本框中输入文件名"rw8-1zz"，同时取消【使用默认模板】选项前面的勾选记号，单击 确定 按钮，系统弹出【新文件选项】对话框，选用【mmns_mfg_nc】模板，单击 确定 按钮，进入 Creo 2.0 的加工制造模块。

步骤 2 创建制造模型

（1）单击【制造】功能选项卡【元件】区域中【组装参考模型】按钮 ，弹出【打开】

对话框，选取"mold_vol_2.prt"凸模零件，单击 打开 按钮。系统打开【元件放置】操作面板，在其上选择【约束类型】为 默认，单击操作面板上的✔按钮，完成参考模型的创建，如图8-60所示。

（2）单击【制造】功能选项卡【基准】区域中的基准轴按钮 ╱，系统弹出【基准轴】创建对话框，选中凸模上孔的内表面，插入一条基准轴。如此重复5次，将5个孔都插入基准轴。

（3）单击【制造】功能选项卡【元件】区域中 工件 按钮，选择下拉菜单中 创建工件 选项，在弹出的【输入零件名称】编辑框中输入文件夹名称"rw8-1zzwrk"，单击✔按钮，系统弹出【菜单管理器】。

（4）单击【菜单管理器】中【实体】→【伸出项】→【拉伸】【实体】【完成】，系统打开【拉伸】操作面板。

（5）选取参考模型的底平面为草绘平面，其余接受系统默认设置，进入草绘界面。选取工件的轮廓边界，绘制如图8-61所示的草绘截面，单击草绘工具栏中✔按钮，返回【拉伸】操作面板。

（6）在【拉伸】操作面板中输入拉伸深度为"75"，单击 ╱ 按钮保证向上拉伸，单击操作面板中✔按钮，完成工件创建。完成后的制造模型如图8-62所示。

图8-60 参考模型

图8-61 草绘截面

图8-62 制造模型

步骤3 制造设置

（1）单击【制造】功能选项卡【机床设置】区域中 按钮，系统弹出【铣削工作中心】对话框。在【名称】编辑框中输入机床名称（系统默认为MILL01），选取【类型】为"铣削"，选取【轴数】为"3轴"，其余选项采用默认值。单击【铣削工作中心】对话框中✔按钮，完成机床设置。

（2）单击【制造】功能选项卡【工艺】区域中的操作按钮 ，系统弹出【操作】操作面板。单击面板上的 按钮，在弹出的【基准】菜单中选取 命令，系统弹出【坐标系】对话框。

（3）在制造模型中按住"Ctrl"键选取图8-63所示的3个平面，建立坐标系。选取【坐标系】对话框中的【方向】选项，调整坐标轴的方向，使之与机床坐标系的方向一致，如图8-64所示。

（4）在【坐标系】对话框中单击 确定 按钮，完成工件坐标系的建立。单击【操作】操作面板中 ▶ 按钮，新建的工件坐标系将显示在操作面板中。

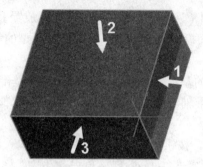

图 8-63 选取 3 个平面

图 8-64 完成的工件坐标系

（5）单击【操作】操作面板中【间隙】选项，打开【间隙】下滑面板。在【类型】选项中选取"平面"；在【参考】选项中选择工件顶面；【值】文本框中输入"10"；【公差】文本框中输入"0.1"，其余参数采用默认设置，如图 8-65 所示。

（6）单击【操作】操作面板中 ✔ 按钮，完成操作设置，系统返回【制造】操作面板。

步骤 4　点钻孔

（1）单击【铣削】功能选项卡【孔加工循环】区域中标准孔按钮 ，系统打开【钻孔】操作面板。单击【钻孔】操作面板中 按钮，系统弹出【刀具设定】对话框，

（2）在【刀具设定】对话框中设置【名称】为默认"T0001"，【类型】选取"点钻"，并设置刀具直径为 2 mm，长度为 30 mm，其余参数采用默认设置。在【刀具设定】对话框中依次单击 应用 及 确定 按钮，完成刀具设定，如图 8-66 所示。

图 8-65 【间隙】下滑面板

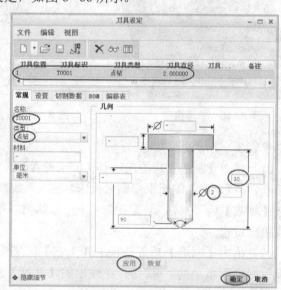

图 8-66 【刀具设定】对话框

（3）单击【钻孔】操作面板中【参考】选项，系统弹出【参考】下滑面板，单击【孔】收集器，将其激活，按住"Ctrl"键依次选择 5 个孔的轴线；在【起始】选项中选取 选项，选择工件顶面；在【终止】选项中选取 选项，输入深度 2 mm，如图 8-67 所示。

（4）单击【钻孔】操作面板中【参数】选项，在系统弹出的【参数】对话框中输入如图 8-68 所示的参数。

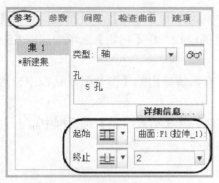

图8-67 【参考】下滑面板

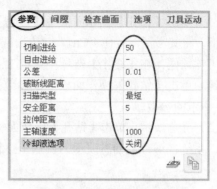

图8-68 【参数】设置对话框

（5）单击【钻孔】操作面板中 ▥ 按钮。在【播放路径】对话框中单击 ▶ 按钮，系统在屏幕上动态演示刀具加工路径，如图8-69所示。

（6）单击【钻孔】操作面板中 ✓ 按钮，完成点钻孔加工NC序列创建。

步骤5 钻孔

（1）单击【铣削】功能选项卡【孔加工循环】区域中标准孔按钮 ▥，系统打开【钻孔】操作面板。单击【钻孔】操作面板中 ▯ 按钮，系统弹出【刀具设定】对话框。

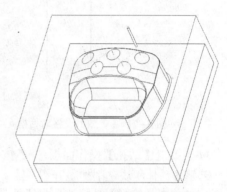

图8-69 【点钻孔】刀具路径

（2）在【刀具设定】对话框中单击 ▯ 按钮，设置【名称】为默认"T0002"，【类型】选取"基本钻头"，并设置刀具直径为14 mm，长度为60 mm，其余参数采用默认设置。在【刀具设定】对话框中依次单击 应用 及 确定 按钮，完成刀具设定，如图8-70所示。

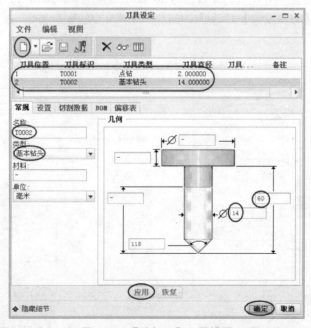

图8-70 【孔加工】刀具设置

（3）单击【钻孔】操作面板中【参考】选项，系统弹出【参考】下滑面板，单击【孔】选择框，将其激活，按住"Ctrl"键依次选择 5 个孔的轴线；在【起始】选项中选取 ▣ 选项，选择工件顶面；在【终止】选项中选取 ▣ 选项。

（4）单击【钻孔】操作面板中【参数】选项，在系统弹出的【参数】对话框中输入如图8-71 所示的参数。

（5）屏幕演示。单击【钻孔】操作面板中 ▣ 按钮。在【播放路径】对话框中单击 ▶ 按钮，系统在屏幕上动态演示刀具加工路径，如图 8-72 所示。

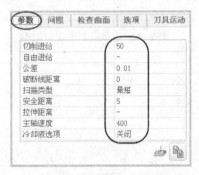

图 8-71 【参数】设置对话框

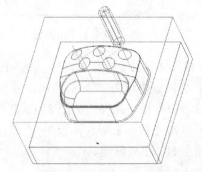

图 8-72 【钻孔】刀具路径

（6）单击【钻孔】操作面板中 ✔ 按钮，完成钻孔加工 NC 序列创建。

步骤 6　体积块铣削加工开粗

（1）单击【铣削】功能选项卡【铣削】区域中 ▣ 按钮，在弹出的下拉菜单中选取【体积块粗加工】选项，系统弹出【体积块铣削】菜单管理器，选取如图 8-73 中【刀具】【参数】【窗口】【逼近薄壁】复选框，单击【完成】。

（2）在系统弹出的【刀具设定】对话框中单击 ▣ 按钮，设置【名称】为默认"T0003"，【类型】选项中选取"端铣削"，并设置刀具直径为 20 mm，长度为 100 mm，其余参数采用默认设置，如图 8-74 所示。在【刀具设定】对话框中依次单击 应用 及 确定 按钮，完成刀具设定。

图 8-73 【体积块铣削】序列设置

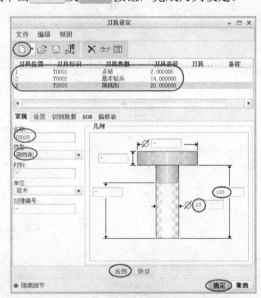

图 8-74 【刀具设定】对话框

（3）在系统弹出的【编辑序列参数"体积块铣削"】对话框中输入如图 8-75 所示的参数。单击【编辑序列参数"体积块铣削"】对话框中【参数】选项的 全部 按钮，【类别】选取 进刀/退刀运动 ，设置【逼近退出延伸】为 5 mm。单击对话框中 确定 按钮。

（4）单击【铣削】功能选项卡【制造几何】区域中 按钮，系统打开【铣削窗口】操作面板，单击【选项】选项，打开【选项】下滑面板，选择【在窗口围线上】选项，如图 8-76 所示。单击【铣削窗口】操作面板 ✔ 按钮，完成铣削区域设置。

（a）   （b）

图 8-75 【编辑序列参数"体积块铣削"】对话框　　　　**图 8-76 【选项】下滑面板**

（5）系统弹出【菜单管理器】，选取铣削窗口中右侧边为刀具切入退出边界，如图 8-77 所示；在【链】菜单选项中单击【完成】选项，完成逼近薄壁定义。

（6）单击【菜单管理器】中【播放路径】→【屏幕播放】。在【播放路径】对话框中单击 ▶ 按钮，系统在屏幕上动态演示刀具加工路径，如图 8-78 所示。

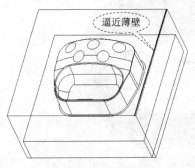 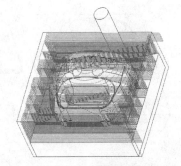

图 8-77 定义逼近薄壁　　　　　　　　**图 8-78 【体积块铣削】刀具路径**

（7）单击【菜单管理器】中【完成序列】，完成体积块铣削加工 NC 序列的创建。

步骤 7　轮廓铣削加工外轮廓

（1）单击【铣削】功能选项卡【铣削】区域中 轮廓铣削 按钮，系统打开【轮廓铣削】操作面板，单击操作面板中 按钮，系统弹出【刀具设定】对话框，

（2）在【刀具设定】对话框中单击 按钮，设置【名称】为默认"T0004"，【类型】选取"外圆角铣削"，并设置刀具直径为 16 mm，圆角半径为 1 mm，长度为 60 mm，其余参数采用默认设置；在【刀具设定】对话框中依次单击 应用 及 确定 按钮，完成刀具设定，如图 8-79 所示。

（3）单击【轮廓铣削】操作面板中【参考】选项，打开【参考】下滑面板，如图 8-80 所示。单击下滑面板上的 详细信息 按钮，系统弹出【曲面集】对话框，如图 8-81 所示。单击【曲面集】对话框中的 添加 按钮，在图形区域选中参考模型上部平面内侧，如图 8-82 左图所示；再选择如图 8-82 右图所示边线，单击【曲面集】对话框中的 确定 按钮，完成加工曲面的设置。

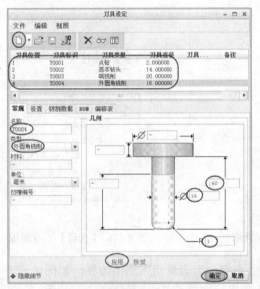

图 8-79 【刀具设定】对话框　　图 8-80 【参考】下滑面板　图 8-81 【曲面集】对话框

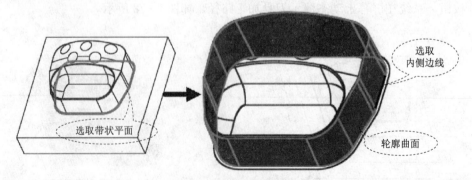

图 8-82　加工曲面设置

（4）单击【轮廓铣削】操作面板中【参数】选项，打开【参数】下滑面板，输入如图 8-83 所示的参数；再单击【检查曲面】选项，打开【检查曲面】下滑面板，激活下滑面板中【检

查曲面】收集器，在图形区域中选择如图 8-84 所示平面，完成制造参数设置。

图 8-83 【参数】下滑面板

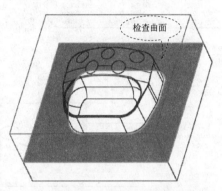

图 8-84 定义检查曲面

（5）单击【轮廓铣削】操作面板中██按钮。在【播放路径】对话框中单击 ▶ 按钮，系统在屏幕上动态演示刀具加工路径，如图 8-85 所示。

（6）单击【轮廓铣削】操作面板中✔按钮，完成轮廓铣削加工 NC 序列的创建。

步骤 8 腔槽铣削加工凹槽

（1）单击【铣削】功能选项卡【铣削】区域中 腔槽加工 按钮，系统弹出【菜单管理器】，在【序列设置】分级菜单中勾选【刀具】【参数】【曲面】选项，单击【完成】。

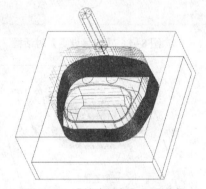

图 8-85 【轮廓铣削】刀具路径

（2）在系统弹出的【刀具设定】对话框中单击 按钮，设置【名称】为默认"T0005"，【类型】选取"球铣削"；设置刀具直径为 16 mm，长度为 100 mm，其余参数采用默认设置；在【刀具设定】对话框中依次单击 应用 及 确定 按钮，完成刀具设定，如图 8-86 所示。

（3）在系统弹出的【编辑序列参数"腔槽铣削"】对话框中输入如图 8-87 所示的参数。单击【编辑序列参数"腔槽铣削"】对话框中 确定 按钮，完成制造参数设置。

（4）在菜单管理器【曲面拾取】分级菜单中选择【模型】，单击【完成】。系统弹出【选择曲面】菜单，选取参考模型顶部凹槽曲面，如图 8-88 所示。单击【选择曲面】菜单中【完成/返回】，再单击【曲面拾取】分级菜单中【完成】，完成铣削曲面的选取。

（5）单击【菜单管理器】中【播放路径】→【屏幕播放】。在【播放路径】对话框中单击 ▶ 按钮，系统在屏幕上动态演示刀具加工路径，如图 8-89 所示。

（6）单击【菜单管理器】中【完成序列】，完成腔槽铣削加工 NC 序列的创建。

步骤 9 曲面铣削加工顶部曲面

（1）单击【铣削】功能选项卡【铣削】区域中 曲面铣削 按钮，系统弹出【菜单管理器】，在【序列设置】分级菜单中勾选【刀具】【参数】【曲面】【定义切割】选项，单击【完成】。

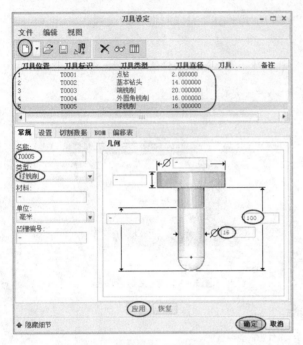

图 8-86 【刀具设定】对话框

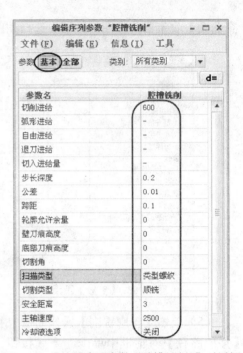

图 8-87 【编辑序列参数"腔槽铣削"】对话框

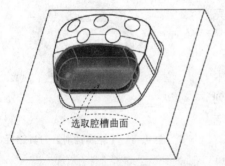

图 8-88 选取腔槽加工曲面

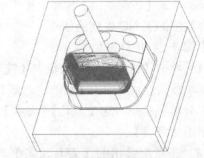

图 8-89 【腔槽铣削】刀具路径

（2）在系统弹出的【刀具设定】对话框中选择【名称】为"T0005"的"球铣削"，单击 确定 按钮，完成刀具设定，如图 8-90 所示。

（3）在系统弹出的【编辑序列参数"曲面铣削"】对话框中输入如图 8-91 所示的参数。单击【编辑序列参数"曲面铣削"】对话框中 确定 按钮，完成制造参数设置。

（4）在菜单管理器【曲面拾取】分级菜单中选择【模型】，单击【完成】。系统弹出【选择曲面】菜单，选取参考模型顶部曲面及圆角面，如图 8-92 所示；单击【选择曲面】菜单中【完成/返回】，再单击【曲面拾取】分级菜单中【完成】，完成铣削曲面的选取。

（5）系统弹出【切削定义】对话框，在【切削类型】中选取【直线切削】，在【切削角度参考】中选取【相对于 X 轴】，并输入切削角度为"0"，单击【切削定义】对话框中 确定 按钮，完成切削定义，如图 8-93 所示。

（6）单击【菜单管理器】中【播放路径】→【屏幕播放】。在【播放路径】对话框中单击 ▶ 按钮，系统在屏幕上动态演示刀具加工路径，如图 8-94 所示。

（7）单击【菜单管理器】中【完成序列】，完成曲面铣削加工 NC 序列的创建。

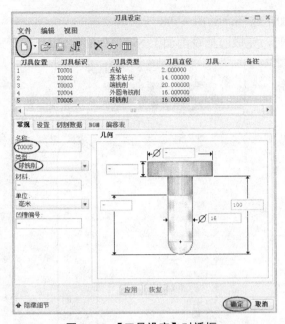

图 8-90 【刀具设定】对话框

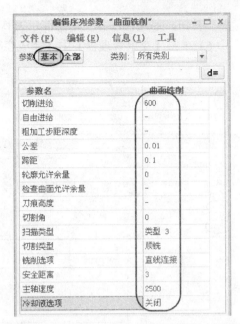

图 8-91 【编辑序列参数"曲面铣削"】对话框

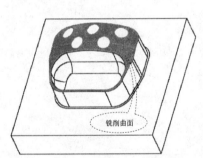

图 8-92 选取曲面加工铣削曲面

图 8-93 【切削定义】对话框

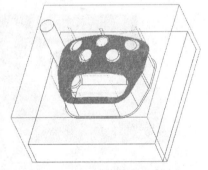

图 8-94 【曲面铣削】刀具路径

步骤 10　腔槽铣削加工平面

（1）单击【铣削】功能选项卡【铣削】区域中 腔槽加工 按钮，系统弹出【菜单管理器】，在【序列设置】分级菜单中勾选【刀具】【参数】【曲面】选项，单击【完成】。

（2）在系统弹出的【刀具设定】对话框中选取【名称】为"T0003"的"端铣削"，单击 确定 按钮，完成刀具设定，如图 8-95 所示。

（3）在系统弹出的【编辑序列参数"腔槽铣削"】对话框中输入如图 8-96 所示的参数，单击【编辑序列参数"腔槽铣削"】对话框中 确定 按钮，完成制造参数设置。

（4）在菜单管理器【曲面拾取】分级菜单中选择【模型】，单击【完成】。系统弹出【选择曲面】菜单，选取参考模型上部平面，如图 8-97 所示。单击【选择曲面】菜单中【完成/返回】，再单击【曲面拾取】分级菜单中【完成】，完成铣削曲面的选取。

（5）单击【菜单管理器】中【播放路径】→【屏幕播放】。在【播放路径】对话框中单击

▶ 按钮，系统在屏幕上动态演示刀具加工路径，如图 8-98 所示。

（6）单击【菜单管理器】中【完成序列】，完成腔槽铣削加工 NC 序列的创建。

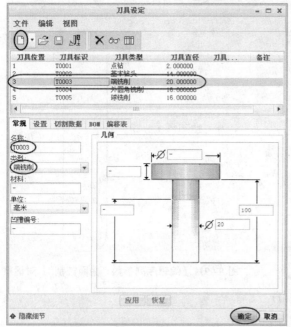

图 8-95 【刀具设定】对话框

图 8-96 【编辑序列参数"腔槽铣削"】对话框

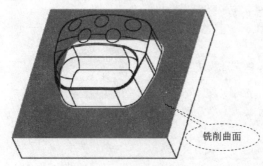

图 8-97 选取腔槽加工曲面

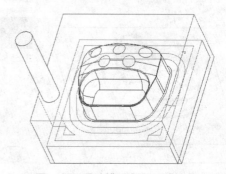

图 8-98 【腔槽铣削】刀具路径

步骤 11 创建整个操作的刀位数据（CL 数据）文件

（1）选取操作。单击【制造】功能选项卡【输出】区域中 按钮，系统弹出菜单管理器，在【选择特征】菜单中选择【操作】，在【选择菜单】菜单中选择【OP010】，如图 8-99 所示。

（2）输出文件类型选择。在系统弹出的【路径】菜单中选择【文件】，在【输出类型】菜单中选择【CL 文件】【MCD 文件】【交互】，单击【菜单管理器】中【完成】按钮，系统弹出【保存副本】对话框，在【新名称】输入框中输入文件名称（op010），单击 确定 按钮，如图 8-100 所示。

（3）后置处理。系统弹出【后置期处理选项】菜单，选取【详细】【追踪】复选框，单击【菜单管理器】中【完成】选项，如图 8-101 所示。在系统弹出的【后置处理列表】中选取合适的后置处理器。本案例选用"UNCX01.P15"，如图 8-102 所示。系统弹出【信息窗口】，关闭信息窗口。最后在【路径】菜单中单击【完成输出】，如图 8-103 所示，完成本操作后置处理。

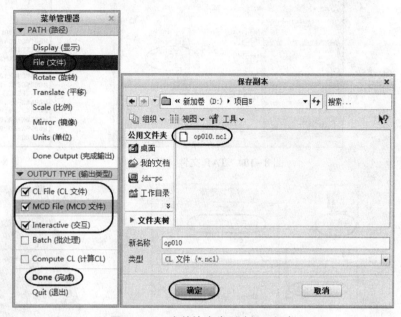

图 8-99 CL 文件输出菜单　　　　　　　　图 8-100 文件输出类型选择及保存

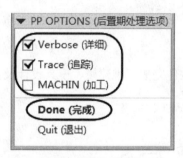

图 8-101 【后置期处理选项】　　图 8-102 【后置处理列表】　　图 8-103 完成文件输出

（4）查看 G 代码。在工作目录中用记事本或写字板打开如图 8-104 所示 TAP 文件 "op010.tap"。图 8-105 所示即为本操作的 G 代码。该程序可传输到与 UNCX01.P15 后置处理器相匹配的数控机床上用于笔筒产品模具型腔凸模零件的数控加工。

步骤 12　操作加工模拟仿真

操作 OP010 加工模拟仿真。单击【制造】功能选项卡【验证】区域中 播放路径 按钮，在下拉菜单中选择【材料移除模拟】选项，系统弹出【NC 检验】菜单管理器，如图 8-106 所示，选择【CL 文件】。在系统弹出的【Open CL File】对话框中，选择 "op010.ncl" 文件，单击 **打开** 按钮。再单击【菜单管理器】中【完成】，系统弹出 VERICUT 仿真界面，加工模拟仿真如图 8-107 所示。

步骤 13　保存并退出

在主菜单中单击【文件】→【保存】或快速访问工具栏中 按钮，保存当前文件，然后关闭当前工作窗口。

图 8-104　TAP 文件

图 8-105　G 代码

图 8-106　【NC 检验】选项

图 8-107　操作 VERICUT 加工模拟仿真

8.1.5　练习

（1）根据图 8-108 所示的烟灰缸工程图，用 Creo 2.0 软件完成三维建模、模具设计及数控加工。

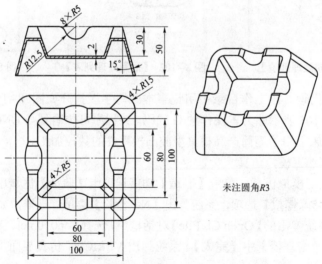

未注圆角 R3

图 8-108　烟灰缸工程图

（2）根据图 8-109 所示的电吹风外壳工程图，用 Creo 2.0 软件完成三维建模、模具设计及数控加工。

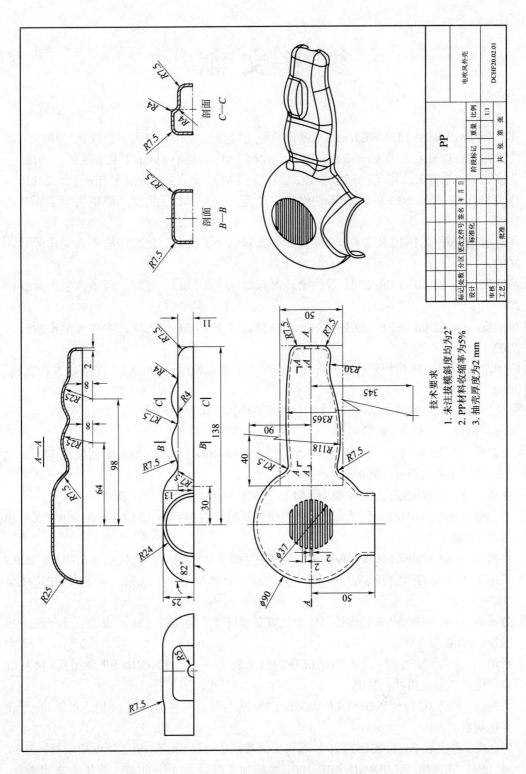

图 8-109 电吹风外壳工程图

技术要求
1. 未注拔模斜度均为2°
2. PP材料收缩率为5%
3. 抽壳厚度为2 mm

参 考 文 献

[1] 邓先智. Pro/ENGINEER Wildfire 3.0 基础教程 [M]. 北京：北京大学出版社，2008.

[2] 北京兆迪科技有限公司. Creo 2.0 快速入门教程 [M]. 北京：机械工业出版社，2012.

[3] 北京兆迪科技有限公司. Creo 2.0 数控加工教程 [M]. 北京：机械工业出版社，2013.

[4] 林清安. Pro/ ENGINEER 2001 零件设计基础篇（上）[M]. 北京：清华大学出版社，2003.

[5] 林清安. Pro/ENGINEER 2001 零件设计基础篇（下）[M]. 北京：清华大学出版社，2003.

[6] 林清安. Pro/ENGINEER 2001 零件设计高级篇（上）[M]. 北京：清华大学出版社，2003.

[7] 林清安. Pro/ENGINEER 2001 零件设计高级篇（下）[M]. 北京：清华大学出版社，2003.

[8] 陈国聪. CAD/CAM 应用软件——Pro/ENGINEER 训练教程[M]. 北京：高等教育出版社，2003.

[9] 戴勇清. Pro/ENGINEER Wildfire 3.0 中文版数控加工实训教程 [M]. 北京：清华大学出版社，2007.

[10] 温建民，石玉祥，于广滨，等. Pro/ENGINEER Wildfire 3.0 数控加工实例教程 [M]. 北京：电子工业出版社，2007.

[11] 赵德永. Pro/ENGINEER 数控加工 [M]. 北京：清华大学出版社，2002.

[12] 常北睿. Pro/ENGINEER 野火版 3.0 中文版模具设计实例精讲 [M]. 北京：电子工业出版社，2006.

[13] 佟何亭. Pro/ENGINEER Wildfire 中文版习题精解 [M]. 北京：人民邮电出版社，2006.

[14] 韩玉龙. Pro/ENGINEER Wildfire 3.0 零件设计专业教程 [M]. 北京：清华大学出版社，2006.

[15] 彭国希. Pro/ENGINEER 野火版 3.0 中文版曲面设计实例精讲 [M]. 北京：电子工业出版社，2006.

[16] 余蔚荔，余冠洲，刘乐年. CAD/CAM 应用技术之一——Pro/ENGINEER 造型篇[M]. 北京：电子工业出版社，2006.

[17] 马树奇，赵玉灿. Pro/ENGINEER Wildfire 3.0 零件设计与数控制造 [M]. 北京：电子工业出版社，2007.

[18] 孙印生. 野火版 Pro/ENGINEER 基础与实例教程 [M]. 北京：电子工业出版社，2004.

[19] 孙江宏，陈秀梅. Pro/ENGINEER 2001 数控加工教程 [M]. 北京：清华大学出版社，2003.

［20］方建军. 数控加工自动编程技术——Pro/ENGINEER Wildfire 3.0 在机械制造中的应用［M］. 北京：化学工业出版社，2005.

［21］李云龙，曹岩. 数控机床加工仿真系统 VERICUT［M］. 西安：西安交通大学出版社，2005.

［22］林清安. Pro/ENGINEER 2001 模具设计［M］. 北京：清华大学出版社，2004.

［23］黄圣杰，张益三，洪立群. Pro/ENGINEER 2001 高级开发实例［M］. 北京：电子工业出版社，2002.